数据的基本问题探究与讨论

高志亮 著

科学出版社
北京

内 容 简 介

本书以数据为研究对象，论述了从数据起源到数据未来的全过程，通过对数据的研究，揭示了物质、数据与信息之间的深刻关系，构建了一门独立的数据科学体系。本书对数据与数据科学的基本原理与规律、数据的基本定律与基础问题、数据与数据科学的基本方法等做了全面、细致的探索，提出了物质定义数据、数据定义信息等重要观点。

本书可供大专院校相关学科的本科生，以及相关领域的硕士、博士研究生作为数据与数据科学普及教育的教材使用，更可作为广大科学工作者参考、学习、研究数据科学和数据应用方法的参考。

图书在版编目(CIP)数据

数据的基本问题探究与讨论 / 高志亮著 . —北京：科学出版社，2021. 9

ISBN 978-7-03-066912-4

Ⅰ. ①数…　Ⅱ. ①高…　Ⅲ. ①数据处理-研究　Ⅳ. ①TP274

中国版本图书馆 CIP 数据核字（2020）第 225314 号

责任编辑：韦　沁　柴良木 / 责任校对：张小霞

责任印制：吴兆东 / 封面设计：北京图阅盛世

科学出版社 出版

北京东黄城根北街 16 号

邮政编码：100717

http://www. sciencep. com

北京捷迅佳彩印刷有限公司 印刷

科学出版社发行　各地新华书店经销

*

2021 年 9 月第　一　版　开本：787×1092　1/16

2021 年 9 月第一次印刷　印张：13 1/2

字数：320 000

定价：138. 00 元

（如有印装质量问题，我社负责调换）

序

《数据的基本问题探究与讨论》一书我是在常安定教授工作室看到的，它让我眼前一亮。其实，这部书的第一个版本名为《数据的理论、原理与方法》，作者后将其更名为《数据的基本问题探究与讨论》，然后希望常老师帮他做两件事：一是看看改名后的这个书名怎么样？二是希望对著作中的有关数学表达式把关。

当我说这是一本好书时，常老师当即打电话联系作者，希望当面讨论。然后我将书稿带回了家，仔细地阅读了全书，随后我和常安定教授一起与作者进行了座谈交流。毋庸置疑，这是一部难得的著作。

研究数据的学者有很多，出版数据研究的专著也不少，但大部分都是作者从自己所从事的专业数据角度出发研究数据问题，还没有发现能将数据作为一个普遍原理来研究与探索数据的内涵与外延，这是值得我们认真研读的。

数据应该包含数量、数值与数字，它们都是数据的“颗粒”，由此而构成了数据。当强调该数是事物某一属性或关系的大小、高低时，这个数就是数量，因为，它强化了数的物理属性；当强调该数的运算属性时，就叫作数值，其弱化了数的物理意义，强化数的数学属性；当强调该数的可视化层级的时候，就成为数字，它弱化了物理意义和运算功能，却强化了“代表”性和对应性与数的差异性属性，如数字图像、数字油田、数字化等。

我们知道，数据是一个复杂的科学问题，也是一个很大的系统工程，研究数据不仅要研究数据的基本问题，还要研究数据如何发挥作用。在这部著作中，我们看到了数据的起源、演化与发展；看到了数据的规律、定律与基本问题；看到了数据建设、数据科学与教育；看到了大数据、数据定义信息与数据未来等。这部书中作者集中精力全面论述了物质(事物)、数据、信息之间深刻的关联关系，让人耳目一新。

在此，我衷心祝愿这部专著能够早日出版发行与读者见面。

长安大学理学院　教授　董安国

2021 年 5 月 18 日

前言

一

数据，是一门科学，从而存在很多的基本问题，就需要做些研究与探讨。

我是一名数字油田建设的工作者，也是一名从事地球物理勘探研究的学者，因此对数据非常敏感，也对数据的基本问题十分好奇。于是，坚持学习和钻研了40年，现在完成一本关于数据基本问题探讨的著作，奉献给读者。

二

关于本书的撰写先后准备了数十年，前后写作了数年，大约30万字。

全书共分为10章，第1章主要论述了数据研究的意义、基本内容和方法；第2章主要研究了数据的起源、演化与发展，这是一个长达数千年的历史过程，但该章以简代繁地论述了数据的诞生与发展；第3章从数据的基本问题研究出发，对数据的物质性、定义、规律和基础问题做了论述与讨论，提出了“物质定义数据，数据定义信息”的观点，并对数据的基本问题进行了讨论；第4章论述了数据建设，提出了不同于传统数据建设的新思维、新理念、新方法，将数据分为科学数据与社会数据两大部类，给出了数据建设思想、原理与方法；第5章阐述了数据科学问题及理论体系等，提出了正确认识数据科学与科学数据，这是数据科学中两个基本问题，构建了数据科学成为一门独立的科学及体系；第6章提出了人们比较关心的数据人才教育与数据科学家培养的问题，给出了数据人才标准，开列了大专院校数据人才培养的主要课程名录与设置，并对未来数据科学家进行“画像”，大力倡导国家对数据科学家的重视；第7章是大数据方法论及实践，提出了利用“大数据方法论”与“人工智能技巧”实现科学匹配的观点，构建了大数据方法论的业务数据模型，并进行了讨论；第8章研究了数字与数据的关系，重点研究了数字化，以重提“数字地球”为开端，用地震带与油气带关联提出油气生成说的假说，呼吁人类要重视“数字地球”，构建“透明地球”，当数据极大地丰富了以后，地球中的一切科学问题都会迎刃而解；第9章研究了数据与信息的关系，以“批判”的方式让人们必须重新认识信息、信息论和香农，进一步确立了“数据定义信息”的观点，对信息的未来提出了应该注意的事项；第10章对数据、数据科学与数据智慧的未来做了初步探讨，提出了数据赋能、数据驱动与数据价值，并构建了数据的动力学系统，建立了数据驱动的数学模型，给出了数据智慧建设方法，认为数据理论将是未来100年科学技术发展的重要理论之一。

总之，数据研究是一个开创性的工作，这部书也是一个开创性的探索。我坚信数据研究就是一个科学研究；数据科学是基础科学的基础。这部书只是一个“敲门砖”，抛砖引玉。

三

在数据与数据科学研究中，还存在着很多的问题与难题，我个人暂时是无法解决的，希望留给后来的人们研究与探索。简单归纳一下主要有以下几点：

（1）数据的法律地位。数据确权既是一个数据认识问题，又是一个法律问题。作为数据认识问题，即如何才能让数据真正成为科学。据我估计，在人们对此的认识提高上还有很长一段路要走。作为法律问题，即如何用法律确认数据的法律地位，然后给予确权。然而数据来源的复杂性、数据安全的枷锁性、数据科学研究的不成熟性又导致数据无法可依，其自然就没有法律地位。这是一个重大的科学与法律问题，需要加大研究力度。

（2）物质、数据与信息的关系。这是数据科学研究中一个非常重要的基本问题，也是数据科学的专业问题，它们既构成了“链式关系”，还构成了“环式关系”，非常复杂，其中最重要和最复杂的是数据与信息的关系。

到底是先有数据，还是先有信息？这是研究信息的首要问题。随着数据资产、数据资源问题研究明朗以后，数据产业化将会成为未来社会中的支柱产业，从而形成一种数字经济，甚至出现数字跨境商业模式与结算方式，这种商业模式将与任何货币都没有多大的关系，构成未来世界新型的国家与国家商贸关系，我认为都不是问题。

但是信息就不那么简单了，我们掌控信息要比掌控数据难得多。从而，我们必须要高度地重视研究信息的基本问题；高度地重视研究信息的“优先优势”主导权问题；高度地重视研究信息占领“舆论制高点”确立战争地位的问题等。一般来说，谁优先，谁主动，这是一个重大战略研究问题。

（3）数据未来研究。关于数据研究对未来世界与未来科学技术起到什么作用，这是未来数据研究的最重要的科学问题。数据科学应高于其他科学技术，同时数据科学又是其他科学技术的基础科学。现代有一种说法，就是“最后一滴柠檬汁”，是指人们很担心100年前形成的经典科学理论被“榨干”后，就再没有新的理论出现了。这就需要理论创新，数据理论能否承担重任，这是数据科学研究的一个战略性问题。

总之，数据科学研究任重而道远。

所以，本书的完成只是著述写作完成了，其科学研究的路还很长。在研究和撰写过程中我得到很多的支持与帮助，长达数十年的学习、钻研经历基本耗尽了我人生的全部，但幸运的是，很多人陪伴着我一路走来。为此，我要感谢原西安地质学院在我读地球物理专业时让我初识数据并学习数据；我要感谢中国科学院系统科学研究所在我读硕士研究生班时给了我系统科学研究数据的基本思想；我要感谢在我读硕士研究生时清华大学理学院给了我运筹学与控制论的数据最优化处理方法；我要感谢数字油田研究将我带入数据探究的殿堂；我要感谢长安大学给我提供了非常好的学习与研究条件；我要感谢长安大学智慧油气田研究院（原长安大学数字油田研究所）全体同仁们的支持与帮助；我要感谢崔维庚、常象宇博士等在数据源研究、大数据分析与数据教育的帮助；我要感谢董安国教授、常安定教授等对数据定义、数学表达式的指导及孙阳等对书稿修订、成图等方面的帮助；我要感谢科学出版社的编辑与工作人员们的辛勤工作和帮助。

我还要感谢我的家人对我的支持与帮助。

最后，我要特别感谢互联网及其中很多参考文献的作者们，在我写作中参考了大量的文献，在此一并表示我最衷心的感谢。

作　者

2020年3月

目 录

第1章　绪　　论

尽管社会上已有数据学、数据科学、大数据技术等各种论文与著述面世，但较少见一部将数据作为一门独立的科学，就普遍数据问题做全面研究的专著。为此，本书以数据作为独立科学的研究对象展开论述，形成数据的理论原理与方法。

1.1　数据研究的起因及意义

1.1.1　数据研究的起因

1）关于起因

我研究数据的起因，在很大程度上不仅仅是因为好奇，而是因为数据的重要性。大家可能听说过一位科学家为保护数据而牺牲的故事，他就是“两弹一星”元勋郭永怀。

1968 年 12 月 4 日，郭永怀在试验中发现了一个重要线索，便着急从研制基地连夜乘飞机赶回北京汇报。5 日凌晨，飞机在首都机场失事了，在生命将近的最后瞬间，郭永怀把装有绝密文件的公文包放在胸前，与警卫员牟方东紧紧地拥抱在一起。最终二人用血肉之躯保护了对国家有重要价值的科技数据，但他们却永远地离开了我们。后来他的英雄事迹被广泛传颂（来源：http://www.china.com.cn/military/txt/2011-12/30/content_24290825_4.htm）。

数据在科学研究中就是生命，就是突破点。当无法获得数据时，即使思想、方法、技术都有，也很难突破。马天琼博士在 2018 年 *Science* 上发表了题为 Single-crystal X-ray diffraction structures of covalent organic frameworks 的文章。当时对共价有机框架材料的研究在国际上已有成果，但是，有机单体通过共价键的连接，在多维度方向上形成一种有机高分子材料长期不能突破，难就难在要从原子、分子尺度进行精准测量获得精确的数据，就是如何在原子尺度层面上获得这种材料精确的结构信息。最终她掌握了控制晶体生长的方法，成功合成了大尺寸单晶，并通过解析单晶的结构合成了新型材料，可见数据是多么重要。

我认为，数据必须要精心研究，就像妈妈蒸馍馍一样，面要“揉”到位了馍馍就好吃，数据也一样。只有把数据研究好，成果才能非同小可。

为此，我坚定了将研究数据作为我毕生的工作与信念。

2）关于数据

“数据”已成为当今人类社会生活中不可或缺的词语，而且使用频率非常高，无论是在日常工作、文件、谈论，还是大小会议、政府工作报告中，数据无处不在、无时不提。

我们在网上随便查搜各项数据，立刻就有数万条之多。这是因为我们每时每刻都在生产着数据，每时每刻都在消费着数据，每时每刻都在应用着数据，从而创造着各种数据的商业模式与价值。

然而，何为数据?

早年，我查阅了很多书籍、词典和各类文献，也没有能找到一条关于“数据”的词条，更没有找到一个准确的定义或注释。更让我好奇的是，人类是什么时候开始将“数”与“据”组成一个词，又是如何在今天如此流行的?

研究数据是很难的，主要是因为人们不认为数据是一门科学，认为其就是一般研究过程中的资料。虽然近年情况不同了，重视数据的呼声很高，但还没有重视到将数据作为科学研究的必然对象，它既没有学科，又没有领域。

现在，我若要将其作为一个科学问题加以探索，先要找到有关数据的基本定义和寓意，思考如下问题：

(1)“数”和“据”是从什么时候开始组成一个专用词语的?是动词还是名词?“数据”在词典里如何注释和定义?它的本质含义是什么?

(2)“数据”到底是什么东西?是物质的，还是理念的?

(3)“数据”的内涵、外延是什么?内涵有多深刻，外延拓展有多宽广?

为了寻找答案，我查过国内最重要的各类大部头词典。

据文献记载，《说文解字》(〔汉〕许慎撰，〔宋〕徐铉校订，2013年，中华书局)最早出自许慎。在中国，虽有仓颉造字之说，仓颉被尊称为“万世文字之祖”，但他只对单一字进行了“作文”(形体描画)和“作字”(形旁和声旁组合)，而东汉时期的许慎完成了《说文解字》的编纂。这应该是我国最古老的字典，共收录了万余字，距今大约1900年。由于是单字录入，自然只有“数”和“据”，没有“数据”一词。

《辞源》和《辞海》，是我国现代权威的词典。在《辞源》(广东、广西、湖南、河南辞源修订组，商务印书馆编辑部编，修订本第二册，1980年，商务印书馆出版社)中未找到“数据”和与之相关的词条，在《辞海》(夏征农主编，1999年版缩印本，2000年，上海辞书出版社)中找到了与数相关的词条117条，其中与“数据”相关的词条10条，包括数据处理、数据共享、数据管理等，但仍然没有单独将“数据”作为词条录入，更没有对其作注和解释。

后来经过反复查阅，终于在《现代汉语词典》(中国社会科学院语言研究所词典编辑室编，2002年增补本，商务印书馆)中找到了，这让我无比兴奋。在《辞海》(夏征农、陈至立主编，第六版彩图本，2009年，上海辞书出版社)中也找到了数据一词的解释，其中与数据有关的词条增加到18条，与数有关的词条增加到123条。具体描述如下：

【数据】数据是指“进行各种统计、计算、科学研究或技术设计等所依据的数值”。

同时，在《新英汉词典》(王立非编，2019，商务印书馆国际有限公司)中也发现了“data”的词条，注释为：“①资料，材料；②(电脑的)数据，资料。”相关词组有data mining(数据开采，数据剖析)；data processing(［计］数据处理)等。

由此，可以证明以下几点：

第一，“数据”一词是新生的词组，虽然其在社会、民间绝对属于热词，广泛传播，但被收录在字、词典中作为单一词条的时间还是比较晚的，大约是在2002年前后。

第二，根据对数据词条的注解，以及用数据库、数据处理、数据管理、数据采集/检索类的词条举例，证明“数据”一词诞生在互联网时代，显然属于一种新生事物的产物。

第三，数据至今没有被正式列为科学。虽然现在有了数据科学词条，也有数据科学专著，但都不是关于数据的独立科学，因此我们需要对普世的、独立的数据进行科学研究和著述。

不过在查找数据中，倒是找到了“情报学”（《中国百科大辞典》，1990，华夏出版社），书中将信息定位为“第三资源”，定位还是比较高，研究的也比较早。

3）关于数据组成

何为数据？虽然查了很多资料，但各处并没有给出精确的答案，仅限于一般意义上的注释，对数据的来源、组成和本质含义并没有给出解释。

由于我个人对数据有着不同的认识，所以做了长达20多年的探索。我不同意人们将数据仅称为“资料”，也不同意人们仅从计算机的“十数九表”与“数据跟着代码走”的数据学意义上认识数据，为此，我想给数据“正名”。

后来，正因为对中国数字油田的基本内涵与外延的研究，开启了我对信号、数字、数据、信息、知识、智慧的全面研究，我的“数据”思维发生了根本性的改变，特别是由“数字地球”引申、延展、衍生而出的各种数字化、智能化思想与技术及各种建设，使我对数据的内涵与外延有了更深刻的了解。

2005年是我对数字、数据、信息研究的真正开端，我以中国数字油田研究为主要方向，以数据研究为目标。这么多年来，我就想知道数据到底是什么？数据能否成为未来社会和人类科学技术新的基础理论的“发动机”？为此我做了不懈的努力。

这就是我研究数据的基本原因与动力。

1.1.2 数据研究的意义

经过多年的思考、探索、研究，我认为研究数据的重要意义在于以下几点。

(1) 建立一套数据理论体系。数据是一门科学，它不仅是一个简单的字、词，也不在于是否被收录在词典中，而是未来科学技术的前沿与科学技术重要的理论基础。

数据本身就是一门科学。通过对数据进行科学研究，可以建立一套完整的数据理论体系，形成一套完整的数据科学理论，构建一套完整的数据建设模式，创建一套完整的数据价值体系。

数据理论应该包含数据理论、原理，数据基础问题和定律，数据建设与方法，数据价格与价值流转机制，数据确权法律体系，等等。

数据体系应该包含数据的理论、数据科学、数据方法、数据的技术、数据文化与哲学、数据经济等。

关于数据的基本问题、数据科学的理论与方法等会在第3章、第5章中论述，数据的技术、数据文化与哲学、数据经济均渗透在各章节中研究，不作为专门章节来论述。然而，不是因为它们不重要，而是因为受到篇幅的限制。我相信数据的价值会让数据经济大放异彩，数据的技术会在数字化、智能化、智慧建设中得到体现，只有数据文化与哲学在未来会更加重要，才会有更多的学者来研究。

（2）寻找到未来科学技术的理论基础。数据不仅仅是单一的数据本身，也不是一般意义的现象与一般意义上的外延，随着科学技术、互联网（Internet）、计算机科学等的发展，数据的外延已扩展到互联网数据和移动互联网数据，包括音频、视频、图片、照片等，数据的概念、内涵、外延发生了巨大的变化。

到了大数据时代，数据已成为国家战略和所有领域、单位的资产，是一切科学问题研究与科学管理的资源。数据与大数据因通过深度分析、挖掘可获得数据深处的意外价值而被人们广泛认可。

到现代，科学与技术结合得越来越紧密，人们很难分出哪个是科学、哪个是技术，二者之间的边界越来越模糊。但是，科学与技术有一个共同的需要，就是需要基础理论的支撑。我们从科学技术发展数千年的历史上看，所有的科学与技术都离不开基础理论的研究。我们试图看能否通过数据科学理论的研究而找到未来科学技术的基础理论，这就是我们研究数据与数据理论最大的一个心愿。

表面看全球化是商业化、生活化，实际上是科技化的问题，然而当前出现的贸易摩擦全球化问题，其背后是科学技术话语权的争夺。众所周知，第二次世界大战以来的金融话语权，科学技术话语权都掌握在西方国家，尤其是以美国为首的西方大国之中。但是，科学技术快速发展了70多年后，有很多学者忧虑，科学技术的基础理论被“吃干榨净”，仅剩下“最后一滴柠檬汁”，怎么办？

人们在这样一个高速发展的社会大潮中，热切地期待新的牛顿和爱因斯坦理论的出现，更期待新的科学技术的基础理论的出现。下一个科学技术基础理论的诞生会不会是数据与数据科学呢？我们希望通过对数据与数据科学的研究，能够找到答案。

（3）打开新时代科学技术的大门。数据的发展就是数据的未来。数据发展不仅仅是数据自身衍生、演化与发展问题，还有在数据驱动下的社会重大变革与科学技术革命中的发展与未来问题。

首先，要研究数字、数据、信息之间的关联关系。人类社会认识是从物质世界开始的，现在我们跨越了数据世界，直接进入了信息世界，这个跨越是否可行，且会给人类社会、科学技术带来什么后果？这是数据研究中不可跨越的一个大问题。

其次，还要研究数字、数据、信息、知识、智慧的关联关系，它们都不是孤立体，而是一个强大的关联体，它们互为关系、互为依据、相互转化，形成一种社会进步的推动力。

因此，数字可以形成数字化，数据可以形成智能化，信息、知识、智慧形成智慧建设，它们共同创建模式，创造社会财富。

最后，数据与数据科学的地位必须给予确立。我们现在虽然都称“数据科学”，但是数据的地位还没有被确立，数据科学的地位也就不会被确立。只有数据确权、数据的法律地位被确认，才能有数据的地位，才能有数据科学的地位。

因此，我们必须通过对数据与数据科学深入研究，建立数据与数据科学的基本理论与理论体系，得到人们的广泛认同，才能让数据与数据科学的地位得以确立。

我相信数据理论必将打开新时代科学技术的大门，创造一个崭新的未来科学技术新时代。

1.2 数据研究的基本内容及数据战略研究

1.2.1 数据研究的基本任务

数据研究的核心内容是数据理论、原理与方法论。本书共分为10章，研究内容涉及数据起源、数据理论、数据原理、数据建设、数据科学、数据科学家、大数据方法论与数据未来等。但归纳起来，主要有三大任务：

第一，数据基本问题的研究；

第二，数据科学与数据科学家培养研究；

第三，数据与信息批判及数据的未来研究。

这也是数据研究的基本内容。

1.2.2 数据研究的基本内容

1）数据基本问题的研究

数据基本问题的研究是数据研究的最基本任务，必须要说清楚、讲明白数据是什么。

数据基本问题包含数据定义、数据特征、数据规律、数据定理、数据原理，以及数据与科学、数据与科学技术、数据生产、数据源、数据确权、数据法制、数据建设与数据应用等。

数字、数值、文字、文档、图片、音频、视频都叫数据，如何界定与定位它们，哪些是数据，哪些不是，现在看来都是一个难题。

人们怎样才能纠正已经固化了的约定俗成，把一些不正确的概念纠正过来，正本清源，也都是难题。为此，在这里我们必须追根溯源地研究，一点一点地解决。对基本的问题要说清楚、搞明白，提出看法，供大家来慢慢地规范，还数据本真。

这里有几个主要难点：

（1）数据起源研究。我们知道，远古时期肯定没有数据，那么，什么时期什么原因诞生了数据？起初的数据是什么样？我认为，只有研究了数据的起源，才能知道数据的演化与发展，才能真正地知道数据是什么。

（2）数据原理研究。如机械制造、地球转动都有其基本原理，数据的基本原理是什么？这是数据的一个最基本，也是非常重要的问题。

长期以来人们对数据的认识和含义表述并不确切，如“资料”“数值”等。随着社会的发展，数据的概念更加混乱。因此，我们必须先给数据“正名”，给数据科学“正名”，通过对其进行深入研究，还原数据的本真，寻找数据的原理与规律。

（3）数据理论与方法研究。数据作为一门科学，应该具有一套完整的数据理论做指导，来解答从数据到大数据是如何演变的，从数据到信息是如何转化的等问题。但是，现在还没有。

没有理论就没有实践。研究数据，先要研究数据的理论，再进行数据的建设，也就是数据的实践。所以，数据理论的研究任务更重。

2）数据科学与数据科学家培养

在这一研究中包含三个任务：数据建设创新、数据人才培养与数据学科建设。

（1）数据建设创新。数据使用是被动的还是主动的？一直以来都是一个问题。如果数据使用是主动的，那就需要建设。“建设”作为常用语被类同于建筑，其实“建设”还有层含义就是创新。如果数据使用是被动的，“拿来即用”，不需要有更多的过程，就不需要建设了。

关于数据建设，我们在日常工作与学习中常常看到，也经常提到，但往往把建立数据库的过程就叫建设，确实有点太单薄了。数据建设就是做好数据库吗？显然不是。

数据建设是一个很长的链，从项目规划、计划、立项，到工程实施、数据采集、数据存储、数据管理，数据应用、数据创造价值，是一个非常重要的过程。因此，需要对其做深入地科学研究，千万不要将其简单化了。

数据建设研究不仅仅是将数据采集、存储、应用那么简单，数据创新发展才是硬道理。这是数据研究躲不过的一个重大课题。

（2）数据人才培养。这一研究包含两层意思：数据工程师培养和数据科学家选拔。在当前条件下，数据人才“奇缺”。我们设想，未来的数据人才应该是什么样的？数据库专家、计算机专家，到底算不算数据科学家？这都值得研究。

数据人才就是数据科学家么？并不是。数据人才主要是指数据工程师一类的操控人员；数据科学家是指研究数据科学的专家，他们对数据的基本理论、基础问题、科学原理有着深刻的认识和研究，是推动数据科学发展与科学技术发展的一类高级别的人才。

我在对数据人才的研究中，提出了一个理念——“数据教育”，就是数据人才要从“娃娃”（大学生）做起，最重要的是要关注大学如何正确地培养数据人才与数据科学家的教学问题。这个严重问题是必须提升到国家、行业、领域领导面前的议题，甚至是战略性的课题，如果我们现在还不能重视和实施，就将会在未来科学技术发展与社会进步中落伍，败下阵来。

（3）数据学科建设。数据学科建设就是要完成学科体系的建设，它包含构成科学学术体系的各个分支，在一定的研究领域生成专门的知识，以及拥有从事数据科学研究的专业人员团队和重要的国家级实验室，但我认为最重要的是建立国家相应的机构与评价体系。

3）数据与信息批判及数据的未来

现在到处都在说“未来已来”，这主要是给人们时代感与激励人们紧迫感的一句话。其实，未来一定是未来，不会是今天。但是，科学发展比人类行走的脚步要快，所以，人们感到现在所发生的一切都应该是未来发生的事，为什么在今天就来了呢？这就是

"未来已来"。

的确，未来已来。数据的科学与数据科学研究已悄悄地来了，它伴随着数据快速发展而提前到来。

数据科学应该是关于数据的科学与科学研究数据问题的科学，而现在大部分人将各种算法、计算机科学理论和数学技术都算作是"数据科学"。是，它们也算，但只是数据科学的一个分支，不是数据科学的全部。因此，希望千万不要误导初学者。

关于数据发展，数据怎么发展？数据还有发展吗？这就是科学问题，是关于数据科学的问题，也是数据未来发展研究的问题。

在大数据时代的今天，人们都在关注数据挖掘、大数据分析，但是，最关键的问题是要搞清数据与信息的关系，在未来研究之前，一定要对"信息"加以"批判"理解。信息是来源于数据的，信息的不确定性给社会带来更大的不确定性。所以，信息只能消除，不可管理，唯有数据才可以管理，实现管理的目的。

1.2.3 数据战略研究

数据战略与"两化"融合研究是一个对数字、数据、信息基本问题研究的延展，更是一个国家战略性的研究，意义十分重大。

关于数字、数据、信息，看起来是一般意义的概念性的探讨，实则不然，它牵扯着我们到底是用信息与工业融合，还是用数据科学与工业融合的大问题。

数字是什么？这既是数据研究的基本问题，又是数据科学中一个需要界定的问题，从而也就是科学问题。我认为数字相对数据而言，属于一个基态。什么是基态？基态是指在正常状态下，原子处于最低能级状态，这时电子在离核最近的轨道上运动的一种定态。基态的概念是基于能层原理、能级概念、能量最低原理而来的，是一个化学科学知识，如果我们引入这样一个化学概念来表述数字，数字就是数据的基态。

数据相对于数字，是一种激发态。激发态是指在任意能级上能量提升，当原子或分子受到外界能量的激发后，电子跃迁到更高能量的轨道上的状态。在物理学中往往与一个原子被激发至激发态有关。在量子力学中，一个系统（如一个原子、分子或原子核）的激发态是该系统中任意一个比基态具有更高能量的量子态（也就是说它具有比系统所能具有的最低能量要高的能量）。我们引入这样一个化学科学知识来表述数据，其正如化学中的激发态，数据是要比数字"高一级的能量级"，而只要对数据实施"激发"，它就会转化，转化成我们今天所说的信息。

信息是什么？信息就是经过数据被"激发"后，转化成为一种能够容易被人们接受、理解、演化、转化成接收者思想的认识。

信息具有不确定性，它可以"千人千面"，一个原本的事物被很多人接收后，站在不同的角度便会有不同的解读，最终就会有不同的结果。

可见，数据学问之大，数据内涵之深，非深入的研究是解决不了的。仅"数字""数据"和"信息"问题，在大数据时代如果能够被我们解决了，就是一个胜利，包括与数据相近、相似、相关的问题，如果我们今天研究好了，这就是一个重大的科学成果。

关于国家提出的两化融合战略，它虽然不是本书研究的主要任务，但是，由于数据与信息关系的问题一定会被牵扯到，这就是为什么要提信息化与工业化融合，而不是数字化与工业化融合。因为数字化要比信息化更加具体可行。信息自身所具有的多变、多层次、无法管理与完全不确定性，使之很难同工业化融合。

由此可见，数据研究的任务十分艰巨。当然，数据战略研究关键是我们如何从数据生产大国走向数据强国的战略，我们将在后面深入研究，细细道来。

1.3　数据方法研究与研究数据的方法

数据方法研究与研究数据的方法，听起来很绕，但是做数据研究还真是绕不过去这两点。因为，数据本身具有一个数据的方法需要研究，同时，数据研究是一个重大课题，也需要一个正确的研究方法，就是这个道理。

1.3.1　数据方法研究中几个概念

在论述数据方法研究之前，我们需要澄清几个重要问题，包括数据思维、数据学的广义与狭义内容等，我想在绪论中最好有一个交代。

（1）数据思维也称为 DT 思维，是数据学问中的一个重要标志。那么，什么是 DT 思维呢？

通常我们思考一个问题时，总会站在一定的角度上来考虑。例如，当我们作地质研究时，就会考虑研究区的地质构造、岩石学特征、沉积相，以及准备采用什么样的方法、技术来研究等问题，这是基于逻辑性和专业性的思维思考问题。当我们在管理过程中处理比较棘手的事情时，就要考虑与事件有关联的人、事、利益，牵扯到的部门、上下级关系、国家方针政策等方面，这是基于管理与科学决策的思维。

数据思维是建立在数据的基础上，需要按照数据关联关系思考问题的思想方法，如数据从哪来，数据是怎样产生的，会有什么样的数据提供给我，这些数据如何进行整理，数据会是什么样的结构、特征，还有多少缺失的数据，如何补采，用什么技术方法等。因此，要研究数据，一定要建立起数据思维，也就是 DT 思维。

思维是一种缜密、逻辑、顿悟的方法过程，它一直在主导着人类的行为与实践活动。在数据活动中，数据思维一直起着主导作用。现代社会必须要建立起数据思维，包括每一个人，不仅仅是数据工作者，它是接收外来输入信息与脑内储存知识、经验融合后的一种心智操作过程。

（2）关于数据理念。理念是一种想法的最高境界。《现代汉语词典（双色插图本）》（商务国际辞书编辑部编，2020，商务印书馆国际有限公司）中对它的注释为“①信念；②思想；观念（多指比较重要的或系统性的）。”数据理念是数据思维、数据思想、数据实践升华后的一种数据科学方法论，这一点非常重要，如“数据是个纲，纲举目张”的数据理念。

纲举目张是一个汉语成语，读音为 gāng jǔ mù zhāng，意思是提起渔网上的大绳一抛，一个个网眼就都张开了，可捕到很多的鱼。而“数据是个纲”是形容数据就像一张“大网”——数据之网，当数据之网抛出去以后，要用通过数据分析完成的智能化将所有的业务、技术、方法一网打尽。

“网”还有另一层意思，即衣领，我们收衣服时只要提着衣领，衣服就被整齐地提起，叫“提纲挈领”。数据将会成为业务、技术的纲，也就是提起数据，业务、技术问题就全部被提起来了。

引入“数据是个纲”就是一个重要理念，是为了告诉我们：数据相当重要，在当今社会中无论做什么工作，数据都处于关键核心地位。因为，它就是“纲”。

（3）关于数据思想。数据思想是以数据为中心的思想。人的思想会受到很多外界的干扰，如会受到时间、地点、事件的转变和不同观点陈述后的影响而变化。当前，我们大都还处在信息技术（information technology，IT）思维条件下，受到如“十数九表”“数据跟着代码走”“数据库”“云计算”等技术方式与传统做法的影响，很难建立起新的数据思想。

新的数据思想是建立在大数据时代的，处理一切问题时须利用大数据分析方法来解决的思想，这就是“全数据”与“数据驱动”的思想。

对于“全数据”，我们在第5章、第7章中都会做重点研究，“让数字说话”“用数据工作”“使数据聪明”都是“全数据”的思想。

对于“数据驱动”，我们在第10章中做了研究。未来数据科学大发展是一个科学技术大发展的问题。“数据驱动”思想，就是让数据做“引擎”，做“发动机”，赋予数据动力、牵引力，在任何实际工作中都要首先以数据为中心的思想方法。

（4）关于数据学。在本书中没有专门讨论数据学问题，因此，在绪论中对其做一点交代。

数据学是根据数据理论、原理和实践而建立的关于数据的学问。我们研究数据，必须有一定的数据理论做指导，否则就会偏离研究方向。数据学应该是指导我们数据学习、数据研究或研究数据最好的理论基础。

数据学分为广义数据学与狭义数据学。

广义数据学是指完全的数据，“全数据”论，是纯以数据研究为对象的关于数据的学问与观点；狭义数据学是指不同学科、不同领域以数据作为研究对象的关于数据的学问与观点。例如，部分关于计算机数据的研究，只能算作一个分支，不是“全数据”的数据学。

我们区分广义数据学与狭义数据学，是希望囊括所有对数据研究的科学方法，以包容的态度吸纳各个领域、各个学科对数据的研究精华，为广义数据学方法论提供素材，形成数据学方法论的智慧集成。

（5）知识研究。本书没有设专门的章节对知识进行研究，不是因为它不重要，而是受限于整个数据研究的结构问题。为此，我们在这里简单介绍一下。

知识是在数据研究体系中继信息之后的又一个重要领域，是人们获得信息，经过实践后总结出的成果，是可以供后来人学习的经验与结果。知识在表现形式上也是数据，如将知识图谱数字化入库后，就变成了数据。

在大数据时代，除了数据、知识、经验以外，教训与失误也是知识，它们同样非常重要。

1. 3. 2　数据方法研究

数据方法研究是指数据使用的方法问题，这里先做一个简单的交代，在第 7 章中具体讨论。

数据方法论是人们认识数据、使用数据方法的理论，是依照数据学理论而建立起的关于数据科学可操作的方法。例如，数据本身具有独特的“采、传、存、管、用”规律就是数据使用的一种方法，我们做数据研究必须依照这样的规律和方法。

数据的“采、传、存、管、用”，从横向上看是一个链条，包含数据的产生、传输、储存、管理和应用完整的过程。其方法也必须按照“采、传、存、管、用”执行，每一个字都要做到位，一个字都不能少，就构成了数据使用比较完整的过程方法。从纵向上看，每一个字都是一个庞大的技术体系和数据体系，如“采”，是指利用一定的技术手段生产数据的过程，它包含技术、方法、人力资源、资金投入和数据源物质、事件处理等很多方面。以数字城市为例，我们必须在所有道路的路口、关键部位、场所、重要设施等处安装传感器（摄像机）来采集数据，而仅这一项就会涉及很多层面的技术，包括业务流程中的各项技术，芯片、材料、新材料等制造技术，网络技术、数据库技术、服务器技术等信息技术，数控中心及各环节的运维技术等，这些技术共同构成了一个庞大的技术产业链。

所以，对数据方法的研究不能违背数据的基本规律，科学的研究数据方法就会让数据变得生动且具有价值。

1. 3. 3　研究数据的方法

谈科学的方法，首先需要知道什么是科学？一般在讲话中提到我们要以科学的态度完成某一工作，这里的科学实质上是指合理化，即合理了就是优化了，优化了就是科学了。那么，在数据研究中合理的方法有哪些？当然是研究数据中所采用的科学的方法。

对于数、数字的传统科学研究方法有很多，如数学的方法、自然科学方法等。那么，这些传统、经典的科学方法是否适用于数据研究还是值得探讨的。我认为，大概有以下几点：

第一，物质（事件）定义法。物质（事件）定义法来自数据理论原理的“物质定义数据”的概念。

为什么会提出“物质定义数据”？因为大凡数据都是来源于某一物质或某一事件（事件也可以定义为物质）中，也就是说数据的来源是以物质为前提的。每一类数据都是有其根源的，只要知道数据的根在哪里，数据的属性与数据的基本特征就一目了然了。

例如，一组数据、一批数据或是更大量的数据总是可以追根溯源的，它符合“树有根、水有源”的基本道理。我们在研究数据时不能离开数据本身的源和本，即数据之本。

数据之本就是某一类物质或事件。例如，油藏数据是通过对地下储层的测试获得的，储层就是岩石物质，它具有电性、磁性、岩性、物性等特征，构成数据采集的基本参数，从而储层的物性、电性、岩性就是油藏数据之源，是物质的。

物质（事件）定义法是研究数据的最基本法则，数据的源头一般不是来自于某一物质，就是来自于某一事件。数据带着物质、事件的基本痕迹，也许就是这一类物质事件的“DNA”，只要仔细地研究，就可掌握数据的基本属性与特征等。

第二，数据转化法。利用数据转化法则研究数据是针对数据独有的方法。

数据转化法是指数据在其生命周期一直处于运动中，当一个数据不再运动时它便失去了生命力，通常大家都会称为“数据的全生命周期”。

“数据的全生命周期”是什么意思？简单的理解就是数据有“生”，也有“亡”，数据“生”与“亡”的过程，就是一个“生命周期”。数据确实有“出生”，我们在什么时间采集的这些数据，这个时间便是数据的“出生”日。但是，数据在什么情况下算作“消亡”？这很难说。假设一组数据被遗忘在数据库里长期不用，已经过时了，这算不算“消亡”？还有一组数据被转化成了信息，也就是我们用过这批数据了，是不是这组数据就算完成了一次生命的过程？

当然，好像前者更像是数据的“消亡”，后者是数据的一次“凤凰涅槃”。对于这个问题我们暂且不在这里探讨，但是，数据是按照运动规律运行的，在不断转化中完成数据的价值，这是一个规律。

一组数据的存在是按照信号、数字、数据、信息、知识、智慧的过程运动的，实际上就是一个“转化”的过程。例如，信号是传感器等设备采集时的最原始的“符号”，它以波信号或电信号等方式表现。信号被采集后，需要做大量的信号处理，如去噪、放大、过滤、去伪存真等，然后获得相应的数字“符号”。有了数字，再对数字进行组合建立关联关系，或进行数理统计分析等，让数字转化成“表格”数据。有了数据，然后再利用人工或计算机处理变成各种图件、曲线、成果报告，这时数据才真正变成了信息。

数据如果不通过转化是无法表达物质（事件）原貌的，这就是通过数据恢复物质（事物）的方法。例如，人们在阅读信息或获取信息时，还要对其进行解读、解释，完成各种研究报告，最后发表结论，再变成知识，供更多的人来学习。由此可见，数据过程始终都处在演化、转变、运行的过程中。我们将这种现象称为转化，将这种过程的研究方法称为转化研究法。

转化研究法是一种研究数据所独有的方法，重点在于数字、数据和信息的转化过程，如果不进行转化，数字还是数字，数据还是数据，信息还是信息。我们只有通过这种方法来研究，才能认识到数据的本质和内涵与价值。

第三，数据定义信息法。数据定义信息基于数据转化法。信息（消息）是离不开数据的，任何一个信息（消息）都来源于数据，这就是数据定义信息。

信息是通过数据呈现出来的图表或文档，它所表达的“消息”是这个物质、事件的“原貌”，但是经过人们加工后获得的结果，就变成成果或决策了。

这种加工所获得的结果有多种可能，可能是数据还原物质的信息；可能是通过加工后添加了人的知识、智慧，升华了的信息（消息）；还可能是基于自己选取的立场上再加工，形成了走样的信息（消息），等等。

为此，要使信息回归本真，唯一的方法就是采用数据定义信息法，实事求是，尊重事实。

所以，数据研究的科学方法是基于数据内涵，存在着本质的方法论与系统，由此而贯穿始终。

1.3.4　数据实验法

数据实验法是否可以如同物理实验、化学测试分析方法那样理解呢？其回答应该是肯定的。由于数据实验比较独特，这里专门单列出来说明其重要性，在第6章中会有重点论述与交代。

数据实验法是研究数据与数据科学的一个重要的方法。例如，我们需要研究数据的基本原理，以数据生产为例，就可以在实验室中完成。传统的实验以验证技术原理为主，但实际上在实验过程中以采集数据为主。如果我们转换一下思维方式，将验证某一技术、方法、物质原理为主转变为数据生产实验，这就是一个很好的数据实验研究的方法。

还有难度比较大的实验，如研究和发现数据中的“DNA”，也就是实施研究数据之“基”，这一研究必须要在实验室中完成。目前在实验室中做反复测试、分析，估计还做不到。但是，数据的“采、传、存、管、用”中的每一个环节都是可以在实验室中完成的，数据的梳理、清晰、整理、可靠性验证、质量控制等也都是可以完成的。因此，数据实验法也是数据科学研究的一个重要方法。

1.4　结　论

本章是在研究数据之前给出的一个综合的整体映像，通过阅读绪论后能对本书内容有一个大概的了解，引起读者的兴趣。

(1) 数据研究的意义十分重大，在绪论中要交代数据研究的前因后果，以及研究数据对人类社会和科学技术所具有的巨大影响力。

(2) 数据已不再是世界科学技术中的一个局外要素或“资料”，而是当前和未来世界科学技术中的一个重要科学领域。在本章中开宗明义地介绍了数据研究的主要任务是什么。

数据理论的建立与确立、数据科学理论的建立与确立、数据的未来对科学技术和人类社会的贡献，在绪论中必须交代清楚。

(3) 数据研究需要一套科学的数据研究方法。我们认为，数据与数据科学将成为科学技术基础理论中一个新的大科学，通过对数据的研究，打开一道通往科学技术基础性、前沿性基本理论的大门，为科学技术基础理论注入活力，创建新时代科学技术基础理论的新天地，推动科学技术在新的时代阔步前行。为此，必须采用更好的方法，将数据与数据科学研究得更好、更深与更高。

第2章　数据的起源、演化与发展

我们研究数据，要知晓数据的来龙去脉，如数据是什么时候出现的、数据是什么时间开始慢慢演化的、数据又是什么时候开始大爆发的等，现在我们来一一揭示。

2.1　数据诞生过程

2.1.1　世界本无数据

世界本无数据，这是肯定的。据科学家研究，人类是从猿慢慢演化而来的，也就是说，在很早以前，无论哪个民族、国家、地方的原始时代都是没有数据的，那时人类的生活还不需要数据。

数据一定与人类社会的进步、文明有关。据科学家研究，人类从灵长类经过漫长的进化过程，一步一步发展而来，经历了猿人类、原始人类、智人类、现代人类四个阶段。作为数据研究，我们主要关心数据是在人类演化到哪个时段出现的，是400万年前、50万年前、5000年前、还是2000年前？截至目前我们还是不得而知。

但无论我们怎样设想，可以肯定地说，在远古时期一定是没有数据的。

2.1.2　文字、数与数字计算的起源

1）关于文字

文字是记录思想、交流或承载语言的图像或符号。“文字”一词本身出自《史记·秦始皇本纪》，即“一法度衡石丈尺，车同轨，书同文字”。根据我的研究，应该是先有数，再有数字的记录，最后才有了用于表达思想的文字。

我们以古埃及文字为例。据说埃及有8000多年的历史，古埃及文化虽然没有传承下来，但古埃及象形文字即那时的埃及文字，据说由法老的铠甲关节板上的最早期象形刻记起（公元前3100年），到现在的埃及大小教堂内都可以看到，如图2.1所示。

我曾专门到埃及旅游考察，古埃及的数字也是以划道道表示，一道杠代表1，两道杠代表2，当然也有更复杂的表达。

在中国，我们现在能看到最早的成熟汉字应该是甲骨文了。可见，在古代，文字出现的时间还是比较早的。

2）关于“数”与“数字”

“数”是量度事物的抽象概念，是对客观存在的量的意识表达。“数字”应该起源于

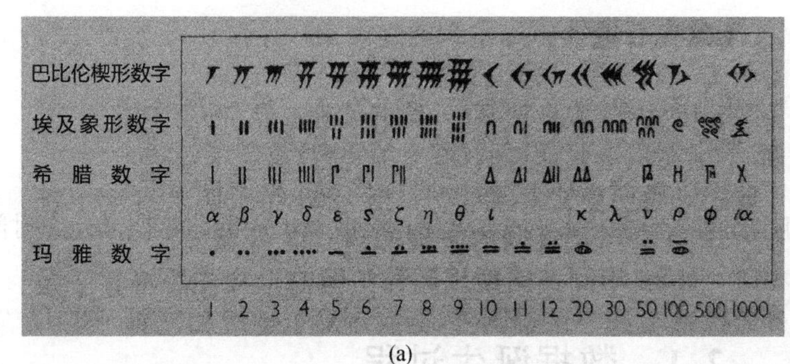

(a)

(b)

图 2.1　古代数字与古埃及文字石碑

来源：(a)《辞海》；(b) 作者摄于埃及博物馆

原始人类用来计数的记号，然后形成“数”的符号，这是人类历史上最伟大的发明之一。

我们以汉字数的书写为例，流传下来到今天，分为大写和小写。

大写：零、壹、贰、叁、肆、伍、陆、柒、捌、玖、拾、佰、仟、万、亿、兆。

小写：零、一、二、三、四、五、六、七、八、九、十、百、千、万、亿、兆。

当然，阿拉伯数字的 0、1、2、3、…、9，那就更不用说了，我们现代社会生活与科学研究每时每刻都在用它。

3）数字计算

一般来说，有了数字，一定就有计算，如数数后总要有一个结果，当然人类最早记载的就是结绳记事了。其实，结绳记事就是一种计算结果。

在中国，一般都认为《九章算术》是中国现存最古老的数学著作，但后来荆州出土的《算数书》，虽然名气不大，科学家认为它要比现有传本的《九章算术》还早近二百年。不管怎么说，仅凭《九章算术》就可以证明，数的计算是存在的，也是可行的，更重要的是数字与数，数字与量具是有关联的，从而才形成了数字的计算。

我们知道，《九章算术》共收集了 246 个与生产、生活实践有联系的计算问题，其中每道题都由问（题目）、答（答案）、术（解题的步骤，但没有证明）组成，有的是一题一术，有的是多题一术或一题多术。这些问题依照性质和解法分别隶属于方田、粟米、衰分、少广、商功、均输、盈不足、方程及勾股，当然，以勾股最为知名。

我们以方田为例，其主要讲述了平面几何图形面积的计算方法，包括长方形、等腰三角形、直角梯形、等腰梯形、圆形、扇形、弓形、圆环这八种图形面积的计算方法等。由此可见，在这里说明了一个非常重要的事实，就是当时人们已经知道丈量，而且丈量、量具已经非常发达了。有了量具，才可以丈量，有了丈量就有了数与数字的记录，然后就可实现几何的计算了。

从以上论述中可以看出，无论是古埃及、古阿拉伯，还是古印度与古中国（在此没有对古阿拉伯和古印度文字进行介绍），据历史记载，当时所有数和数字的出现都与古代农耕文明有很大的关系，与量具和丈量等有很大的关系，与文字文化有很大的关系。所以，数与数字的运用给数据的出现提供了必然条件。

2.1.3　数据的起源

关于“数据”的起源，我想知道更多。所以，仅“数据”一词我就查找了很多文献。对“数”和“据”分别记载是比较早的了，可以追溯到《说文解字》。而证明数、数字和数的计算出现得也比较早，只有“数据”一词在字、词典中收录得非常晚。“数”与“据”什么时候组成一个词，它们到底什么含义，这是一个谜，也是我研究的重点。

首先，数据与计算应该有很大的关系。在远古时期的计算，大都是以符号方式记录，或是简单的加减。

那时的数只有1~9，中国汉字数也是从一至十，均没有0，这给大规模计算带来了不便。直到7世纪，古印度数学家婆罗摩笈多（Brahmagupta）撰写了《婆罗摩历算书》，该书规定了有关0的计算规则，并对0计算进行了推广。从那时起才开启了快速和完美的计算方式，数学开始了大发展。

无疑，数据一定是在数、数字和数字计算中发展而来的，但我们没有找到任何有关“数”“据”是什么时候组词的记载，更没有找到“数”“据”为什么会组成一个词的记载。

数据与农耕文明有关，主要是指量具的发展和数字的简单计算有关。在农耕文明中出现了很多量具，也就是度、量、衡的出现，便有了很好的统一测量规范。在计算上先后有结绳记事、中国古老的算盘等，在农耕文明中一度很盛行，也很繁荣。但是，很遗憾，我们还是没有找到有关“数”“据”为什么组成一个词的相关记载。

农耕文明之后，人类进入工业文明时代，在数学、物理、化学等学科大发展之后，在概念上应该才出现数据。但是，那时的数据主要是科学实验与验证过程中产生的测试数字，以满足高等数学计算所需的各种数字式的数据。虽然物理、化学、数学、自然科学、工农业技术和高尖端科学技术的快速发展，使得科学数据也快速发展起来，但仍然没有“数据”一词的有关记载，而真正出现关于“数据”的记载，是在信息文明时代。

2.2　数据的演化与发展过程

据研究，数据的演化经历了漫长的时期，大约经历了数千年，但大体上由三个阶段构成。

2.2.1　农耕文明阶段

农耕文明起源于什么时间无法确定。在中国，有学者说应该是从半坡文化开始，也有人说更早。但可以肯定地说，15世纪前都应该算作农耕文明。这个阶段中的数据演化，我们称为第一阶段，如图2.2所示。

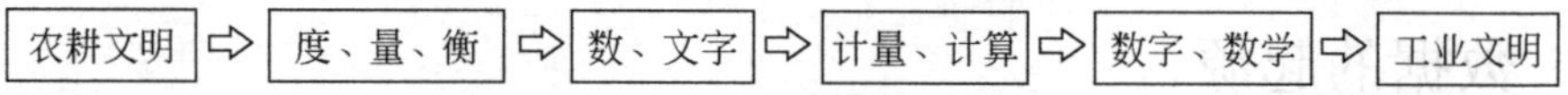

农耕文明 ⇨ 度、量、衡 ⇨ 数、文字 ⇨ 计量、计算 ⇨ 数字、数学 ⇨ 工业文明

图 2.2　农耕文明时期数据演化过程示意图

从图 2.2 中可以看出，这一阶段对数据的主要贡献是农耕文明出现了度、量、衡等量具，这是关于数的起源的重要条件和标志，如果没有器具和量具，就不可能产生数。

数与文字，谁在前？没有文献可查。但是，关于“数”这个字，在我国《说文解字》(〔汉〕许慎撰，〔宋〕徐铉校订，2013 年，中华书局）中注释为“计也”，就是数一数的意思，证明很早就有了。

对于数的写法，我们在前面已经论述，古埃及、古印度、古巴比伦、古中国的汉字，都有自己文字和书写方式。

有了数和文字之后，便出现了计算和数学，这是数据演化中一个重要过程。关于数的学问，主要记录了数的计算与方法，数与数字计算不可分割，数字计算与数学不可分割。这就是在农耕文明时代，经历过的漫长时期的演化与发展。

在农耕文明时代，从数、数字到数字计算，再到数学演化发展的道路上，有很多科学与事例可以证明，也可以歌颂。但在中国有一个重要人物不能忘记，那就是秦始皇。

在数据研究中，为什么要提秦始皇？因为他推行了“一法度衡石丈尺，车同轨，书同文字”(《史记・秦始皇本纪》)，即车同轨、书同文、钱同币、币同形、度同尺、权同衡、行同伦、一法度。这就相当于建立了一套标准，统一车轨，统一文字，统一货币，统一度量衡，统一道德规范，统一法令制度，尤其是统一度量衡，是对数与量进行规范，制定了统一的数量标准。

综上论述，数据演化的第一阶段，农耕文明时期对于数及数字的形成，为数据的诞生奠定了基础。如果没有农耕文明时代，就不会有各种度、量、衡的出现，也就不会有文字、数字书写的出现，更不会出现数字计算和数学。由此可见，由度、量、衡到数字，由数字到数学，为数据的生成、演化、发展做了很好的铺垫。

总之，我们没有找到有力的证据证明数据诞生于何时，但可以证明在农耕文明阶段数据已经出现了。

2.2.2　工业文明阶段

农耕文明之后，人类进入了工业文明。

工业文明是指工业社会文明，亦即未来学家托夫勒所言的第二次浪潮文明，是以工业化为重要标志，以机械化大生产占主导地位的一种现代社会文明状态。

据记载，历史上先后发生了三次工业革命，这不仅是技术的改革，更是一场深刻的社会变革。从英国工业革命开始，整个世界拉开了向工业化社会转变的“现代化”的帷幕，标志着人类社会发展进入一个全新的时代。

有学者这样划分：

(1) 16 世纪初到 18 世纪工业革命前，工业文明先在西欧兴起。

（2）从工业革命开始后到 19 世纪末，人类真正进入工业社会，同时工业文明从西欧扩散到全球。

（3）20 世纪上半叶，工业文明全面到来，社会出现了巨大的震荡，也进行了调整和探索。

（4）第二次世界大战后到 20 世纪 70 年代初，人类吸取了上一阶段的经验教训，工业文明顺利推进。

（5）20 世纪 70 年代以来，工业文明深入发展，进入信息文明。

我们依据这样一个划分线索，来看看工业文明阶段数据的演化史，如图 2.3 所示。

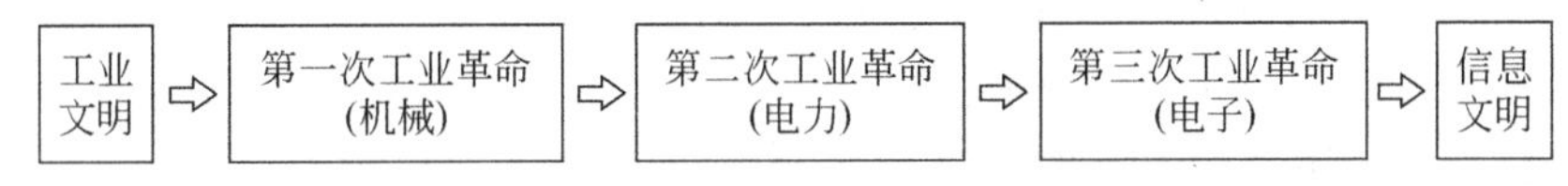

图 2.3　工业文明阶段的数据演化过程

显然，这个阶段是一个技术革命发展的阶段，而数、数字与数学一直伴随着技术革命的发展。

工业革命总是在新的技术驱动下发展的。有人说，第一次工业革命是使用蒸汽机的机械生产；第二次工业革命是使用电力的基于劳动分工的批量生产；第三次工业革命是引入电子和信息技术提升了生产的自动化水平，然后进入信息文明的前夜。

不管怎么说，现在看来，这三次工业革命是以递进迭代式进行的。第一次工业革命还带有浓厚的农耕文明色彩，很多技术是属于机械式的设计、改进和制造，大多为农业、交通、水利等领域服务的技术革命，其典型代表是蒸汽机的发明。而对于数据，这个阶段主要还是数字的演化与数学科学的大发展。

到了第二次工业革命时期，主要是电磁的发现和能动工业大发展。这一次也属于技术革命，但与第一次工业革命不同的是，科学、数学开始大放光彩，应该属于科学技术工业化的革命，其典型代表是电力与电的应用。而电力的出现与发展，给数据采集设备的创新发展与数据通信带来了契机。

第三次工业革命时期，其实已经完全进入科学大发展阶段，以原子能、电子计算机和空间技术的广泛应用为主要标志，世界完全进入一个全新的时代，其典型代表是电子技术、芯片与计算机技术。这个阶段人类不但发现和研制了各类数据采集器，还出现了数据通信技术，对数据的大发展起到了很大的促进作用。

由此可见，在工业文明阶段是数据演化与发展最重要的阶段，人们不但看到了牛顿的经典力学、爱因斯坦的相对论，还看到了科学数据在科学技术中所起的重要作用和自身的大发展。

2.2.3　信息文明阶段

信息文明，是在后工业革命时期出现的，以信息技术为特征的一个新兴时代。

首先，我认为将工业革命以后出现的“信息文明”，命名为“通信革命”或“数据文明”会更好一点。因为先有数据，后有信息，否则不符合逻辑。

其次，第三次工业革命后期电子技术迅猛发展，这个时代主要是电子产品大爆发，收音机、电视机、洗衣机、电冰箱等电子产品让第三次工业革命大放异彩。最突出的表现是电话、电报和交换机等数字产品的出现，也就是通信技术的大发展，使得数据发展成为潮流。尤其是系统论、控制论和克劳德·艾尔伍德·香农（Claude Elwood Shannon，简称香农）的“信源—信道—信宿”原理，让通信技术发生了革命性的变革，这是数据传输的重要条件，也是数据发展的必要条件。

由此我们可以看出，时代与技术的迭代进程是一幕一幕地拉开的，如果没有第一次机械技术的发展，没有第二次电力的发展，就不可能出现电子技术的大发展，也不可能进入“电子通信”的大时代，这都是数据演化发展中的必然条件。

最后，由于人们已经约定俗成了，一直称第三次工业革命时期为“信息文明”时代，为此，这里我还是采用“信息文明”来论述。

信息文明时代的典型代表是信息的技术。那么，信息技术是什么？在今天看来，信息技术是指作用在信息过程中的所有技术的总称，通常称为 IT 技术。需要说明的是，严格地讲不应该称为“信息技术”，而应称为“信息的技术”，这样命名比较准确和严谨。因为，信息，不可能成为技术。

通常人们认为 IT 是一种“IOE+C”模式，即 IBM① 小型机+Oracle+EMC 存储器+Cisco 思科。这些也属于技术范畴的看法，即把作用在信息上具有代表性的几个典型技术归纳起来，其实，最终还是以硬件和软件产品表现出来的。由此可以得知，信息文明时代的数据演化基本过程，如图 2.4 所示。

图 2.4 信息文明阶段数据演化与发展

由图 2.4 可以看出，信息文明也有三次“革命”，不过我们还没有找到这样的论述。我认为第一次革命是计算机革命；第二次是互联网革命；第三次是数字化革命，简单论证如下。

1）计算机革命

计算机革命是指计算机的发明、制造和由大到小，构成人机结合的大脑的变革过程，也可以称为“电子的革命”。电子的革命的标志是电子信号的发展，用“1”或“0”转换以后可以变成图像、文字、声音，对数字加以处理，这种数字处理方式的变革称为电子数字的革命。然而，人们更多的还是认可计算机革命。

提起计算机，不得不提被人称为“计算机之父”的冯·诺依曼。冯·诺依曼提出计算机的三大原理，即计算机由控制器、运算器、存储器、输入设备、输出设备五大部分组成；程序和数据以二进制代码形式不加区别地存放在存储器中，存放位置由地址确定；控

---

① 国际商业机器公司（International Business Machines Corporation，IBM）。

制器根据存放在存储器中的指令序列（程序）进行工作，并由一个程序计数器控制指令执行。控制器具有判断能力，能根据计算结果选择不同的工作流程。

根据冯·诺依曼体系结构构成的计算机，必须具有如下功能：把需要的程序和数据送至计算机中，必须具有长期记忆程序、数据、中间结果及最终运算结果的能力。三大原理堪称完美，是系统科学、信息论和控制论的完美结合与完整应用的典范。

计算机始终处于变革中，但数据始终在伴随中。人类最早的巨型计算机要安装在一个巨大的二合一教室里，相当于机械式的巨型机，随后是 286、386、486 台式小型机，然后出现了笔记本、掌上电脑等。计算机的革命带动了一大批与计算机技术相关的技术产品和产业的大发展，并且至今还在变革中。

计算机具有完成各种算术、逻辑运算和数据通信等数据加工处理的能力。它能够根据需要控制程序走向，并能根据指令控制机器的各部件协调操作，能够按照要求将处理结果输出给用户。为了完成上述的功能，计算机必须具备五大基本功能组成部件，包括：输入数据和程序的输入设备；记忆程序和数据的存储器；完成数据加工处理的运算器；控制程序执行的控制器；输出处理结果的输出设备。可见，计算机就是完成数据演化蝶变的直接见证者，也是数据应用的载体。

由此可见，在数据演化、发展的过程中，电子计算机始终扮演着数据演化重要的角色，计算机与计算机的发明创造者做出了突出的贡献，它使人们知道怎样计算数据才会更加的快捷与方便。

2）互联网革命

互联网革命是指从互联网与信息高速公路的演变，为数据端到端高价值赋能，再到高价赋值的云计算演化过程。

其实，互联网传输的不是信息而是数据。当然，按照互联网系统设计者的思想，是依照“信息高速公路”的概念创立的。然而万变不离其宗，按照大家常说的话是信息传播，实质是数据传输，这种方式没有脱离香农提出的信源—信道—信宿原理过程，如图 2.5 所示。

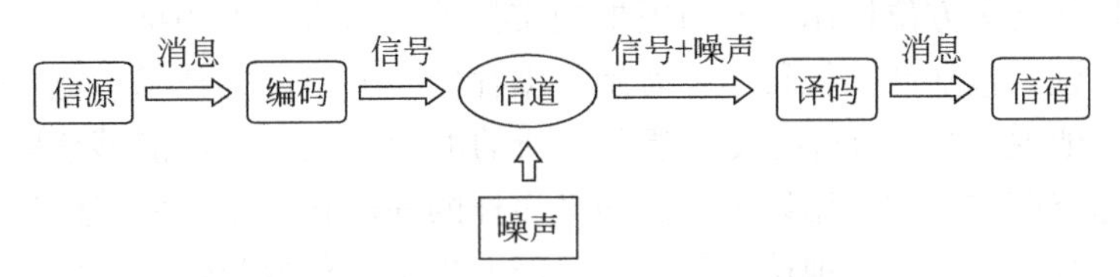

图 2.5　香农消息原理给出的通信系统模型

由此可以看出，互联网数据传输的基本原理，还是按照让数据在网络上运行，只是在计算机发达后，人们利用这样的原理以计算机为节点相互连接构成一个网络系统。

我认为互联网传输的不是信息而是数据，是数据在“流动”。有学者提出：流动的数据消除了信息不对称；流动的数据破除了时间的限制；流动的数据破除了空间的限制；流动的数据也催生了时间的碎片化；流动的数据聚合需求，这是对的。

于是，互联网革命带来了三个重要的变化：

第一个变化是地球村。全球每一台计算机都是连接点，将地球上人与人之间的距离忽然拉近了，实现了全球化、扁平化。

第二个变化是出现了“互联网+”。这种模式在很多人看来是一种商业模式，其实是技术革命的成果。

第三个变化是数据产量。互联网数据概念已经完全超越了工业文明时期的科学数据范畴，不但拥有大量的计算机数据的概念，还产生了互联网数据的概念。它包括文字、文档，图片、照片，音频、视频等，只要网络上能传输的，全称为数据。数据的概念、内涵、外延、范围全部扩展。更重要的是，互联网中的电邮、微博、QQ，移动互联网中的短信、微信、推特等都成了大规模数据“生产工厂”，每时每刻都在产生巨量的数据。

3）数字化革命

数字化革命是指电子技术、计算机技术、网络技术高度发达后，利用这些综合、先进的技术将宇宙空间、地球表面和地球内部中的所有物质，以及社会中的各类事物全面地用数字表达的过程。

数字本身的含义是代表量的多与少，如人们用 1、2、3、50、100 等阿拉伯数来表达一些数的概念，又由于它可以书写就成了数字。当数被加上单位后，就出现了数量的概念，如 100m、10km、100t 等。在农耕文明时代，人们只是开始创造数与数字，只有简单的数量关系的计算，诞生了数据概念。在工业文明时代，人们是利用科学技术手段通过实验和测试获得数与数字记录，然后进行统计分析与科学计算，形成了数据运算。而现在不同了，除了传统的利用人工记录获得数字，通过科学实验获得测试数字，更多的是利用传感器等现代先进技术获得更多的实时数字。为此，人们已经具备了将宇宙、空间和地球表面以及地球深部全部数字化的可能性，数据可以爆发式地增长。

于是，在 20 世纪末，即 1998 年 1 月，由时任美国副总统的艾伯特 · 戈尔在加利福尼亚州科学中心开幕典礼上发表了题为“数字地球：认识 21 世纪我们所居住的星球”的演说，其中提出的“数字地球”风靡全球，从而也出现了数字化的概念。

戈尔将数字地球看成是“对地球的三维多分辨率表示，它能够放入大量的地理数据”。他认为整个地球将会全方位地用 GIS 与虚拟现实技术、网络技术相结合来实现。数字地球要解决的技术问题，包括计算机科学、海量数据存储、卫星遥感技术、宽带网络、互操作性、元数据等。他说，“一场新的技术革命，新的浪潮正允许我们能够获取、存储、处理并显示有关地球空前浩瀚的数据以及广泛而又多样的环境和文化数据信息”。

数字地球、数字化、智慧地球，等等，已经不再是一种数与数字的概念，数字在很多方面成为数据的代名词，如数字化其实就是数据化。数字化因为数据而正式“上位”，成为一种工程、一种技术、一种工作、一种产业、一种经济社会（如数字经济），数字化转型发展再次风靡全球等，这些成果都源于数字技术的先进作用。

总之，数据演化经历了漫长的时期，我们从以上三种文明态中看到，表面上是社会、经济、科学技术形态的演化与发展，而事实上，从农耕文明到工业文明的转型，诞生了农耕文明中不曾有过的许多新行业，如机械制造业、航海业、铁路运输业等。工业文明不是抛弃土地生产，而是以机械化与自动化的形式改变了土地耕耘方式，并以新的联合方式变革了农耕文明时代的制度，形成了新的概念框架和新的经济、文化、法律等制度体系，且伴随着数、数字与数据的发展。同样，从工业文明到信息文明的转型，也诞生了工业文明时代所没有的一系列新行业，如网络通信、电子商务、数字经济、人工智能等，形成了数据的大爆发。更重要的是，不管工业文明怎么发展，整个过程都用数字、数据、信息串起了全过程。

这就是数字化的社会形态，也是数据化了的社会形态，更多地告诉了我们数据演化发展的全过程，也呈现了数据发展的很多场景。

2.3　数据爆发与数据地位

2.3.1　数据爆发概述

关于数据爆发，我想应不同于 20 世纪末提出的“信息爆炸论”。信息爆炸是指互联网出现以来，使得信息的采集、传播的速度和规模达到空前的水平，实现全球的信息共享与交互。这是对信息量快速发展的一种描述，形容其发展的速度如爆炸一般席卷全球。而数据爆发是指在人类社会历史发展的过程中，因某一文明阶段出现而引起数据大量的生产或井喷式爆发的现象。

根据前面论述，从数据的起源与演化过程中可以看出，人类社会是在迭代递进和跌宕起伏中发展的，数据爆发正是人类社会发展过程中的一个重要特征。

下面我们就来研究人类历史上三次数据爆发与现象。

1）数据爆发模型

数据的演化发展就像一棵大树，它深深地扎根于人类生活与文化的沃土之中，推动人类社会生活、精神文化、科学技术的进步与发展，进而促进生产关系和社会形态的改变，如奴隶社会、封建社会。

也就是说，天地万物，本无数据。但农耕文明的出现使数据本身也是一步步以度、量、衡、文字、数、数字、数学、数据这样层层递进、迭代式过程发展的，在这样的发展中往往会出现几个爆发的节点或阶段，如图 2.6 所示。

由图 2.6 的模型可以看出，数据爆发有三个重要的节点：

第一次是在农耕文明的末期，数据爆发的主要原因是度、量、衡的出现与发展，使得数据以数量关系为特征而爆发。当然，那时的量级还是比较小的。

第二次是在工业文明时期的科学技术大发展阶段，以科学实验数据为特征的数据大爆发，将人类社会推向一个新高度。这个时期的量级是比较大的。

第三次是在信息文明时代的今天，以社会数据为特征带来的数据井喷式爆发，将人类社会又推向一个更高的发展阶段。现在的量级是前所未有的。

由此，可以构成一个基本的数据爆发模型与现象。

2）三次数据爆发的基本特征

三次数据爆发的特征十分明显。

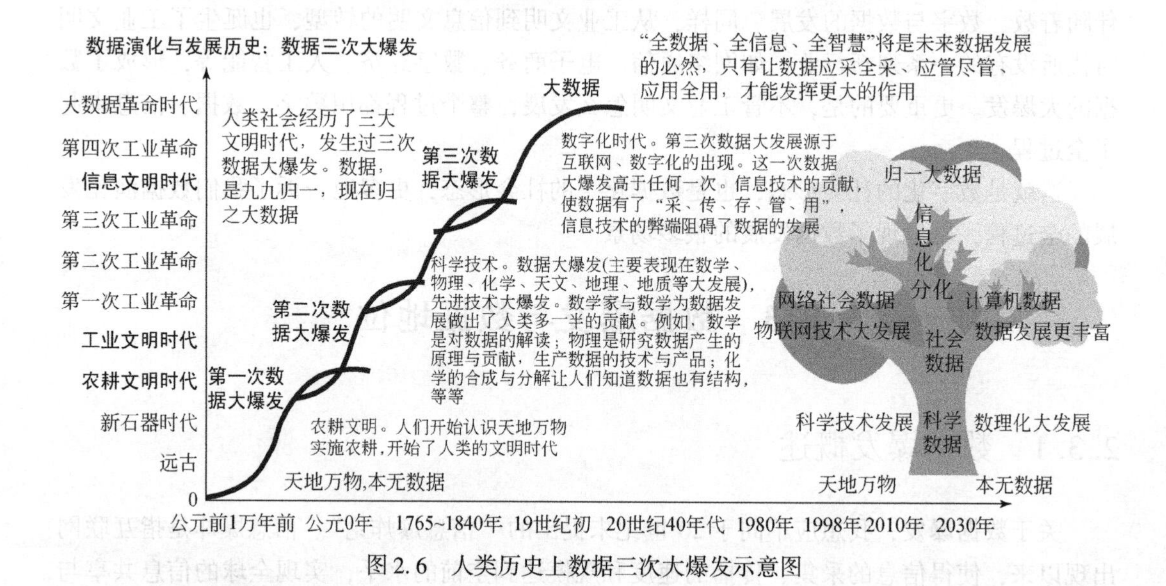

图 2.6　人类历史上数据三次大爆发示意图

(1) 第一次数据大爆发是在农耕文明发展到最高阶段时期。人类经历过类人猿、原始社会、奴隶社会几个阶段，基本上都是在创造人类初始社会。人们在努力摆脱原始人与粗放的原始社会生活及贫困状态，竭尽全力来调节自己以适应自然，从而形成初始的人类社会。

这个阶段大体是15世纪以前，其历史过程的数及数字的形成是很漫长的。然而，由于数量关系的出现就有了阶级与阶级的分化，科学技术开始萌芽，科学验证开启，于是对数与数字的需要非常迫切，从而出现了数据的第一次大爆发，似乎是瞬间发生的，这为后来的工业革命奠定了基础。

这个时候还是以数、数字、初期数学为特征的数据现象。

(2) 第二次数据大爆发是在工业文明时期，是围绕三次工业革命出现的科学数据的生产和应用。

工业革命发生在16～20世纪，是从数字向数据转型发展的重要阶段。数据的演化与发展一直伴随着科学和技术的快速发展，从初期的数据萌芽、数据形成到数据的精彩纷呈。科学数据大多以科学实验与验证科学现象为重要特征，主要以科学验证、测试分析为手段而生产大量的科学数据，从而促使了科学数据的大爆发。

据我分析，这个阶段大体经历了三个阶段。

首先，是数据初期阶段。科学家对数字赋予了曼妙的意义，如同少女被精致地修饰一般，令数字大放异彩。例如，仅仅是简单的数字，人们也会给予史诗般的"美化"，为此出现了：偶数、奇数、质数、合数，等等，这是多么美妙。于是，这些成了数学家追逐的乐趣，也促使出现了大量的数学家和数学科学家。

其次，从初期的曼妙到灵魂的发展，数字逐渐演化成可以运算的"数据"。数与数字的应用不再是简单地计数和算账或者是发现了偶数、奇数，而是可以将其用做各种变幻莫测的运算，更高一级的是给数字赋予哲学内涵与灵魂，这就是数学科学与数学技术，包括微积分和数理统计学等。

在中国有一个“黄金原理”，即“一生二，二生三，三生万物”（《道德经》老子），表示“道”生万物是从少到多，从简单到复杂的一个过程。由此想到我们说话办事一般不要超过三，超过三后可能比较“泛”与复杂了，“三”点之前都是最好的凝练而得出的结果。

然而，从数据的原理上来说，数据代表着万物，这个万物就是物质、事物，意同毕达哥拉斯提出的“数即万物”。

由此可以看出，这个时期是由数和数字演化发展后，形成各种关于数的运算和数学科学，又由数字运算促使数学、哲学和思想文化的发展，为科学数据爆发奠定了基础。

最后，科学数据形成，数据大发展。在工业文明时代，科学与技术大发展，最为发达的就是发现自然，研究宇宙，证明原理，寻找规律。这时的数学、物理、化学、天文学等科学快速发展，促使了科学技术的快速发展。为此，大量的科学现象需要证明。于是，科学数据开始极具爆发性地增长，大都是科学家需要证明和验证而实施的实验、测试获得一组一组的数字。这些数字关联组合、科学统计、规则运算就形成了科学数据。

这就是这个时代科学数据大量出现的原因，从而促使和形成了科学数据大爆发时代的形成。

（3）第三次数据大爆发，是以电子计算机、互联网数据为特征，是一次真正意义上的数据井喷式大爆发。

现在流行一种说法叫“数据革命”，如《数据革命：大数据价值实现方法、技术与案例》（范煜著，2017 年，清华大学出版社）认为第一次数据革命解决的是从无数到有数的问题；第二次数据革命解决的是从小数到大数据的问题。其实，数据，不仅仅是这样。

我认为在信息文明时代，采用数据大爆发要比数据革命更好。主要是：

（1）数据是从无到有，从数、数字到数据，再到科学数据大爆发这样演化而来的。根据数据演化、发展的过程来看，数据在更多的时间是以精进迭代发展的。

（2）从工业文明到信息文明的过程中，社会没有发生剧烈的“革命”，而对于数据，是从科学数据到计算机、互联网数据这样一个变革过程，科学数据是主力军，而当计算机与互联网出现与发展以后，让数据的内涵、外延发生了巨大的变化，构成社会数据，主要有三个变化：

第一，数据形态发生了巨大的变革，其构型包括结构化数据、半结构化数据和非结构化数据等。

第二，数据范围发生了颠覆性的变革。科学数据是以数字为基础，而计算机与互联网数据不但包含科学数据，还出现了文档、图形、音频、视频等数据，只要能在网络上传输的全称“数据”。在原有科学数据的范围上，数据的外延具有了很大的扩展。

第三，数据量发生了天翻地覆的变化，尤其数据生产量是科学数据的数万倍，如图 2. 7 所示。

根据以上论述，我认为在信息文明中出现的现象是真正的数据大爆发，是科学数据大爆发之后的又一次更大规模的爆发。不但数据形态与数据范围发生了变化，更重要的是数据生产量的巨变，大数据就是“井喷式”大爆发。

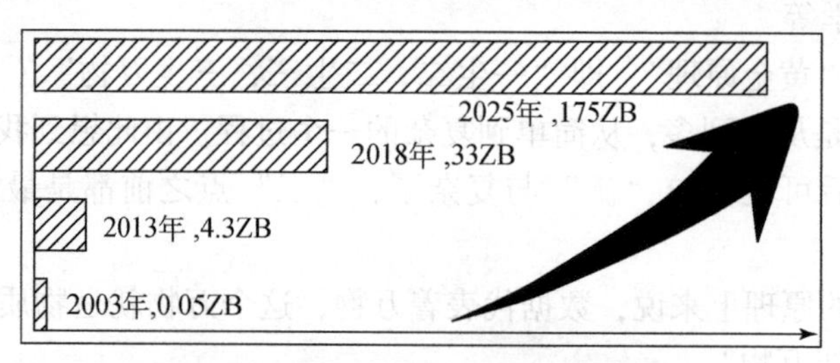

图 2.7 全球数据增长量变化示意图

数据来源：公开资料整理，如大数据周刊 https：//blog. csdn. net/r6Auo52bK/article/details/99908528［2020-9-12］

(3) 未来数据发展，必须且必然地走向“全数据、全信息、全智慧”的阶段，我的判断是还会有更大的爆发出现。

所以，我们现在回过头来看“信息爆炸”，这是20世纪末出现的一种说法，是人们根据全球信息量以每20个月增加近一倍的量变，给出的一种形容与估计。进入90年代以后，信息量继续以几何级别增长，到90年代末，互联网快速发展，大家普遍认为信息真的开始爆炸了。

那么，到了21世纪的今天和明天，主要是数据的爆发。所以，按照我们的研究，正确的说法是“数据大爆发”，这是互联网与数字化的出现与发展导致的，尤其是移动互联网的大发展，数据呈几何式的增长，才导致了“数据大爆发”。

2.3.2 数据地位

1）数据将从后台走向前台概念

后台和前台是两个不同的概念。最初是指唱戏或演出的舞台，以背景幕为界，幕的后面叫后台，主要用于演员化妆、准备、候场；幕的前面叫前台，主要用于演员演出，同观众直接见面。

数据将从后台走向前台，基本上是借用了演出舞台的概念来表达，这是对数据生存状态的一种表述。尽管数据大爆发后，大数据以指数级的速度增长，但数据的“地位”并不高，长期以来都以“资料”的身份深藏在后台，以进入数据库“入库为安”，完全在后台。

所谓“资料”，可理解为“生产资料”。

“生产资料”是指人们在生产过程中所使用的劳动资料和劳动对象的总称，是企业进行生产和扩大再生产的物质要素。简单的理解犹如盖房子用的沙子、水泥，劳动用的锄头、耙子等。

“资料”在现实生活中是存在的。例如，做地质研究，我们首先要收集大量的地质资料，包含各种图件、文档、文献和实验测试数据表等，它们是地质研究的基本“素材”，为数据要素。

互联网时代，数据的内涵、外延都发生了变化，只要在网络上能被传输共享的都是数据，那么就应该将数据与资料做一个严格的区分。数据就是数据，资料就是资料，不要混同概念。这就是我强烈主张数据从后台走向前台的基本思想。

2）数据走向前台

数据从后台走向前台的主要原因有三点：

第一，数据价值性。数据的物质性和属性决定数据不再是一般性的“资料”或生产要素，而是具有巨大价值的“资产”和“资源”的“数据要素”。数据的资产在于数据的增值性，而不是生产折旧。数据的资源性在于对数据的深度挖掘，可以获得更多的价值性。“数据要素”是国家新兴基础建设给数据赋予的市场地位。

第二，数据量增长性。现代社会中，我们每个人都是数据的消费者，在学习、工作、生活中每时每刻都在使用数据，假如我们没有数据，就无法开展工作。同时，我们每个人又都是数据的生产者，工作文件发送、各种设计、报告文档、手机随拍，都在生产数据，巨量的数据用于实施大数据和人工智能研究与工作，数据将成为我们社会的主宰。

第三，数据作用性。数据作用主要表现在“数据驱动”和“数据赋能”上。

“数据驱动”是指数据具有主动性、能动性和主导性作用，犹如一台发动机，具有非常巨大的牵引力。科学研究需要数据主导；技术研发需要数据支持；经营管理需要数据决策。数据在现代社会中无处不在，处处都有，只要缺失数据，一切都无法进行。

“数据赋能”是指给予数据能量和能力，在大数据与人工智能时代，人们将会把大量的技术与研发精力都放在对数据赋予能力的过程中，“用数据工作”“让数据聪明”，这使得数据的能量更大。数据由被动变为主动。

3）数据地位

数据走向前台的三个重要标志：

（1）数据产业化。数据产业化是指数据生产将成为一种职业，以生产数据进行商业化活动。

（2）数据业务化。数据业务化是指数据从生产到消费形成一种产业链，在这个链上所有的岗位、人员、技术都将数据工作视为一种专业。

（3）数据科学化。数据科学化是指数据研究和其他科学工作一样，科学家研究数据成为一种科学工作或活动。

以上三个标志将成为衡量数据地位的重要指标，从而同数据的价值性、增长性和数据能动性一并奠定了数据的基本地位。

由于数据的价值性、增长性和数据的能动性，数据的社会地位显著提高。随着目前国家提出的新兴基础建设中“数据要素”的提出，数据的社会地位会更加提高。

由此可以看出，数据从后台走向前台，是社会历史赋予它的基本使命，是科学技术发展到今天的历史必然。

2.3.3　数据成熟度

数据成熟度是对一组或一批高可靠、高质量的数据，为科学技术创新与社会进步发挥作用的表达，通俗一点讲就是数据生产质量可靠，运行稳定、大众化。数据成熟度在未来数据研究与应用中将会成为一个重要的方向，也是考核数据的一个重要指标。

数据的成熟度具有三个方面的指标，主要体现在：规范、安全与价值。

（1）规范。规范是数据成熟的一个重要标志，核心是数据的质量。我们都在讲标准化，大家都在努力制定标准，也获得了不少的标准。但是，为什么数据还存在那么多的问题？其实，主要是缺乏规范化。

规范化比标准化更容易被人们所接受，更主要的是被大众所接受。例如，语言规范化，尽管我们在一起可来自四面八方，南腔北调。但是，我们都用普通话了，书写、报告全都能看得懂、听得懂。

以前，科学数据都属于“高堂上的明珠”，尽管叫“资料”，但科学家从事的科学研究与大众都很远。但现在不一样了，我们每个人既是数据的生产者，又是数据的应用者，数据离我们很近，就在身边。所以，规范化比标准化更接近老百姓，我们需要大力倡导，使得数据更加成熟，成为大众化的数据。其核心内涵是数据的高质量，而确保数据高质量，规范是其关键。

（2）安全。数据安全，信息就安全。由于我们现在常会出现一个错觉，总认为只要管住了信息，就安全了。其实，信息的安全是建立在数据的安全之上的，我们现在最大的问题是数据不安全。

数据安全具有“一管就死，一放就乱”的双重特征。当数据在安全环境下进行管理与应用时，其数据价值往往无法被深度挖掘与利用。如果放任不管，则数据随着数据量的积累，其原有的数据资产体系将会被彻底打乱。在许多单位中，往往采用加密、加码、防火墙技术，实施一网、两网，乃至三网隔离（公网、办公网、生产网）等形式，人们为此“操碎了心”，使用起来非常困难。

当一个数据大众化问题摆在我们面前时，我们既要数据大众化的快速应用，还要数据和信息安全并存。现在都在研究通过量子技术、区块链技术等来保障数据的安全，这些都在探索、试验中，也似乎还有更好的办法。未来只要数据的安全问题解决了，数据的成熟度就提高了，信息也就安全了。

（3）价值。对于数据的价值人们已经认识到，并在努力地创造价值。但是还不够，目前数据的价值主要在于快速地实现应用，体现在“秒级”使用价值上。

其实，数据的价值关键在于数据产业化与数据经济效益上。数据产业化是指数据生产的产业化，而不是数据管理应用的产业化，这在数据成熟度上起到非常重要的作用。如果我们在数据生产上实现了数据的产业化操作，数据确权完成了，数据的商业行为就出现了，而数据商业化成熟了，数据也就成熟了。

数据产业化后，带动的是数据的经济效益性，也就是数据生产化后的利润。数据未来的发展一定要使数据从效率走向效益型的发展。数据必须带来利润，这在未来数据发展中更加重要。

数据的成熟度还不够，因此，数据的价值发挥得并不好，它与数据的规范化、标准化，安全性、易操作具有很大的关联性。我们在这些方面还有很大的距离，将规范、安全与价值紧密地联系在一起，需要建立良好的关联运行机制，才能让数据成熟，发挥巨大的作用。

未来跨界合作会成为一种趋势，如地学 B 超、空间决策、气象诊断等，这些跨界创新有利于将其他学科的技术引入某一个专业领域，也会把自己的智慧推送到别的学科领域，如智能化大量地借用了中医的望闻问切等。

然而，跨界的核心是数据跨界，主要是以“打通”数据为中心，是消灭“界别”而不是“打通”系统，系统是无法“打通”的，因为那是逻辑。所以，跨界创新必须以数据跨界，这就需要非常好的、成熟度很高的数据做支持，数据成熟度越高，跨界合作与创新就会做的越好。

总之，数据成熟度的核心是数据的高质量，数据高质量表现在数据链全过程的规范、安全与价值上，包括每一个环节都要保证质量可靠，高准化、高可靠，只有高质量的数据，才是成熟度高的数据，在未来科学技术中将会发挥非常重要的作用。

总而言之，研究数据时，我们就要清晰地知道，数据从起源、演化、发展到成熟的全过程。当然，这还有很长的路要走。

2.4　结　　论

数据经历了漫长的演化过程，一步一步发展走到今天，数据才被正式地确立了其重要的地位。

(1) 数据的起源是从无到有，从数到数字再到数据这样的过程发展的。数的出现主要是农耕文明的贡献，而数据的出现主要是科学技术发展的贡献。由此可以证明，数据是与人类社会发展相适应的产物。

(2) 数据大爆发。人类社会经历了农耕文明、工业文明和信息文明，在每一个文明阶段都出现了一次数据大爆发，大体上为三次，且一次比一次更加剧烈和强大，尤其是信息文明的今天，大数据的出现就是一种“井喷式”的大爆发，当数据成熟度不断增高以后技术大发展，如量子技术、5G① 技术、区块链技术等发展到一定阶段的时候，一定会出现第四次数据大爆发，让我们拭目以待。

(3) 数据发展到今天，需要给予“正名”，数据就是数据，“资料”就是“资料”。数据目前正在从后台开始走向前台，其地位日益提升，规范、安全与价值正在使得数据日趋成熟，我们相信数据将会发展成为世界上最具有魅力的科学。

总之，我们研究数据的起源就是为了证明数据的诞生、演化与发展过程，数据将会发挥更大的作用。

① 第 5 代移动通信技术（5th generation mobile networks，5th generation wireless systems，5th-generation）。

第3章 数据的基本问题及讨论

第2章我们追根溯源地论述了数据的起源、演化与发展。数据的历史就是人类演化、发展的历史；人类社会发展、进步的历史，也是孕育数据、生产数据、发展数据的历史；人类科学、技术发展的历史，更是数据诞生、演化、大爆发与转化成价值的历史。这一章我们需要静下心来好好地探索数据的一些基本问题。

3.1 数据概论

数据是一门科学，为此，就会存在一些科学的基本问题。

3.1.1 数据概念

数据已成为当今世界非常重要的一个战略性问题。可以说数据强，则科技强；数据强，则国强。数据可以发现科学中的未知，揭示科学技术中的所有本质与现象。

1）关于数据的定义

数据是什么？不同专业领域会有不同的判断。一般来说，对于数据有以下几种认识。

第一，对于从事科学研究的人来说，数据是指在实验、测试、测量过程中所获得的数值，经过处理后可用于科学计算的一组或一批的数值表，它们常被称为“资料”或数字，主要用于揭示被测对象的实质。

第二，对于从事计算机科学或网络工程的人来说，数据是指能被计算机识别的符号与代码，如文档、图片、音频、视频等，只要能被编码，被计算机识别，在网络上传播，在数据库中存储，用来表达资讯的都是数据，往往被称为“语义”或符号。

第三，对于大众来说，资讯、讯息、消息、信息也经常被称为数据。例如，人们常说我看到你发来的信息了，其实就是一组数据，如多少人、多少钱、购买多少东西、几点走，等等，主要是文字加上一些数字，构成了一条短信或微信。

以上是根据不同专业领域和层级的人们对数据的不同理解所做出的认识与判断，也给出了不同的结论或定义。

那么，我们要对具有普遍意义的数据做一个普适性的定义，这就是：**数据是以数为据包含数量、数值与数字等在内的并可转化成信息的基**。

这个定义具有以下几点含义：

（1）数据包含数量、数值与数字；

（2）以数为据是数据的本质内涵；

（3）数据转化成信息，数据是基础，简言之：数据是信息的根基。

如果要对上述三点做进一步的解释，最重要的是关于数据的数。这里的数是指数量、数值与数字等的总和，即数据包含了数量、数值与数字。当人们强调数是某种物质、事物的属性或关系的大小与高低时，数的概念是一种数与量的关系，主要强化了数的物理意义，这时就是数量；当人们需要强调数的运算属性时，数的物理属性被弱化，强化了数的数学属性，这时就是数值；当人们强调数的状态属性时，这时数的物理属性与数学属性都被弱化，强化了数字的属性就是一种状态，称为数字化，如数字化油田、数字化城市等。

我们说，数据的语义是以数为据，构成信息的根基，这应该是一个基本的释义。

这是因为我们一直强调数据是从物质、事物中来，是对任何物质、事物的表达。我们需要对未知的发现，就必须要以数为据加以证明，得出科学的认识与结论，从而数据就成了一切科学与需要证明的物质、事物的基本依据，这就是数据定义的基本“语义”。

数据已经成为人们生活中不可或缺的一部分，它不仅仅是科学研究，还是社会的基本要素，人们随时随地、每时每刻都离不开数据，但我们总不能用比较深奥的语言来解释数据。于是，我们还找到了一种更加简单、易懂的来表达数据是什么的方式，这就是：数据是物质、事物的“语言”。简言之：数据，就是语言，或者说数据是物质、事物所说的“话”。

2）数据语义的证明

关于这个简单、易懂、容易记忆的数据的定义，其包含了以下几个重要知识点：

(1) 物质。这里泛指世界上存在的一切，包括宇宙和其中的天体，即所有明的物质与暗的物质；包括有机、无机的物质；包括液态、固态和气态的物质。

(2) 事物。这里泛指各种组织的活动过程，包括生产运行、工程建设过程、机械运转行为等事件以及自然演化等。大凡活动都可以称为事件。

(3) “语言”。简言之就是我们每天交流所说的话，包括口头交流、各类报告、文字作品、图像、图表等，都可称为语言。

举一个简单的例子，如油气在哪里的问题。

油气通常是指石油与天然气，今天还包含页岩气、煤层气、页岩油等。油气是物质，这是毫无疑问的。我们希望知道油气在地下的位置与状态，但我们看不见、摸不着、嗅不到，只有通过各种勘探方法来发现和证明它，采用地球物理勘探、钻探、地质研究等，包括前期还有测绘、遥感等综合技术与方法来实施数据采集，让数据告诉我们答案。

利用地球物理勘探中的地震与非地震技术可以采集大量的数据，行业内称为海量的数据，今天叫大数据。除此之外还要作地质研究，如露头岩石测试、大地构造、盆地研究等，获得各类数据与认识。还要进行钻探中的录井、测井、岩心测试、化验分析、试油试采等工程，这些工程过程全部围绕着一件事，就是数据采集。

地质家、勘探家要对这些数据进行梳理、处理与统计分析，最后做成各种图件，这时数据就转化成了信息。

这个信息是什么？其表现形式大多为地质图件。地质家通过阅读、研究图件后判断油气在哪里，如油气在地下深度 2002 ~ 2028m，为砂岩或致密砂岩等，人们称为储层。要知道该储层含有多少油或气，还要做储量计算，最后得出结论：这个油田是否具备开采价值，是否可以开采。

由此可以看出，整个过程中我们动用了很多专业领域人员，利用了很多专业技术与方法，目的是发现油气，实质是采集数据、处理数据、利用数据，“让数据说话”，指明油气在哪里。这个简单的示例告诉我们：数据就是一种语言，是它告诉我们油气在哪里。

3）数据讨论中的几个知识与规定性

讨论了数据的基本定义后，我们需要再做一件事，就是给数据中经常出现的几个知识问题做些解读与规定，如数字、数字化、资料、信息等。

对数据的相关术语、概念做一些规定，主要目的是对数据概念的进一步理解和认识，这样更有利于对数据的研究与应用。

【数值】数值是数据的基本要素之一，是指单一的、用来记数的符号或数，如1、20、100等。其大多数是用来做科学计算与数的表达的。因此，统一规定其为数值，但已约定俗成地为数字，也可称为数字。

【数字】数字是数据中的基本要素之一，当需要表达某物质、事物的状态时用数字，其实大多数是数值的形式。如果是数量，需要具有一定的单位或量纲。为此，数字通常为数值态。

【数字化】“化”是一种状态，数字化就是将一种事物或一个领域通过完整的数字采集，可用数字的方式表达出来，也有人称为虚拟化，即将原本的实体、物质或事物变成数字化的状态。如数字地球、数字城市、数字化转型、数字化经济等，形态上都与数字状态有关。

【信息】信息的基本词意同消息、讯息、资讯等名词或说法一致，但在现实社会中，信息具有非常广泛的含义，如信息技术、信息化与工业化融合等。

在数据基本问题的研究中，数据与信息的区别在于：数据有源、有形又有痕，可做确定性地表达；信息有源、无形又无痕，不能做确定性的记载，但可呈现出多样性。所以，在数据研究范畴中，信息是指由数据转化而来的。

【资料】资料是纸质文字报告、图件、书信和书籍等文献的总称。从严格意义上讲，资料不可以称为数据。当资料中包含很多数据库数据时，必须称为数据库数据，而不得称为资料；当既有各种数值式表格数据，又有纸质版文档、图件等它们数字化后都在网络中运行，统称为数据；当出现在档案盒中，包含文档报告、数值类表格、图件等，则一律称为资料，不可以称为数据。

【数据】数据是数量、数值、数字等的集合，但在大数据时代，数据发生了很大的变化，数据一般分为两种，即科学数据与社会数据。

大凡通过对物质、事物测试获得的，只要关联组合构成二维表格，且具有一定关联关系，可用于科学计算的数值或数字均称为科学数据。

凡是来自网络，只要能被计算机识别并可以在网络（包括移动网络）上传输的文档、图表、音频、视频，包括一些数值表格可供大家分享的网络数据，都称为社会数据。

如果一定要再向下分类界定，那就是第三数据，即数据库里的元数据与计算机里的代码，这类数据只有专业人员才能接触到，范围不是很广，可称为“技术数据”。

需要再次强调，做以上规定性，目的是给出一个简单的区分，不要让数据的概念太混乱，希望让更多的初学者对数字、数据、信息有一个基本的理解与认识，以有利于数据的发展和数据价值的增值。

3.1.2　数据特征

大数据时代以来，人们对数据的定位仅限于“资产”和“资源”，并没有说出数据的本质内涵。

如何才能比较准确地对数据做出表达，研究数据的基本特征是一个重要环节。

特征是区别于其他事物最好的界定标志。我认为数据的基本特征，比较明显的有以下几点。

（1）数据的属性特征。属性是指一个事物的性质与关系，通常我们说的“数据属性”是指数据归属于某一类专业或事物，以便做业务数据分类。这里我们研究数据，主要是指数据的共性属性特征。

根据上述对数据通俗的注释，即“数据是物质、事物的语言”，就是指一切数据来源于物质或事物。为此，我们提出物质、事物定义数据。

物质、事物定义数据，是指任何数据都来源于物质或事物，但这类数据只能代表这类的物质或事物，不能代表其他物质或事物。虽然数据是有共性的，都称为数据，但不同数据却代表了它所表达的这个物质或事物的特性。所以，数据绝对不能“张冠李戴”，它一定代表其本源物质或事件的“原本性”。

以气象数据为例，气象数据除了来自遥感卫星数据外，大量的气象数据来自气象站监测获得。通常是由一个以微型计算机为核心的特定数据采集器作为中心，将输出信号的各种气象要素传感器以有线或者无线的方式连接到信号采集器上，再由信号采集器进行采集和转换处理，最后供天气预报所用。

气象要素是指表明大气物理状态、物理现象的各项要素，包含气温、气压、风、湿度、云、降水以及各种天气现象。显然，这些数据只能用于天气预报，这是一种与气象关联的参数，而绝不可能是农业或工业的。因此，我们说物质、事物定义数据。

物质是根，数据是对其的表达。这类物质只能生产这类数据，绝不可能生产其他物质的数据。

反之亦然，数据又还原物质、事物。某一物质、事物所产生的数据一定可以用来还原该物质、事物的本来面目。我们仍以气象数据为例。当人们采集到这些气象数据以后，对数据做各种处理、计算、分析，最后用来还原当时的地球大气圈和天象，这就是用数据还原了天象或气象的本来面目。

我们现在的生活、工作、出行一刻也离不开天气预报，人们希望能准确地知道某一地方未来几天将会出现的天气情况，如温度多少、是否下雨等，这些都是经由气象数据还原于天象得到的结果。

可见，数据共性的属性特征就是物质、事物定义数据，数据还原物质、事物的基本特征。

（2）数据的四象限特征。大家平时都喜欢用数据的结构来划分数据，虽然基本上说清了数据的结构和类型，但按照“粒度”划分的结构是否还不够好，并没有说明白数据的基本特征与性能。

首先说明一下，计算机科学中也经常提到“维度”与“粒度”，如时间粒度，一天、一周、一年等，而在这里单指数据的维度与粒度。

数据具有四象限维度特征，充分表达了数据的基本性能，如图 3.1 所示。

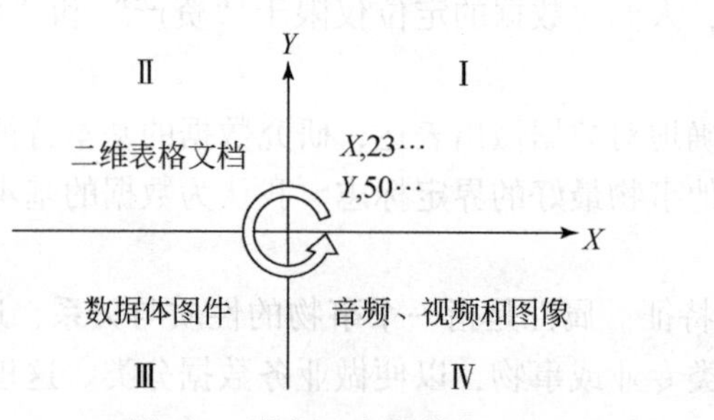

图 3.1　数据四象限特征

我们将空间分为四个维度，用象限来表达，代表了四个“粒度”。数据的性能或基本性质可以分别落在不同的象限中，表达了不同的“粒度”。

第一象限，表现为任意一个点。一个点的数据是指单一的数值数或是一组数值串，称为坐标位置数。它始终处于第一象限，无论 X、Y 有多少位，它都是一个点；无论数值串有多长，都是以单一数或数组形式存在或呈现的一个坐标点的数，是粒度最小的数据。这是它的第一个特性。

第二象限，当数值组成了二维表格时，通常叫“结构化”的数据模型，如元数据也是一种表格数据。为此，凡是以表格形式出现的一种平面结构，包括文档也是一种结构，都会落在第二象限。

处在第二象限的数据，其粒度是一种平面形式的数据模式，这是当前计算机科学主要应用数据的一种基本形态。

第三象限，数据由二维平面转向立体式，如数据体和图件。有人会说，数据体不就是“大块头”数据吗？无非是体量大的称为“海量”数据，形式上还是以二维表格居多。

但是，数据体数据的特征是比较单一的，且量大，表现出了空间概念和形态。如石油地震勘探所采集的数据、测井数据等，基本上就是同一类型、单一化、体量巨大、表现地下空间的数据。虽然它看起来是一种数值式表格的数据，即一种科学数据，但它是利用地震仪器和测井仪器采集到的用以表达地下三维空间的物质——岩石或油气藏的数据，这种数据属于“粗粒”数据，其具有比较单一，但体量很大且结构简单的特点。

图件、照片是一种数据的集合，通常称为“非结构化”数据，这种划分并不一定很准确。我认为一旦成为图件、照片，就是一种数据的组合，也是一种“结构化”，其包括线条、色彩、背景、公里坐标网、每一个事物的地理位置等，大到几十种，小到几种，不过也属于“粗粒”数据。

第四象限，非结构化数据是一种难以用二维表格和文档、图片表达的数据，它完全由各种文字、符号、音素、图素合成的，属于离散型的数据，并且很多都是动态、动画的数据，这类数据处在第四象限，为大粒数据。

为什么要用四象限表达数据的特征？目的就是让我们更加清晰地看到数据的各种性

质、性能和粒度，这样才能深入地学习数据，理解数据，准确地表达数据和应用数据。

需要说明的是，数据并不像大家认为的是那么冰冷、毫无热情的，数据其实是具有冷暖和情愫的，有时还是热情奔放的。虽然第一、第二象限的数据看起来基本都是冷冰冰的由数值和文字、数字组成的一种形态，但任何一组数字都是具有生命力的，从而一定是生动的。

当然，数据体、图件和音频、视频就不同了，它们显得非常的生动，每一个数据都代表了物质、事物的本质，尤其是图片、音频、视频可以直观的表达某种物质、事物的情感和动态。

这一特征是数据本身具备的特征，也是我们学习、认识数据的乐趣。

(3) 数据的社会性特征。数据的社会性特征，可以表现出很多个性化的特质，如机密性、隐私性、敏感性、奇异性等，这是不同于科学数据的基本区别。当然，科学数据也有机密性，但二者还是有很大的不同。

关于社会数据有着不同的看法，如有学者提出人口数据、GDP 数据等才属于社会数据，但我不这样认为，原因很简单，虽然人口数据与 GDP 数据等都打着很强的社会烙印，但其数值再庞大，与社会再贴近，它仍然还是数值，是一种官方研究人口问题、GDP 问题等的属于统计学的科学问题，不能因为其是研究人口与社会经济而属于社会问题就定性为社会数据。而数据社会性特征的关键在于数据的市场要素特征，其代表就是数字经济。

社会数据当然是指由互联网（包括移动互联网在内）生产的数据，可在网络上实现共享，具有广泛的传播性并可挖掘出意想不到的信息的数据。社会数据具有很强的社会性，主要表现在人人都是数据的生产者，如用手机拍照发在网上，以及短信、微信、购物、短视频等随时交流与交换，同时，它还具有不同于科学数据的独有的包括机密性、隐私行和敏感性等特征。

①机密性。数据机密具有很多级别，如国家机密，行业、领域机密，部门机密等。数据来源于物质、事物，是大家可以共享的资源，为什么要有这么多的机密性？这就是数据被打上了社会烙印后所具备的特质。

同时还有一个重要原因，就是信息是不可以被泄密的，如商业机密是暂时保密的重要“信息”，如果泄露会对权利人造成重大损失或危害，这实质上就是带有机密烙印的数据。

②隐私性。数据隐私不是数据本身的隐私，而是数据所表达的人或事不愿被公开或他人不便知道的信息。数据的隐私性主要关系到公民个人各种不愿公开的身份与事物。对于个人，常见的有姓名、身份证号码、住址、电话、银行账号、邮箱、密码、医疗信息、教育背景、年龄等；对于油田企业，如井位坐标、油井、气井名或编号、产量等；对于部队，如驻地、编号等；对于地图，如公里网、重要标志位置坐标等。

③敏感性。数据敏感性是指某些数据对物质、事物具有一定的辨识能力，即能够根据这些数据看到一些别人意识不到的问题。敏感与隐私往往相互牵连，有时所指一致。

敏感数据通常也叫“敏感信息”，从立法的角度看，那些特殊的“揭露数据”都被视为敏感数据。例如，揭露个人的民族或种族、政治观念、宗教或哲学信仰、身份及健康的数据。

对敏感数据的处理通常有一种做法叫脱敏。数据脱敏是指利用一定的技术手段，对某些“揭露数据”通过脱敏规则进行数据的变形、隐藏、遮挡、打马赛克等，实现对敏感隐私数据的可靠保护。显然，脱敏后的数据价值就会大打折扣。

④沉淀性。数据沉淀是指数据因长时间不被关注和应用，成为一种被“淘汰”边缘的数据。很多数据由于过于“隐私”和“敏感”，就被深藏起来以后被视为沉淀。

在这类数据中也有“明数据”和“暗数据”之分，认为沉下去的数据变成了“暗数据”看不到了，只有被经常应用的数据才叫“明数据”。

⑤鲁棒性。数据的鲁棒性是指数据可以被反复使用，无数次进行复制、粘贴、远传，这其实是一种技术问题，不是数据的功能问题。但是，由于有了这样的技术，倒使数据确实具有一种“鲁棒”的能力，无论这些数据如何“倒腾”，就是有一种“打不烂”“砸不跨”的结实劲头，可反复使用。这是因为这些数据的质量高，价值使然，不仅是技术能力。

但是，数据被“倒腾”多了以后也会“变形”，就是损失或损伤，会让信息价值减弱。

以上主要讨论了数据的一些重要特征、性质问题，这对研究数据非常重要。

下面基于上述研究，来看看数据的“家谱”问题。

3.1.3　数据家谱

研究数据应该全方位地研究所有的数据，现在看来数据应是一个大家族。在前面论述中已对数据做了简单的分类，即科学数据、社会数据和第三数据。但还不够好，数据其实一直在发展中，数据已成为了一个大家族。

1）数据家谱的概念

在数据家族中也存在着代际关系。事实上，数据有很多种类别，因为数据所在的领域、技术等条件不同，其类别也不相同。因此，必须要看是在什么条件下，对应什么样的数据类别。

例如，在计算机操作条件下数据可分为结构化数据、半结构化数据和非结构化数据。数据结构是指相互之间存在着一种或多种关系的数据元素的集合。结构化数据是指行数据，即存储在数据库里可以用二维表结构来逻辑表达的数据。相对于结构化数据而言，不方便用数据库二维逻辑表来表现的数据即称为非结构化数据，包括所有格式的办公文档、文本、图片、XML、HTML、各类报表、图像和音频-视频信息等。字段可根据需要扩充，即字段数目不定，可称为半结构化数据。这是在计算机条件下对数据类别的划分。

还有一种特殊的数据类别叫数据元（data element），也称为数据元素，是用一组属性描述其定义、标识、表示和允许值的数据单元，在一定语境下通常用于构建一个语义正确、独立且无歧义的特定概念语义的信息单元。可以将数据元理解为数据的基本单元，将若干具有相关性的数据元按一定的次序组成一个整体结构，即数据模型。

还有数据分析、计算条件下的数据类别划分，包含数组、栈、链表、队列、树、图、堆、散列表等，每一种数据结构都有独特的数据存储方式。还有很多类别，这里不一一赘述。

总之，数据类别是对数据的分类。在数据“家谱”中它们只是数据的类别，而数据的“家谱”更为重要的是数据的代际关系。

2）数据家族的分类

目前来看，数据家族分为两大家族，一类是科学数据；另一类是社会数据。科学数据是在科学研究时所用到的数值式的数据，便于完成计算、分析与统计，这类数据自古至今一直在流传。社会数据是在互联网出现后产生的新生代，这类数据非常复杂，种类繁多，一般不用于科学计算，但可以在网上传播，可生成众多信息。由此可以看出，科学数据是一种“正数据”，即一种传统的正宗数据，而社会数据是一种网络数据，来自于泛在网络，因此是一种泛在数据。这样数据的“家谱”，如图3.2所示。

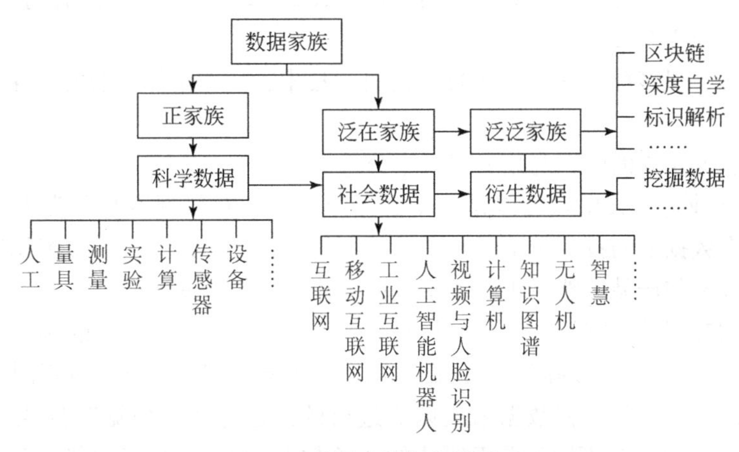

图3.2　数据家族与分类模型

如果将数据比作一个大家族的话，这个家族最初为“正家族”，主要是科学数据，我们研究数据的起源时，主要研究的就是科学数据，没有其他数据。只有在有了互联网以后才出现了互联网数据，这就让数据变得复杂起来，其不但包含科学数据，也包含科学数据以外的数据，被称为“泛在家族”。它是新生代数据，它的产生方式主要是事物、事件与个体的人等，如手机微信。而数据还在不断地发展，特别是还有数据衍生数据，如“泛在家族”又派生“泛泛家族”，如区块链上的密钥数据，我们将它划分在正家族或泛在家族都不合适，所以是一种另类的“泛泛数据”。

3）家族不同，做法也不同

首先需要回答的是，研究数据家族有什么用？大体上有以下三点：

（1）有利于对数据的研究。科学数据是由科学研究而来的，它伴随着科学技术的发展而发展，人们更多的关注对科学数据采集的精度、质量与处理技术的研究，从而促进科学技术的发展与创新。

其主要特征是来源于检测、试验、采集等，大都以数值的方式出现。人们很关心说农业、林业、畜牧业数据是什么，怎么做？工业制造业、教育、文化数据什么样，怎么做？等等，这些都属于科学数据，其性质与特征一样都属于科学数据，重点在于数据与大数据分析。

而社会数据就比较复杂了，其来源非常的多元化，大多是个体源头，敏感性、密度、隐私都是一个重要的问题。所以，关于社会数据人们将会更多地关注如何对其进行挖掘，就是在低密度、巨量数据中获得最有价值的信息，从而使关于数据的挖掘技术与方法的研究成为关键，有利于针对社会数据对各种数据技术、处理方法的研究与创新。

这是第一点，如对数据做出合理的划分，就会有利于做不同的研究与创新。

(2) 有利于数据的应用。根据对数据家族的研究，针对不同的数据会做不同的研究与应用，例如，对科学数据的应用一般“中规中矩”，关于某类物质、事物的数据就用于研究这类物质、事物的事，不会有很大的差错。

而社会数据就不同了，在不同条件下其具有“优先优势”，可抢占舆论“制高点”，这是非常重要的一个问题。还有对互联网、移动数据、动态数据信息的捕捉，这些都是非常难的过程，必须创新技术来应对。

近年来出现了很多针对社会数据的“技侦”技术，这在法律、公安、保密等方面都有很多的创新。

所以，对数据家族的研究与划分意义十分重大。

(3) 数据产业化。数据家族就是一个大系统，除了对数据本身分类形成不同的分支外，还有作用在数据上的技术也不同，形成巨大的数据产业化，人们可根据数据不同而研究开发不同的技术与产品，然后再服务于数据，让数据科学发展得更好。

为此，我们按照数据家族方式划分与研究了数据，有利于对数据的科学研究与应用。

其次，讨论一下数据处理问题。根据数据家族不同，其处理方式也不同。

科学数据的处理主要是在数据采集以后进行的，是将“暗数据”变成“明数据”的过程。这里的“暗数据”不同于前面所述的“暗数据”，这里是指被装在磁盘盒子里的各种信号，如地震勘探采集的波信号。对这种数据处理是去伪存真的过程，就是要将采集过程中夹杂的噪音等干扰信号去除，留下有效信号，这个过程就是数据处理过程。

在计算机过程中也有一种说法叫数据处理，它主要是指在计算机数据运营化过程中的数据处理，其整个过程包括数据产生、数据搜集、数据处理、数据呈现、数据分析、数据沉淀等。

而这里的数据处理是对收集到的数据进行规范化、标准化、逻辑化处理，包括数据计算、数据中间表、任务调度等，从而为数据的呈现与分析做好准备。

数据挖掘是指从大量的社会数据中通过算法搜索出那些隐藏在已有信息中的有价值的信息过程。由于社会数据都是网络数据，确实存在着不为人知的有价值的信息，可通过统计、在线分析、情报检索、机器学习、专家系统、模式识别等方法来实现。

3.2 数据基本问题

关于对数据的认识是一个漫长的过程，它既是一个非常普遍、普通的词语，似乎人尽皆知，但又是一个极其复杂而深奥的科学问题，因此，需要人们来探究。

3.2.1　数据基本问题的含义

数据作为一门独立的科学，就一定存在着科学的基本问题。从大的方面说，就是数据的理论、原理与方法问题；从小的方面说，就是数据的结构、模型与技术等问题。但我们目前很难对数据大的问题做出很好的研究。为此，我们将数据研究中发现的一些规律、定律与基础问题作为数据的基本问题来做点讨论。

关于这些问题现在要对其论证与证明还是有一定的困难的，为此，这里仅作为一些基本问题提出并略作讨论，供更多的人来探索与研究。

数据基本问题是一个大课题，如数据理论问题、数据基本原理问题、数据基本方法问题等，每一个都是数据的科学问题。

还有数据产业化，我们不能仅仅局限于对数据这两个字本身的理解。根据数据定义，数据包含数量、数值与数字，因此，目前的数字化转型发展，数字经济与数字货币，数字交换与数字贸易等都是数据问题。

数据还将会广泛地扩展与延伸。所以，数据问题将成为一个很大的科学与技术问题。

3.2.2　数据问题的基本法则

要讨论数据基本问题，我们必须先知道数据的几个法则。因为数据要遵循其基本运行规则，从而发现数据的一些道理与逻辑。

首先，我们给出数据问题的几个基本条件：

(1) 数据的物质条件。人们常说“水有源，树有根”。数据也是有源、有根的。一切数据都源自一定的物质（事物）和事件。

(2) 数据的动能条件。数据前有基，后有态。数据之基是信号和数字，数据之态是信息和知识，数据存在着动态转化能动性。

(3) 数据运动的条件。数据的输出是共享性的。数据需要流动，流动需要渠道和路径，然后构成网络，只有这样才能形成共享。所以，数据运动一定有其运动或驱动的条件。

(4) 数据是有用的条件。数据的最高价值是“秒级价值”，就是要以最快的速度让数据流通并转化成信息，信息再转化成价值发挥其作用。

数据有一个价值系数，即

$$X = K\left(\frac{ML}{H}\right) \tag{3.1}$$

式中，X 为数据的价值，是价值高低的标准；K 为调节偏差的系数；M 为数据的质量；L 为数据的数据量；H 为时间。

数据的价值取决于上面几个参数，数据使用的时间越短，数据的价值就会越大。这就是数据的“秒级价值”，必须高度地重视。

(5) 数据需要一个闭环条件。数据首先来源于一定的物质、事物，当采用一定的技术与方法实施数据的采集，然后完成数字、数据、信息、知识、智慧的转化与构建，最终以智慧决策的方式发现物质中的未知，揭示事物的本质，这就构成了一个闭环，也就数的基本原理。

其次，在研究数据问题时，还需要注意数据的这些内在条件：

(1) 数据是有生命力的。数据的生命在于数据不断地流动，犹如人的血液一样在业务中贯穿、转换和流淌。否则，数据就会消沉。

(2) 数据是有真与假的。数据的真假在于数据需要有足够的量和时间来研究它，甄别它，如果使用假数据、数据稀疏插值或盲目数据应用造假等，就会出现假数据、"真"技术、"好"方法的现象。

(3) 数据是可以消亡的。只有过时的数据，没有"死亡"的数据，导致一种并不存在的"数据全生命周期"的说法。数据弃置不用，完全是人为作用或技术因素导致的"死亡"，并不是数据本身的周期性，即数据是可以消亡的。

以上这些条件，是我们研究数据基本问题的基石，必须高度重视，在这样的前提条件下，再实施数据的科学研究，千万不要盲从和浅薄。

为此，从数据的基本条件和内在条件来看，我们给出关于数据问题的"物质、事物决定数据，数据还原物质、事物"的看法，是数据研究必须遵循的基本法则。

3.2.3 数据问题与模型

现在我们来说一说数据的问题与模型。

在数据的基本问题中，数据是按照一种闭环原理存在于现实中，如图 3.3 所示。

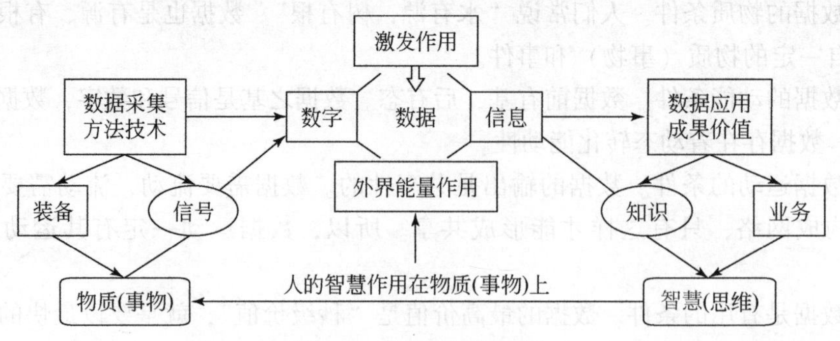

图 3.3 数据问题模型图

根据图 3.3 所示，数据处在中心位置，它是以物质、事物为起源，利用各种数据采集技术与方法，获得各种信号，有电信号、波信号等，然后通过技术处理，将信号转化成数字，数字都是单一测量后的数值的颗粒，再关联、组合，转化成数据。

这种数据主要是指科学数据。我认为数值是基态，数据是激发态，即需要借助外力作用发生质变，进而转化成信息，发现物质或事物。对于社会数据，经传播、加工后转化成的信息（消息）在社会上扩散，进而产生效应。

以地质找矿为例。信息是由数据转化而来的，准确地说是在外力作用（软件加工）

下，数据被激发后变成了激发态，激发态转化成了一种信息的模态，如图 3. 4 所示。

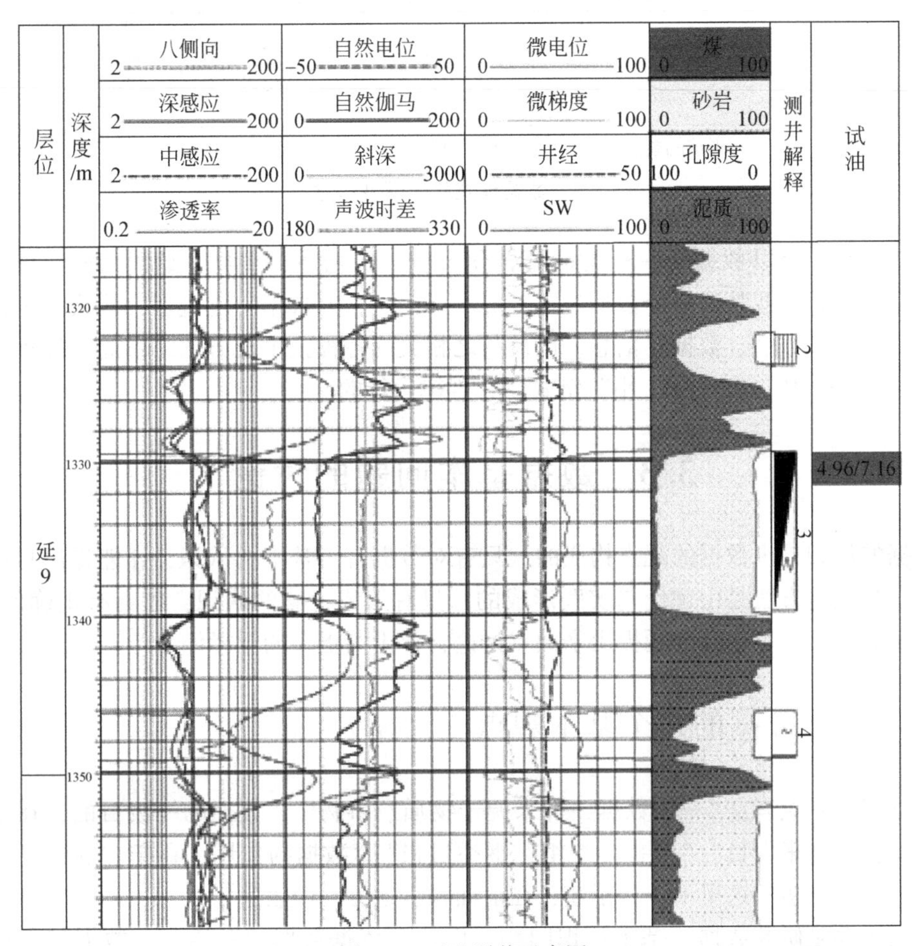

图 3. 4　石油测井示意图

从图 3. 4 中可看出：

第一，它是一幅图件。它是测井技术成果，是由测井数据形成的。

第二，它是一种数据。当实施数据管理或在网络上传输时，它就转换成了数据，被称为非结构化数据。我们将其定义为“粗粒”的有结构的图形数据。

第三，它是一种信息。这里面的信息很重要，地质科研人员通过阅读图件从中获取关于储层特征、油气在哪里的信息。如测井解释、试油等都是重要的数据信息，通过这些信息辨识油气在哪里将会一目了然。

这里面的信息非常丰富，是石油地质人员非常希望获取的结果。

下面来看数据过程模型。信息之后会出现各种成果报告、图件、专家解释等，从而形成有价值的知识供各类人员使用，人员使用又会形成使用人员的智慧，这些智慧再作用于物质、事物。一个轮回以后，这个过程再次开始，这样我们就会找到更多的油气藏。

我们把以上数据模式化后，如图 3. 5 所示。

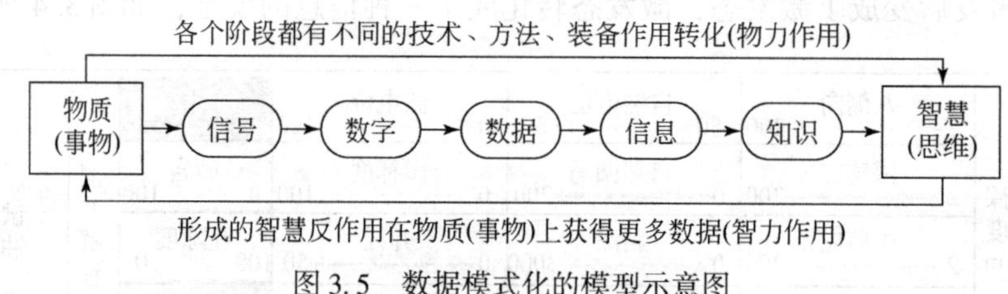

图 3.5　数据模式化的模型示意图

图 3.5 是一个以数据为中心的数据转化过程。从物质、事物开始，信号、数字、数据、信息、知识、智慧是一个数据链路，形成一个完整的数据转化过程，构成一个循环系统。这里包含了数字、数据、信息，以及与之相关的各种技术及方法。由此可以得出，数据是按照“采、传、存、管、用”链式闭合规律运行的。

3.3　数据基本问题的讨论

数据的认识是由数据的观点构成的，只有对数据有了基本的认识，才能提出自己的基本观点。数据的方法是由理论与实践形成的，只有形成正确的认识，才会有正确的方法。在这里我们将数据一些大问题提出来做点讨论，提供给更多的学者们参考。

3.3.1　关于数据的几个基本观点

数据基本观点有：“一切数据，都来源于物质、事物”“数据的终极目的，在于还原物质、事物的本来面目”“数据是个纲，纲举目张”“数据的作用，在于它的秒级价值”，等等，还会有很多。这里不一一论述，在前面很多地方已经表达了。

此处主要是研究数据的基本认识问题，以便对依据数据问题给出的数据基本认识内核：“物质定义数据，数据还原物质”“数据定义信息，信息超越数据”做一点解释。

（1）物质定义数据。这在前面论述中已讲了不少，大家也能明白了。物质定义数据就是“物质决定数据”，即什么样的物质一定会生产什么样属性的数据，这是不能违背的，于是用了“定义”一词。

（2）数据还原物质。这其实是对“物质定义数据”的解释，所不同的是数据的基本功能、作用与价值在这里全部被表露出来，数据就是用来还原物质、事物的。

（3）数据定义信息。同理就是“数据决定着信息”，即数据是信息的根，数据作为载体，将信息传输到信息解译的节点，提供给更多人加工，完成信息的生成。这里强调了数据对于信息的重要性，也用了“定义”一词。

这就是什么样的数据就会生成什么样的信息，信息是没有属性的，但是信息一定是有来源的。

（4）信息超越数据。这句话不是对数据定义信息的解释，而是揭示了信息在数据加工过程中，会加入加工者自己的知识、认识、观点、看法、立场、思想、经验、教训、智慧，从而会超越数据原有的意思。

所以，我们强调数据加工者一定要实事求是，不要走偏，尤其是科学家必须尊重事实。但是在数据成果报告中一定是加入了自己的认识观点的，这是被允许的。

可是，社会数据的加工和传播实在难以控制，由于数据被打上了社会的烙印，带有一定的政治色彩后，信息一定超越了数据而走样，这就是“超越”的意思。

以上是关于数据的几个观点，特别是数据认识的核心内容是构成数据理论的关键，这里只做了初步论述，其深刻内涵有待更多的学者来研究与探索。

3.3.2　关于数据规律、定律的讨论

数据有哪些基本问题？这里主要提出几个关于数据的规律、定律等的问题并进行讨论。

数据的存在与演化发展都是由一定的规律决定的。规律是自然界和社会诸现象之间必然、本质、稳定和反复出现的一种事物之间内在的必然联系，并决定着事物发展的必然趋向，其整齐而有规则。

经过多年对数据的探索，我认为数据确实存在着一定的联系和规则，只是我们还没有发现。通过对数据的复杂关系和数据过程的复杂运行梳理，我找到了几个非常重要的基本数据规则，暂且用规律来概述，供大家商榷或批判。它们是：

第一，数据“从哪来，到哪去”规律。

(1) 任何数据都来自源头；

(2) 数据的源头是多元的；

(3) 多元的源头生产多元、不同属性的数据；

(4) 数据生产了，总要有归宿；

(5) 数据从哪来，到哪去，是必然的。

这是数据的一个自然规律，无法抗拒。

第二，数据“采、传、存、管、用”规律。

(1) 任何数据都需要从源头上采集（生产数据）；

(2) 任何数据都需采用一定的技术组网传输（传输数据）；

(3) 任何数据都需存储在一定的介质上（存储数据）；

(4) 任何数据都需要依据标准进行科学的管理（数据管理）；

(5) 任何数据通过应用才能体现价值（数据应用），主要是转化成信息。

数据的“采、传、存、管、用”构成一个数据链，这是数据建设过程中的一个基本规律。

第三，“数据转化”规律。

(1) 数据采集的原始状态均为信号，如电信号、波信号；

(2) 信号经过处理后转化为数值、数字，数字转化为数据；

(3) 数据转化为信息，经过计算机或专业软件处理，甚至是人为加工以后，数据转化为可被直观读取的信息模态，如报告、图件等；

(4) 信息再经过加工、应用后形成创新思想或决策，将成果转化为知识；

(5) 知识可以供人学习，经实践检验后可增长人的才干，转化为人的智慧。

数据始终在转化过程中运行、流转、演化，构成循环系统，形成一种转化机制与规律，这是数据的必然规律。

数据除了具有以上三个规律外，还有三个定律。

第一定律：数据的物质律。

(1) 任何数据都源于物质（事物）；

(2) 数据有源、有根；

(3) 物质不灭，数据不亡；

(4) 任何数据都可用于还原物质、事物；

(5) 数据来源于物质，同时数据本身也是物质。

第二定律：数据的属性律。

(1) 任何数据因多元性而带有不同的性质；

(2) 任何数据的性质都赋予了数据不同的属性；

(3) 不同属性的数据构成了数据的复杂性、多元化；

(4) 数据属性使得数据具有了区别性；

(5) 任何数据的属性都打上了这个物质、事物的烙印。

第三定律：数据的价值律。

(1) 数据是有价值的；

(2) 数据价值是隐性的；

(3) 数据价值在于表征与发现物质、事物的本质和深处的秘密；

(4) 数据价值关键在于“秒级”价值，即数据价值最大化与快速体现；

(5) 数据价值是无限的。

3.3.3 关于数据三个基础问题的讨论

以上对数据有关概念、认识、规律与定律等做了一些探讨，现在我们讨论一下数据的几个基础性的问题。

1) 数据基础问题概念

数据的基础问题包含数据的规律、定律与定理等，但定理是建立在公理和假设的基础上，经过严格的推理和证明后得到的成果。定理具有内在的严密性，不能存在逻辑上的矛盾，它能描述事物之间的内在关系，是放之四海而皆准的。所以，我们暂时还不能给出定理，但我们可以给出基本问题进行讨论。

2) 数据的三个基础问题的发现

根据对数据概念、特征和基本规律等进行分析后，我认为数据的本质还没有得到很好地揭示。数据深处应该还存在着更加重要的未被揭示的深层次问题，我们现在还无法知道它。于是，我想提出几点设想或发现，在此提供给所有读者来证明或批评及推理验证。

(1) 数据的第一个基础问题。

一切数据在未被采集的原始状态之前，同物质（事物）一样，属于物质（事件）态，这时的数据为零。

基本模型为

$$W(D)=0 \tag{3.2}$$

式中，W 为物质（事物）；D 为数据；0 代表数据处在零状态时的结果。

也就是说，一切数据在被生产或采集之前都处于零状态。虽然数据没有被生产，但不等于说数据就不存在，数据只是处于物质（事物）态，即零状态罢了。

(2) 数据的第二个基础问题。

当一切数据转化为信息之时应该是一个集合。

基本模型为

$$S(D)=\{x_1, x_2, x_3, \cdots, x_n\} \tag{3.3}$$

$$S_+(D)=\{x_i \mid x_i \in S(D)\text{，且为正面的信息}\} \tag{3.4}$$

$$S_0(D)=\{x_i \mid x_i \in S(D)\text{，且为0信息}\} \tag{3.5}$$

$$S_-(D)=\{x_i \mid x_i \in S(D)\text{，且为负面的信息}\} \tag{3.6}$$

且有

$$S(D)=S_+(D) \cup S_0(D) \cup S_-(D) \tag{3.7}$$

式（3.3）~式（3.7）想要表达的是数据生成信息是多元的，有的是正面的信息，有的是0信息，还有的是负面的信息。当信息是正面时，我们用 $S_+(D)$ 表示；当信息是负面的时，我们用 $S_-(D)$ 表示；但有时是无信息的，我们用 $S_0(D)$ 表示。0信息不在沉默中爆发，就在沉默中死亡，0信息有时更可怕。

最终，数据信息是一个集合。

(3) 数据的第三个基础问题。

一切物质、事物中数据无穷多。数据可以有大有小，有多有少，但数据具有无穷的可能性。

基本模型为

$$d(D)=\infty \tag{3.8}$$

式中，$d(D)$ 为物质（事物）与数据；∞ 为数据无穷。

所有物质（事物）的数据都可以根据所属专业需要实施采集或生产，即使是同一物质（事物），但由于每次采用的技术、方法、人员、精度等不同，所采集或生产的数据也不同，即数据可被无数次地采集。

这里需要说明一点，就是“无穷”的问题。“无穷”是指物质中的数据无穷，还是数据的维度无穷？其实，这个没有关系，在这里的 ∞ 仅指物质、事物中的数据是无穷的。

3) 关于数据基础问题的说明

(1) 数据零态。关于数据的零态问题，虽然现在还没有数学证明，但是当数据在没有被生产或采集之前都是和物质、事件同生共处的。虽然没有去采集，不能说数据不存在，这应该是一个基本的事实。因此，我们将其称为零状态。

只有当物质、事件被人用一定的技术、方法或工具采集后，数据便产生了，它就不是零状态了。这时的物质、事物是一种数字态，如“数字地球”。

而对于数据库存储的数据，是将其算作零状态，还是有数据量的数据态？依照上述基础问题，数据库中的数据在没有被提取应用之前，它们在数据库中同介质同生共处，仍然属于零状态。

（2）信息多样性。关于数据转化后的信息集合，中国有句话叫“说话无意，听话听音”，尤其是对于社会数据。当一个人说话表达自己的思想与观点，有多少听话的人就会有多少种理解。说话是数据生产或采集的过程，而听话就是对数据的解译、加工、转化成信息的过程。说明有多少人就会有多少信息存在的可能。

所以，信息是一个集合，大概在任何数据信息中都存在，我们以一个专业技术信息来说明，如图 3. 6 所示。

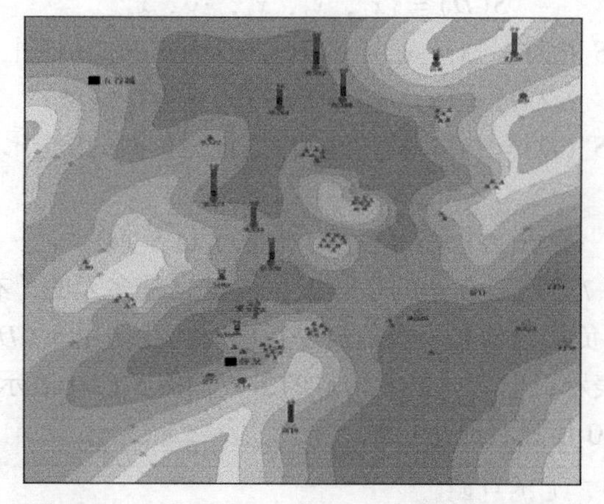

图 3. 6　地质研究图（来源：延长油田某区域）

从图 3. 6 中我们大概可以读取出这样几种信息：该区域砂体厚度、油井分布、地质构造、湖泊位置、井产液量、等值线数值、作图技术与色度等，将这些合成在一起就构成了一幅石油地质图，其实是一个石油地质信息的集合。

假设专业人员只需要砂体厚度等值线，那就可以提取砂厚等值线值；假设读者只需要看油藏状况，就可以看储层的基本分布等。不同的人会有不同的解读，石油地质水平不一样，则所完成的图件质量、水平不一样，解读的信息也不一样，这就是信息的集合与奇异性。

（3）数据无穷多。关于数据无穷的可能性问题，是数据无穷多，常采常新。例如，当我们对某一地质体做研究，前人已经采集过数据了，是采用的二维地震方法，如果我们改用三维地震方法，区域不变，地质体不变，数据照样可以采集，而且精度更高，数据量更大。假设野外地质踏勘中，对于同一个地方前人已经来过无数次，采集了很多样本，获得了很多数据，但后人再次踏勘时却发现了新的矿物信息，这就是无穷多。

以上说明了数据无穷的可能性是存在的。数据无穷也会让数据价值无穷。如果数据在不同时期被分析、挖掘，采用不同的技术，不同水平的专业人员研究分析，那么其所获得的价值完全不一样。所以，数据存在着无限可能性。

根据数据基础问题，我们可以得出这样几点结论：

（1）数据与物质的“镜像”作用。当一种物质（事物）被全面数字化后，就会通过数据的方式对其进行完整的表达，即数据=物质（事物）体，我们用一种符号表示，即

$$D = M \tag{3.9}$$

式中，D为数据；M为物质（事物）。式（3.9）也可写作

$$\exists D \in M,\ P(D) \tag{3.10}$$

即存在一个D属于M，使P（D）成立。数据就存在于物质（事物）之中，当全面数据化以后，数据就是这个物质体，这与目前提倡的“数据孪生”概念基本是一致的。

（2）数据与物质（事物）可逆。从上述的论述中可以得出这样一个道理：

$$D \rightleftharpoons M \tag{3.11}$$

式中，D为数据；M为物质（事物）。由此可以看出，数据与物质（事物）是可逆的，数据是对物质（事物）的表达，物质（事物）是数据的根基，这二者存在着相互可逆的关系，也就是“物质定义数据”“数据表达物质”的意思。

（3）数据与信息不可逆。信息是对物质（事物）的反映，但由于要通过数据转化过程，从而导致信息不可直接表达出物质（事物）的原样，从而出现了：

$$D \rightarrow I \tag{3.12}$$

式中，D为数据；I为信息。数据可以生成信息，但由于在加工过程中是由数据转化为信息，就会出现几种可能性，如好的信息，不好的负面信息，或者什么信息也没有即0信息，但信息不可还原数据。所以，是不可逆的。

3.3.4　数据缺陷

在对数据基本问题的讨论后，需要对数据问题中的数据的问题做一点讨论，这是因为我们说数据是一个科学问题，那么，数据在目前我们发现还存在哪些问题。为了与数据基本问题有一个区别，我们用“数据缺陷”来表述。

这里我想揭露一下各类数据存在的缺陷，反证数据的科学性与价值。

1）科学数据的缺陷

科学数据最大的问题是采集数据或者说是数据生产过程的难度，投资较多，技术要求高，而且很多数据目前是无法采集的，如天体、宇宙、暗物质等。

如今科学技术发展得非常快，在人们的认识中总认为技术最重要，其实很多技术与装备的生产目的都是为了采集数据。

例如，在我国贵州深处建造的“天眼”（FAST），可以用来探测天体、收集信号，看看更远的宇宙深处有无未发现的物质与秘密，科学界称之为脉冲，等等。还有很多高科技的技术与产品都是因数据生产需要而被研发与制造的，如地震仪器、分析化验设备、医院中的各种设备，包括核磁共振等。

但科学数据存在着两个大的缺陷：

第一个是数据量不足。数据采集并不容易，需要投入大量的人力、财力与时间，研发各种设装备与方法。尽管我们花费了很大的努力但数据量依然不足。例如，深部油气藏的

动态变化，人体中的神经系统与人脑机制，我们现在还是没有办法获得更好的数据。即使现在已经实现了方法、技术与设备上的突破，但是数据采集的密度、质量仍然困扰着人们。

第二个是数据质量。无论人们怎样努力，数据采集的精度总是达不到人们的预想与需要，在采集过程中的各种干扰如噪音等，和数据处理的算法、算力，技术设备，包括软件能力等，都在始终伴随着科学数据而存在。

数据质量问题很大，不是一般的大，除了我们的设备、技术、方法还不够好之外，还有数据采集过程、数据处理过程、数据商业过程中加入了一些人为的问题，就会导致数据质量不保。

以上就是科学数据的基本缺陷，当然也许还有，这里不再叙述。

随着科学技术的发展和时代的进步，作用在数据过程中的数据技术也在发展，数据技术的发展又促进了数学、物理、化学、生物、计算机等科学技术的发展，如数据处理技术、数据转化技术、软件技术，以及数值模拟技术、模糊数学、深度学习、量子计算机等。过去人们在数据量不够的情况下，可以用科学的技术来弥补，如加密、插值等以完成一定的科学研究，从而形成了很多经典科学和经典研究。

但现代在数据量不够的情况下，就需要加大数据生产，同时还要对数据进行科学的研究，从而促进数据技术快速发展，让数据缺陷变得越来越小。

2）社会数据的缺陷

社会数据最大的问题不是数量不足，而是太多太杂，完全处于“失控”性地增长。在人们热烈地讨论大数据时，提出了大数据的五大特征，其实，我认为这些特征就是社会数据的五大致命性的缺陷。

（1）量大。数据量大，包括采集、存储和计算的量都非常大。大数据的起始计量单位至少是 PB 级（1PB＝1024TB）、EB 级（1EB＝1024PB）或 ZB 级（1ZB＝1024EB）。由于数据量太大就不知道数据真假了，处理工作量就会巨大。

（2）样多。种类和来源多样化。包括结构化、半结构化和非结构化数据，具体表现为网络日志、音频、视频、图片、地理位置信息等，多类型的数据对数据处理能力提出了更高的要求。

（3）低密度。数据价值密度相对较低，或者说需要浪里淘沙般的寻找。虽然是海量数据，但其价值密度较低，如何结合业务逻辑并通过强大的机器算法来挖掘数据价值成了最大的难题。

（4）增量大。数据增长速度快，人人都是数据生产者，就要求数据处理速度也要快，例如，搜索引擎要求几分钟前的新闻就能够被用户查询到，个性化推荐算法尽可能实时的完成推荐，要求时效性很高，其很难做。

（5）信度低。数据的准确性和可信度低，即数据的质量不保证。因为数据的价值密度很低，数据量很大，来源又很复杂，数据质量就很难有保证。

这就是社会数据存在的致命缺陷。

3）第三数据的缺陷

关于第三数据是我对其的一种归类和界定，它既不是科学数据，也不是社会数据，而是数据库与计算机中的数据，称为“数据的数据”，或定义其为“技术数据”。

二进制、元数据的提出，确实为人类科技进步做出了不可磨灭的贡献。但是，随着大数据时代的到来，这种只认识“二维表格”的数据是不是也存在着很大的缺陷?

从上述的论述中，反观数据的科学性就在于消除这些缺陷，做一个完善的数据革命，使数据的使用更加科学。

总之，经过对数据基本问题的讨论，我们可以这样说：万物皆数，万数皆码，数据作为一个科学问题，需要科学的研究与探讨。

3.4　结　论

数据研究是一个开创性的研究，还存在着很多看不到、想不通的深层次问题。但是，通过本章的探讨，我们至少应该知道这样几点：

（1）数据是一种以数为据的物质、事物的“语言”，包含数量、数值和数字。数据是以一种物质的方式存在于物质、事物之中的，因此数据也是物质。更重要的是，“物质定义数据，数据还源于物质”“数据定义信息，信息又超越数据”构成了数据的基本问题，这是本章研究的重要内容之一。

（2）数据存在三个规律和三个定律。数据的三个规律是：数据“从哪来，到哪去”、数据“采、传、存、管、用”和“数据转化”规律。数据的三个定律是：数据的物质律、数据的属性律和数据的价值律，这些是数据的本质内涵，也是任何人和事物都无法改变的事实。

（3）根据以上研究和讨论后，给出了数据的三大基础问题，即式（3.2）~式（3.8）。

总之，数据是一门科学，数据还存在着很多科学问题与难题。

第4章　数据建设

数据建设是一个很早的话题，人们已耳熟能详。但数据建设真正做什么？怎么做？如何才能做好？这是数据研究中绕不过的重要任务与课题。

4.1　数据建设思想及原理

要想数据建设做得好，就必须有一个正确的数据思想作指导。数据建设思想、原理与方法有哪些？还从来没有人深入地研究过，有的就是做传统的数据库建设，今天我们需要仔细地讨论一下不一样的数据建设。

4.1.1　数据建设思想

数据建设是指将数据从无到有的生产，从分散到集中的管理，从管理到应用的全过程创新与创建。但是，在日常生活中人们主要将数据中心建设、数据库建设等认作数据建设，这一思想影响了我们很长时间，至今还在继续影响着人们。

先来看看数据中心。数据中心是互联网发展后的产物，主要出现于20世纪80～90年代，被认为是在IT组织应用推广模式方面的一大发明，标志着IT应用的规范化和组织化的形成。我国各大机构（政府部门、企业、科教院校……）都建立起了自己的数据中心，目前已成为我国倡导的新基础建设之一。

数据中心思想是全面管理本机构内的数据和落实IT系统思维的中心思想，如覆盖全球的互联网（Internet）和无数的机构业务，实际上是在大量数据中心支持下运转的，各种数据中心已成为交通、能源、金融等的基础设施。因此，数据中心建设说明了数据建设由来已久。

通常数据中心首先包含建筑物大楼或机房建设、机柜、服务器和通风、电力辅助设施与布线支持等硬件建设，软件包括操作系统、应用管理系统等建设，其次才是数据库、数据仓库等建设，如图4.1所示，是一种数据集散中心。

图4.1中显示，房间内一排排布满机柜，机柜上装满了服务器，服务器中又装满了数据。由于服务器每时每刻都在运行，不但需要大量用电，还需要通风、降温，是一笔开销很大的工程。

数据中心建设为数据大爆发、大发展起到了一定的作用。人们建立了大量的数据集中地对数据实施汇聚、管理提供数据服务，从而才使数据变为资产。巨大的数据量构成了很多企业的宝贵资源，不但支持业务管理、运行，还支持各种研究和研发制造，数据共享在互联网上传输，简便、快捷，为人类做出了突出的贡献。大数据中心建设被认定为中国新

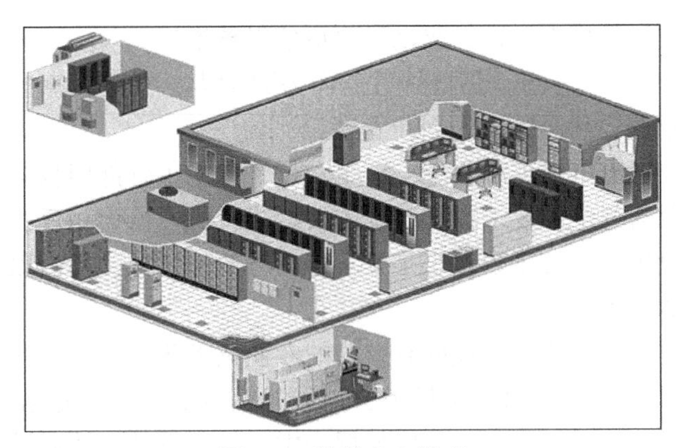

图4.1　数据中心模型

来源：https://www.sohu.com/a/152711682_744995［2020-9-14］

基建工程之一，之后还会有更大的发展。

但是，数据中心建设思想也具有其自身的缺陷。

（1）投资巨大。人类社会在得益于数据中心的同时，也受到利用传统技术建立起来的庞大的数据中心资产的种种困扰。在成本、安全、能耗等方面都面临一系列的严峻挑战。人们普遍的共识是：传统的数据中心已经不适应全球化时代对IT的诸多新要求，必须进行革新，否则就会走向反面，成为阻碍IT发展的因素。

（2）数据中心建设等同数据建设是一种误导，人们总认为将数据中心建设完成了，就是数据建设完成了。这样的思想统治和主导了半个多世纪，致使人们将注意力大都集中在机房扩建、硬件扩容和各种设施与组织机构的建设上，而忽视了对数据本身的研究与创建。

（3）数据建设思想是一种以数据集中为中心的数据创新思想。但现在一般做法是谁权力大，级别高，数据汇聚就走向谁。例如，集团公司高于分公司，大量的数据都要汇聚在集团公司，号称“五统一”，即统一设计、统一建设、统一投资、统一标准、统一管理。其实，这不一定很正确，也不一定很科学。

不管怎么说，数据建设思想还是存在的，目前有三个重要的数据建设思想在发挥重要作用：

第一，数据资产思想。将数据作为资产是指由企业拥有或者控制的，预期会给企业带来经济利益的数据，形成可交易或升值的资产。所以，人们都在竭尽全力存储与管理好数据，将其当作资产来管理。

第二，数据资源思想。数据资源是大数据初期形成的一个重要思想，是指将数据作为一种类似于自然资源，可以被大量挖掘，以寻找新的发现或可利用的数据价值。于是，就有了“数据石油”说和“数据矿产”说等，将数据的重要性提到一个很高的高度。

第三，数据驱动思想。数据驱动是近年来提出的一种建设思想，这种思想相对于数据资产、数据资源要更高级。数据资产、数据资源都是一种被动行为，而数据驱动是一种主动行为。

以上三种数据建设思想中，数据驱动思想更值得被推崇。

“驱动”具有动力学的思想，是指将数据作为驱动力，实施数据的大规模建设，以带动科学技术、工业企业、社会管理的创新发展。

数据驱动时代要抛弃以前那种收集、汇聚数据，利用主管部门权威性制定、管理标准和规则或利用投资权力规定、要求提交数据的被动式行为。恰恰相反，数据驱动思想是一种主动式的数据建设工作，其主导思想是要求各个行业、领域、部门以业务需求数据的需要而计划生产数据的行为。

解决办法一。传统的做法是企业拥有自己的专业技术队伍，以工作中计划开展的技术活动为中心任务，然后以年计划下达任务，计划投资预算，整个过程与数据没有直接关系。但是，数据驱动思想就不同了，其以数据为中心任务设计，然后计划投资，下达生产或购买多少高质量的数据产品。例如，进行油气勘探不用再组建自己的地球物理勘探公司，也不再拥有自己的钻井队，而是根据寻找油气的规划，来计划购买某一区域勘探开发油田的具有一定标准的高质量数据产品。这就变成了主动性的数据建设思想，但在目前还做不到。

解决办法二。工业互联网建设方法。工业互联网是国家公布的新基建之一，它将同5G一起弥补我们过去在数据建设中的短板，不但要解决数据传输低延迟、快速处理问题，还要解决好打造工业化软件、操作系统、新材料、APP、工业制造等问题，将会很大程度地发挥大（大数据）、物（物联网）、云（云计算）、移（移动互联）、智（人工智能与智能制造）作用。

解决办法三。从源头上做起，将数据研究作为中心任务的建设思想方法。在传统建设中往往将汇聚数据、应用数据放在重要位置，但是，从源头上开始研究数据的很少，如“边缘计算”就是下沉到设备前沿，将研究数据、数据智能化前伸到数据的源头位置。

所以，我认为数据驱动思想是最值得推广的数据建设思想。

4.1.2 数据建设原理

数据建设是一项复杂的系统工程，要跟随数据运动的轨迹全方位创建。

数据建设需要遵循数据“从哪来，到哪去”规律及“数据转化”规律，不但要将数据资产管理好，将数据资源利用好，还要让数据动起来，更重要的是形成引擎，产生价值，如数据的市场要素。

为此，我认为数据建设既有规律可循，还有其基本原理。

从横向上看，数据完全是按照自身的规律需要完成“采、传、存、管、用”全链条上的每一个工作。从纵向上看，数据按照数据基础问题以物质（事物）、数据生产的基本环境与条件，数据生产技术与方法，以及数据中心即数据储存，管理过程到数据的应用，为立体的、全方位的建设过程，而我们过去只重视数据中心建设是一种狭义的数据建设。

数据是动态发展的，数据建设也是不断精进迭代的。当前的数据还处在IT时代，即

“十数九表”，所以人们还是一种IT思维的过程。当数据发展走到“下一代”数据时，我们设想就是量子数据，对于量子数据我们现在还不知道它是一个什么样的数据状态，但是，按照量子原理，量子数据也要完成“采、传、存、管、用”全链条是毫无疑问的，那时数据中心也许会完全变了样，如只要手机那么大的一个物理设备，就可以存储当前一整座数据中心大楼的数据。

数据肯定还要再发展，即在量子数据时代之后还可能演化和发展。未来是什么数据模式，现在更不得而知，暂且称之为未来数据或宇宙数据。但是，可以设想其是完全不同于现在的数据模型与结构方式，不同于量子数据的数据状态是一定的，主要可能是数据的物理存储发生了改变。

为此，数据建设的基本原理如图4.2所示。

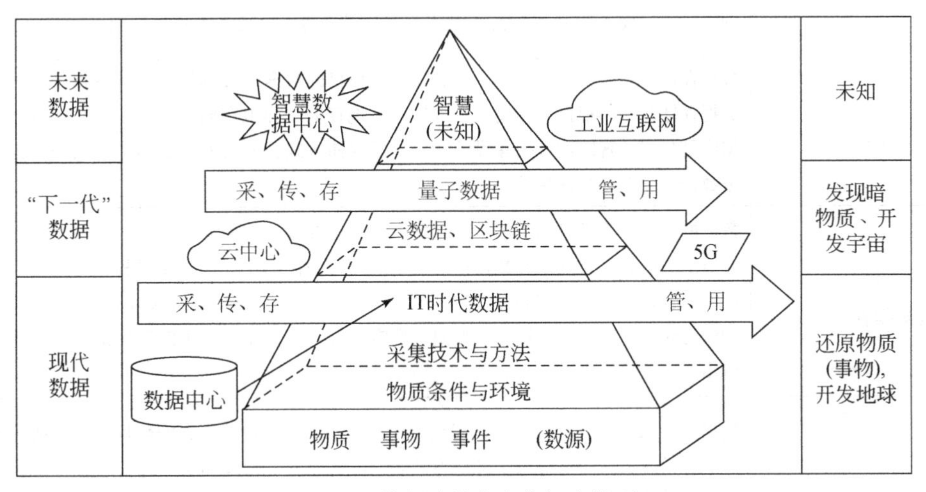

图4.2　数据建设全方位概念模型

图4.2模型告诉我们，从纵向上看，数据正处在传统的IT思维下的数据中心建设模式，目前正在发展为云计算模式下的数据方式，但IT思维并没有改变。继数据中心和云计算之后是量子数据中心时代，再往后就是未来数据中心模式。

数据是建立在所有物质（事物）的基础之上，具有一定的物质条件与环境，对其充分利用各种数据技术、方法与工具，构建数据资产模式，这在当前占主流位置。

从横向上看，无论是IT时代的数据中心建设思维，还是发展到量子数据中心时代，都要遵循数据的“采、传、存、管、用”规律。数据规律最终目标在于解决现实中的业务问题，就是数据还原物质（事物）的本来面目，而量子数据最终目标是解决发现暗物质、宇宙微粒等现象和未知事物的问题。

未来数据解决未知的事物，而未知的数据中心变小了，原因是未来的数据可能就存数据的基因即可，如DNA。

这就是数据建设的基本原理，即从源头做起，从物质、事物做起，不放过数据运行中的任何一个环节。这里以油气田数字化的油气田物联网数据建设工程为例列出一张表，进一步表明数据建设的原理和重要性。

如果要在上述规律基础上更进一步，那就是增加一个“智”字，即数据规律为“采、传、存、管、用、智”，以油气田数字化、智能化的数据建设原理为例，见表4.1。

表4.1　数字、智能油气田数据建设过程中的基本原理与内容描述表

<table>
<tr><td>采
（采集数据）</td><td>在数字、智能油气田建设中，数据采集是一个重要工作和最前端的环节。油气田物联网建设中的数据采集，一般是通过井口、进场、站库安装的传感器、仪表等，采集油井井况和抽油机工况数据和远程终端单元（remote terminal unit，RTU）等数据，更有勘探、钻井、测井等数据</td></tr>
<tr><td>传
（数据传输）</td><td>为解决数据网络化、实时化与数据共享问题，建立全面覆盖并且延迟低、可靠性高的通信网络是数字、智能油气田发展的必由之路。通信网络就是数字、智能油气田的数据高速公路，路畅通则数据达。目前通信网络分为有线通信网络和无线通信网络，在油气田生产智能化建设中，需要根据地域和生态环境进行合理地设计，选择有线通信网络或者无线通信网络，这是很重要的。因此，这是以传感器为节点，以通信技术为链路构建的数据网络</td></tr>
<tr><td>存
（数据存储）</td><td>数据存储主要是将由传感器、仪表等前端采集的数据通过网络传输到数据中心，将这些数据存储起来。根据实际情况可以选择本地存储、异地存储、数据中心存储等方式，数据库是数字、智能油气田建设的基本数据存储方式，分为静态数据库和动态数据库、业务数据库和基础数据库等</td></tr>
<tr><td>管
（数据管理）</td><td>数据的存储与管理是两回事，数据的存储是需要设计一种存储方式，将数据存储在各种介质上。而数据管理是对数据存储与数据应用的标准化、科学化过程，需要建设数据中心，并且建立各种管理制度、数据标准等。数据管理是对数据入口和出口运行的设定，即如何让数据在输入时快捷、方便、准确地写入，在输出时也能够快捷、便利和可靠地输出</td></tr>
<tr><td>用
（数据价值的实现）</td><td>数据的“采、传、存、管”的最终目的都是应用，如把采集到的数据应用到所开发的管理信息系统上，而这些系统又是为了油气田的业务、管理和生产过程组织而开发的。在大数据时代，数据的重要性就在于将所有的数据进行存储、管理后用于数据挖掘与大数据分析，通过大数据分析即应用各种数据的关联关系，来解决很多利用传统方法解决不了的开发生产过程中的问题</td></tr>
<tr><td>智
（数据智能化和油气田生产过程智能化）</td><td>智是数字、智能油气田建设中重要的一个数据过程，它有两个含义：第一是给数据赋能，让数据来工作；第二是应用数据智能分析，然后实施智能操控。
要完成以上建设，还要建设数据智能化。数据智能化是通过对数据的分析应用，让数据发挥作用，我们称为“让数据工作”。现在的油气田数字化可操作模式是在利用数据时，数据跟着信息系统走，然后在人的干预下做各种管理，再给出报表，是一种被动式的数据过程。当采集了大量的数据之后，就要充分挖掘数据的价值，一般来说就是“数据多了就智能”</td></tr>
<tr><td colspan="2">其实，油气田智能化就是对油气田海量数据作关联分析。例如，“一井一策”就是对每一口单井中所采集的数据经过大数据分析后，发现某一口井将要出现什么问题，并立即报警，同时还推送到工作人员手机上一个解决策略，推荐如何处理这样的问题。这是一种数据智能化的过程。以上可归纳为：“大、物、云、移、智”技术在油气田中的应用，并获得数字、智能油气田建设最好的效果——“油气田智能化”</td></tr>
</table>

对此，我再给出一个数据与油气田结合建设过程的模型，如图4.3所示。

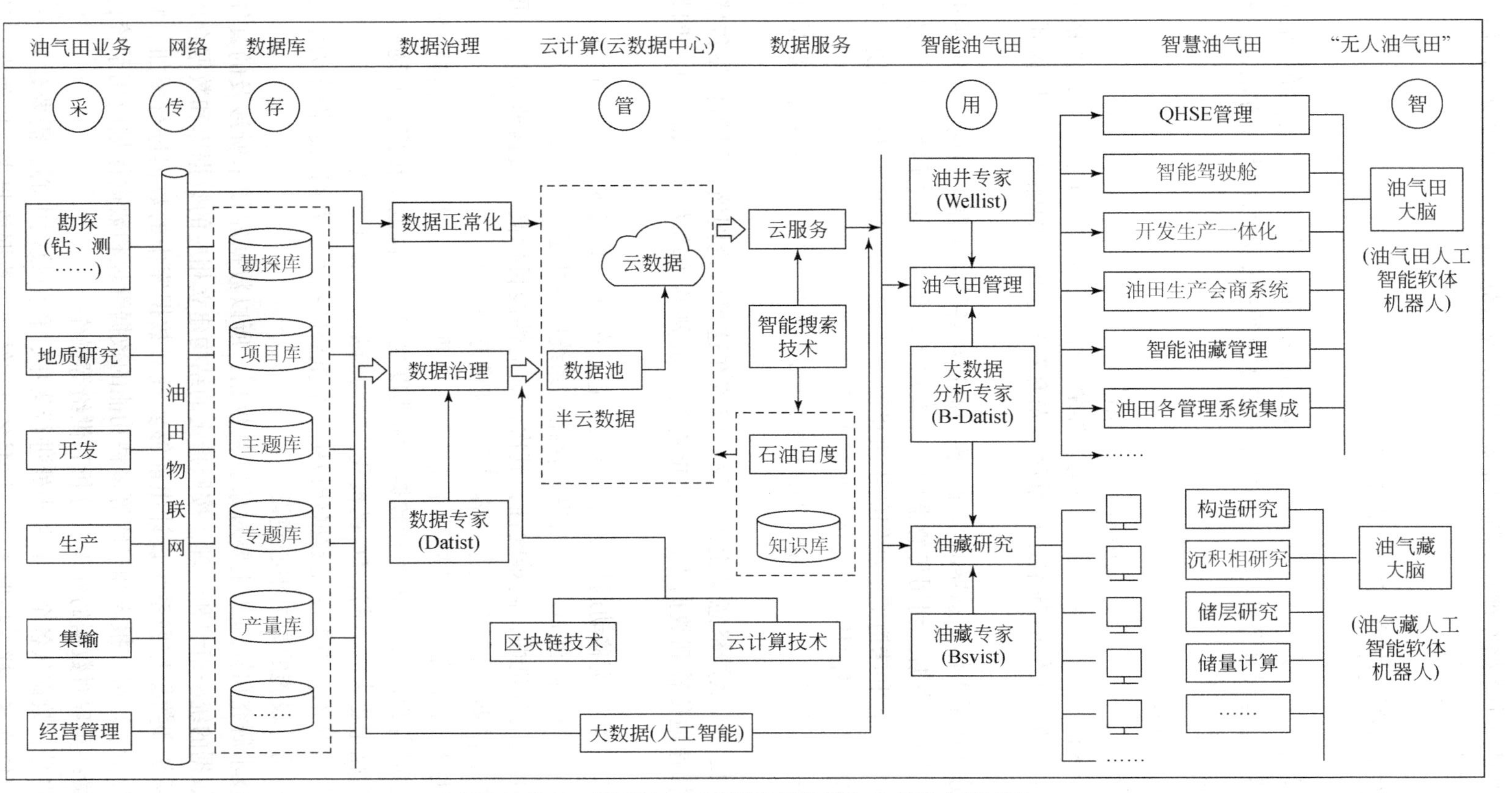

图4.3 数字、智能油气田数据建设数据与业务融合模型图

以上案例是一个数据原理在油气田企业中的实现示范，可以广泛适应于任何行业、领域和业务，其道理是一致的。

4.1.3　数据建设中关键技术简介

数据建设是一个庞大的工程体系，需要动用很多部门和力量来完成，单一的或一两个技术是完不成数据建设任务的。当然，数据建设中有很多重要的技术和方法，这里就几个关键性技术做简单介绍。

1）传统数据建设技术

（1）传感器技术。传感器是用来采集数据的非常重要的装置。传感器就是模仿人的身体而研发的一种精密仪器，如我们的眼睛、耳朵、鼻子、皮肤、手、脚等，严格来讲应该是一种传感器。我们人体的基本运行原理是先有对外界环境的感知，再传输到大脑做判断，然后做决定。

人们充分利用了人体传感器的原理，模仿制造出各种传感器。目前有一句话叫“全面感知”，实质是采集数据，利用传感器的功能获得各种信号，如电信号、波信号、重力荷载、角度位移、颜色和味道等。我们的手机里要安装 13～15 个传感器，才使手机变得智能。所以，现实中大量的数据都是依靠传感器采集获得的。

当然还有各种仪表、摄像、地震勘探的检波器、测井探头都是传感器，都是用来采集数据的。

（2）5G 技术。从严格意义上讲，我们应该在这里讨论网络，因为依靠传感器采集的数据需要快速地传输到数据中心。目前有很多成熟的传输方式，如光纤、网桥、3G/4G 等。

5G 是最新一代蜂窝移动通信方式。显然，它是在 4G（LTE-A、WiMax）、3G（UMTS、LTE）和 2G（GSM）甚至 1G（严格讲不存在）系统以后的延伸和提高。

首先，5G 具有先进性，高难度性；其次，它的性能目标高、数据速率快，可减少延迟、节省能源、降低成本、提高系统容量和大规模万物互联。

在数据建设中，通信、网络是不可或缺的一个重要工程。所以，当人们处于 4G 阶段时，就已紧紧盯着 5G 了，目的是让数据传输速度更快，覆盖范围更广，万物互联智能化程度更高，数据量更大。目前，5G 已被我国定为新基础建设工程之一。

（3）数据库技术。数据库是数据建设中一个重要的技术，人们以数据库为中心，构建数据大楼、机房等设施的数据中心建设。

数据库技术研究和管理的主要对象就是数据，所以数据库技术所涉及的具体内容包括：通过对数据的统一组织和管理，按照指定的结构建立相应的数据库和数据仓库；利用数据库管理系统和数据挖掘系统设计出能够实现对数据库中的数据进行添加、修改、删除、处理、分析、理解、报表和打印等多种功能的数据管理和数据挖掘应用系统；利用应用管理系统最终实现对数据的处理、分析和供给等操作。

通俗点讲是，数据从各个采集源头处进行集中，称为数据中心，需要建立一个库房，就像我们家里储藏室一样，按照不同的数据名目和结构把数据放起来，以便在用的时候好找。人们想了很多办法，如按照业务工程设置叫项目库，按照业务领域设置叫业务库，等等。事实上，由于业务交叉、部门业务重叠，让从事数据库建设的人苦不堪言，往往设计得很好，但是用起来时找不到。

(4) 云计算技术。云计算说白了就是数据库的扩充版，是数据库管理的高级版本。这主要是数据爆发性的增长，数据量越来越大，数据管理越来越难，对庞大的数据运算过程不堪重负造成的。

云计算（cloud computing）是分布式计算的一种，指的是通过网络“云”将巨大的数据计算处理程序分解成无数个小程序，然后通过多部服务器组成的系统处理和分析这些小程序，并将得到的结果返回给用户。云计算又称网格计算，通过这项技术，可以在很短的时间（几秒钟）内完成对数以万计的数据的处理，从而达到强大的网络服务。

目前云计算的作用主要用于虚拟化，如远程对数据管理和运行适时调节，以便节省巨大的用电量。还有就是借助云的概念将数据托管，你不用知道数据在哪，只是在需要数据时会随时提供给你，这也是一种云数据思想。为此，很多大型 IT 企业建立云计算中心，为更多中小企业、个人提供云计算服务，形成了一种重要的 IT 商业和产业模式。

通常云计算服务分为三类，即基础设施即服务（infrastructure as a service，IaaS）、平台即服务（platform as a service，PaaS）和软件即服务（software as a service，SaaS）。基础设施即服务（IaaS）向个人或组织提供虚拟化计算资源，如虚拟机、存储、网络和操作系统等；平台即服务（PaaS）为开发人员提供通过全球互联网构建应用程序和服务的平台，以及为开发、测试和管理软件应用程序提供按需开发环境；软件即服务（SaaS）通过互联网向用户提供应用软件（如 CRM、办公软件等）、组件、工作流等虚拟化软件的应用服务，出现了很多开源、二次开发模式。

总之，云计算的一个重要功能就是提供商托管和管理软件应用程序，并允许其用户连接到应用程序和通过全球互联网访问应用程序。目前随着工业互联网的发展，云计算将会发挥更大的作用，特别是平台即服务将更加具有现实意义。

(5) MIS 技术。管理信息系统（management information systems，MIS）是信息化时代的一个产物，在数据建设中通常叫数据应用。

管理信息系统，人们很早就这样叫了，其实不是多么规范或严谨。这种系统是由采集数据（注意，这里是指从数据库里获得的数据）、数据储存与加工、系统维护及信息使用等方面组成的。这完全是一个数据功能过程，即对业务需要所做的业务管理、运行，然后帮助管理，提高工作效率。但因为大家习惯了，就约定俗成了。

完善的管理信息系统（MIS）应具备以下四个标准：确定的业务需求；数据可采集与可加工；可以通过程序为管理人员提供信息；可以对数据进行管理。具有统一规划的数据库是 MIS 成熟的重要标志，管理信息系统（MIS）是软件工程的产物。

不过我要强调的是，MIS 模式有点过时了，现在有一种说法叫“管理信息系统已死”，主要指的是其僵化的“数据模型”（十数九表）和“数据跟着代码走”的程式，已经完全不适应大数据分析的需要。所以，我们一定要创新更好的数据应用方式，将人再解放，也就是“让数据工作”方式，这样 MIS 就休矣。

还有很多专业技术，如RTU、路由器、芯片、蓝牙等，这里就不赘述了。

针对MIS系统上述存在问题的解决方法是：以传感器为节点，建立起以5G技术为覆盖的优质网络，构建以数据治理的数据池模式，实现云数据、云服务集群技术的数据建设。

2）现代及未来数据建设技术

现代主要是指当前，这里用了现代，又用了未来，主要是因为现在以下几个技术已经萌芽，而且很有可能成为未来数据建设的关键技术。

(1) 边缘计算技术。现在有两种说法：一种是“边缘计算就在我们身边”；一种是“边缘计算下沉”。这两种说法都很重要，都在不同程度地实现。

边缘计算的核心思想是在数据建设中将数据的存储、传输、计算和安全交给节点前沿来处理。这些节点包括传感器、仪表、手机、云端边界等。所以，上述两种说法中的技术将是未来数据建设中非常关键的技术之一。如“下沉”法，就是在传感器采集数据后不是立即打包外输，而是将这些信号处理后作智能分析，所传出的数据是对物质、事物真实反映的数据，这样就缓解了后台处理数据量的压力。

(2) 数字孪生技术。数字孪生其实就是一种物质、事物与数据的镜像数字化映射技术，目前在产品设计、产品制造、医学分析、工程建设等领域开始应用，而在未来主要用在数据的建设中，这种技术使得物质（事物）的数据镜像化更加逼近本体，让大数据分析与人工智能技术更加充分地发挥作用。

数据建设的孪生技术应用会借用量子技术的“纠缠”理论与原理，在物质（事物）与数据之间搭建一种“纠缠镜像体”，在云平台中不断完善、汇聚与该物质（事物）关联的数据，在系统中自动逼近物质（事物）的本真。

(3) 数联网技术。数联网？是的，数联网是指由数据与数据构成的网络。有人会问，听说过以传感器为节点构成的物联网，即将所有物品联网，以计算机为节点的互联网，就是形成数据的共享，但数据与数据如何联网还没听过。

是的，以数据为节点构建一种数据的网络是很困难的，然而未来将会出现一种“边云计算”的网络是很有可能的。其中“边”是指边缘计算，“云”是指云计算，这就是云中有边缘，边缘联着云，这种“边云计算”技术将云与云之间打通、关联，构成一种数据的网络体系，可使数据的智能化下沉，使云与云之间无边缘化，让数据的使用效应大大提高。

以上是现代及未来数据建设中的几个新型技术，目前正在兴起，相信还会有更多的创新技术出现，包括在采、传、存、管、用的各个“领域”中。

4.2 数据建设方法

下面我们讨论，在知道数据建设的原理后进行数据建设的方法。

数据建设是一个大学问，牵扯的问题有很多，这里我想与大家共同讨论数据建设中所遇到的几个关键性难题。

4.2.1 数据源研究

1）数据源的概念与定义

人们常说：“水有源，树有根”，还有“吃水不忘挖井人”等，说的都是一个问题：源。

我们在前面已经讨论过数据的起源，那是关于数据历史沿革中的数据源问题，而现在我们需要研究和讨论的是就某个单一数据或数据体“从哪里来”的源头问题，两者之源是彼之源和此之源的关系。

单一数据或数据体是指利用一定的专业技术与方法所采集的一组数据或一个数据类型，如油田企业的测井数据体、地震数据体。

单一数据或数据体之源是指单一数据组或数据体被采集的源头，即获得这些数据的源头。

现在我们给出一个基本定义，即通过一定的专业技术和方法，在业务需求指定的物质（事物）之中生产单一数据或数据体的地方称为数据之源。

这里引出一个问题，即数据之源主体是指数据生产者，还是数据物源体即数据生产时的物质（事物）？我们有必要给一个交代。

人们往往将从数据库中提取数据称为数据采集，从而数据库就成了数据源。对此，如果按照数据定义数据源只有一个，就是数据生产地方（原位）的物质、事物（事件），一切转存后的都不构成数据之源。这就是说：

第一，数据库不能算作数据源。

第二，数据源必须具有两个条件，一是必须具有数据生产的原位，即数据物质（事物）源，它是数据采集的对象；二是数据生产者从事过数据的生产。

第三，数据源是采用一定技术来采自家“矿权”范围内自家投资生产数据的数据拥有者，这就是“数据权”。

矿权是指在石油行业或地质矿产行业中，由国家有关部门登记后获得矿的开采权等权利，而数据中的“矿权”是指国家授权获得采集数据的权力，叫“数据权”，如通信商和互联网及电商平台，都是由国家授权的数据拥有权者。

然而，现实中的数据并非这么简单，数据源至少存在两种可能性，我将其分为：

数据源1，即专指具有“矿权”的物质、事物及国家授权采集的数据源；

数据源2，即指虽然国家没有授权但因为业务而投资生产的数据，且具有数据拥有权的数据源，这类在政府行业、领域数据中大量存在。

2）研究数据源的意义

为什么要研究数据源？这对未来非常重要，也是一个全新的课题。过去似乎不太注重数据源问题，假如人们需要做某一研究，要么是从需求单位收集所需的数据，要么是通过实施具体实验、测试等而生产、获取数据，数据从哪里来，对于某一个研究来说并不重要。

但是，随着数据发展和数据科学问题的深入研究，特别是大数据时代的数据产业化，数据源就成了一个很重要的问题，如这些数据是谁生产的，谁拥有它；数据权限属于谁，等等。为此，在数据建设之初，我们就要开始注重数据源问题，至少要分清是数据源 1，还是数据源 2，从而研究其意义就非常重大：

（1）有利于辨识数据的来源；

（2）有利于辨识数据的属性；

（3）有利于数据的确权。

当然，数据源研究的重要性还不止于此，我只是说这几点最重要。

一组单一数据或一个数据体总会有来龙去脉，总是有人投资、有人组织生产的，也许这些数据被多次应用，转了很多地方，但是"水有源，树有根"，在一定的时间阶段内总是由某一单位投资组织生产的。

这些数据主要表达了什么？是工业数据、地质数据，还是网络数据？总要有个专业属性。更重要的是在现代环境下，数据权、版权、归属权都与法律有着非常大的关联，所以，研究数据源对于数据确权非常重要。

3）数据源的分类

研究数据源的目的是对数据生产者主体的确认。我们以数据源之中的政府数据源研究为例。

（1）政府数据源的分类。政府数据源由于涵盖行业、领域、部门非常多，从而数据千差万别。所以，需要从政府数据源本身的自然属性出发，结合政府数据源特有的行业属性特征，以及政府数据源开放和共享需求，选择政府数据源分类方法。

按主题分类。政府数据源根据资源所涉及的范畴，可按照主题进行分类，大类包括：经济、政治、军事、文化、资源、生物、交通、旅游、环境、气象、工业、农业、商业、教育、科技、质量、食品、医疗、就业、人力资源、社会民生、公共安全、信息技术等。对于每一个大类还可以再细分为小类，如气象包括灾害性气象预报与预防数据源、日常气象服务数据源、气象设施与研究数据源等。

按行业分类。政府数据源根据所涉及的行业领域范畴，可按照行业进行分类，包括：农林牧渔业、采矿业、制造业、电力燃气及水的生产和供应业、建筑业、交通运输、仓储和邮政业、信息传输计算机服务和软件业、批发零售业、住宿和餐饮业、金融业、房地产业、租赁和商务服务业、科学研究、技术服务和地质勘查业、水利、环境和公共设施管理业、教育、卫生、社会保障和社会福利业、文化、体育和娱乐业、公共管理和社会组织、国际组织等。

（2）按数据密级的分类。数据除了被数据源的生产者或拥有者自用以实现内部价值外，还会被对外提供以实现数据源的资产化增值。将数据源的数据对外提供、对外服务时，需要充分考虑国家安全、社会秩序、公共利益，以及公民、企业和其他组织的合法权益，并结合数据源提供者的商业考虑来确定数据源的密级，按照不同密级制定不同策略。

这一种数据源的密级由数据的敏感程度来划分：

可公开数据源。即非敏感数据，可无条件对外共享或有偿共享。

内部数据源。涉及用户隐私、商业机密的数据。按国家法律法规要求，决定是否对外提供；可有条件对外共享（如对数据脱敏，发布不涉及隐私与商业机密的汇总数据、指数数据、报告数据）。

涉密数据源。涉及国家秘密的数据。按国家法律法规要求，决定是否对外提供，原则上不允许提供，但对于部分需要提供的数据，需要进行脱密处理并控制数据分析类型。

（3）按数据源提供方式的分类。

数据源可以分为原始数据源和衍生数据源，这是按照数据源的生产方式或者提供方式划分的，尤其是数据源作为对外提供、对外交易的资源时，由于原始数据源通常涉及个人隐私、商业机密、国家秘密等信息而不能直接提供，需要对原始数据源进行各种处理、计算，形成衍生数据源，以符合对外提供的条件。

原始数据源。通常是指由数据采集系统直接产生而未经转移过的数据，如交易流水数据、实时监测数据、日志数据等。

原始数据源具有重要的财产价值，因为原始数据源往往精细到每一个对象个体，如一个人、一个设备，且通常包含密级的时间、地点等重要信息。但根据客观实际要求，许多数据在对外提供时要以衍生数据为主要形式，即提供脱敏后的数据。

衍生数据源。指原始数据被记录、存储后，经过算法加工、计算、聚合、转移而成的系统的、可读取、有使用价值的数据，如总量均值方差、诚信指数、评估报告等。

衍生数据源同样具有重要的财产价值。衍生数据源产生的成本，以及数据的存储、计算、加工、聚合，不仅须有巨大财力的投入，且须有智慧的投入，不同的算法模型会产出不同质量的衍生数据源。数据拥有基于对合法收集的数据进行加工计算，产出为数据处理系统所能读取的数据，从而实现数据到可用数据的创造。

（4）数据源应用方向分类。

公共事业数据源。涉及公共事业、用于公共事业，尤其涉及和用于人民生活、社会活动、公共安全的数据源。政府及其各职能部门掌握的数据源多属于此类别。

公共事业数据源通常不以营利为目的，其共享和对外提供带有一定的政策强制性。

商业企业数据源。由从事商业活动的企业、公司、团体进行生产并拥有的，用于商业机构内部业务、外部交易的数据源。通信公司、电商公司、金融公司、制造企业等商业机构的数据源，多属于此类别。

商业企业数据源通常以营利为目的，其共享和对外提供需要用政策和优惠措施进行鼓励。

科学研究数据源。由高校、研究院所、科研机构实施实验、检测等生产并拥有的数据源。

有些数据源同时具备公共事业属性和商业属性，如气象数据源，一是作为政府对公共服务的基础，具有实现监测、预报等公共事业职能；二是作为辅助数据源，在个别领域和场景下已实现了商业增值。同样，有些科学研究数据源可以同时满足公共事业需要和商业需要。因此，按照应用方向分出的这三个类别，并没有特别明显的界限。但是，这类数据大都专业性比较强，社会流通比较差，或不具有流通商业化。

政务数据源。政务数据来自国家、政府等部门的公开或半公开及不公开的文件形式生产，这类数据都有很强的政务性质，作为国家机关发行的文件都具有一定的密级要求。

（5）按数据性质的分类。

按照数据生产后的性质分类，可分为明数据和暗数据。

明数据。由数据生产者通过专业技术处理后的可见的数据。一般来说，在数据之前并不是数据，而是以各种信号、符号等存储在介质中，只有经过专业技术处理，实施转化处理后，由数字转化成为可用的数据，供更多人用的数据。

暗数据。采用一定的技术手段和设备、装备采集的数据。这类数据在采集时大都是以符号、信号存储在一定的介质中，只有通过专业技术人员解译、处理后才可以供其他专业领域人使用的数据的“母数据”，如地震勘探获得的波信号、气象卫星获得的遥感信号等。

对于暗数据，我们还可以理解为现在还未生产或还未发现的数据，也许人类并没有掌握这些数据的形式与特征，但是，它确实就存在物质世界之中，如果暗物质没有被发现，是因为我们现在还没有办法采集到其真实数据，也就无法还原，从而至今都没有发现和解释暗物质。

从以上论述中，我们不难发现数据源研究其实是很难的，难就难在其无法界定，目前仅仅是一个开头，在未来的数据确权中，数据源将是一个躲不过的坎，必须加大研究力度，才能做好数据的开源、流通、共享与确权。

4.2.2 数据生产研究

一般来说，数据生产似乎并不难。对单一的数据采集即数据生产并不难，如我们要研究一个问题就需要进行测试，用很多数据做统计分析。例如，你出行最喜欢用什么交通工具？对于这一问题，首先我们可以在大街上做民调，做得越多、越仔细，数据量就越大，统计分析的结果就会越接近实际。这个过程就是数据生产的过程。

但是，对于宇宙、地球、矿产、暗物质等的研究就不那么简单了，需要采用大量高科技技术和非常先进的方法。例如，找石油，石油深埋地下几千米，我们怎么才能知道石油藏在哪里？这就要利用地震、非地震和钻井技术与方法来发现油气在哪里。这时的数据生产是高科技技术的结果，数据是海量的，数据处理工作量是巨大的。

因此，数据生产研究关键要搞清主体与客体。

1）数据生产主体

为了更好地研究这一问题，我们将数据过程分为三段，如图 4.4 所示。

从图 4.4 中看出，数据过程分为三段，也是三个主题：数据生产、数据科学研究与数据使用，同时又出现了三大主体：数据生产者、数据科学研究者和数据使用者，他们都是数据生产主体。

2）数据生产者

数据生产者，是指直接投资并利用相应的技术与方法直接生产数据的企业团体或个人。具备哪些条件才可以认定为数据生产者呢？我认为要确定其是否是数据生产者，至少要具备这样三个条件：

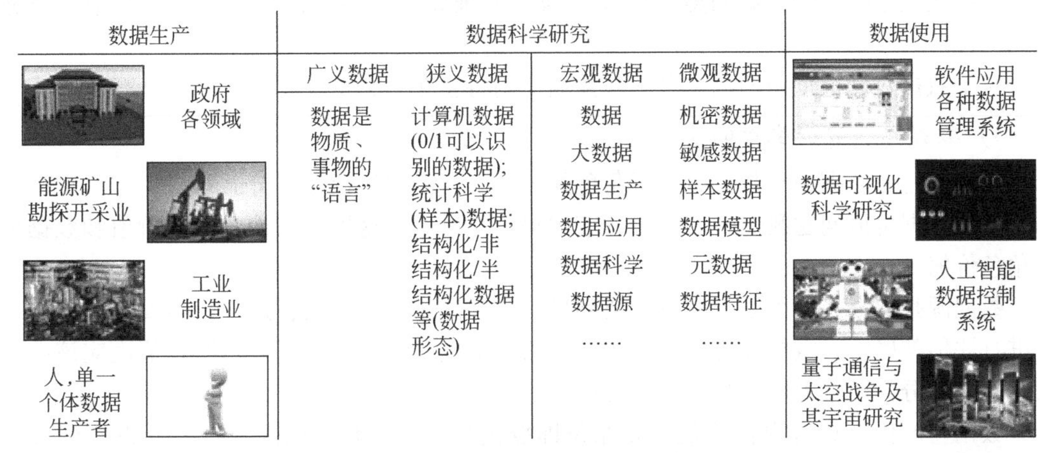

图 4.4 数据建设研究三大主题模型

(1) 具有数据源“矿权”的单位或个人，指单位或个人具有物质（事物）的原位权，如石油企业采矿权登记。

(2) 是唯一的数据或数据体生产投资者，指这一批数据是在你的“矿权”原位上，你具有优先投资生产的权限，并组织了数据生产。

(3) 是数据拥有者、管理者、使用者，指这一批数据都属于你管理、使用，你是唯一拥有这一批数据的单位或个人。

根据以上三点界定，就可以知道有以下四类不同的数据生产角色：

第一类，政府。政府拥有政务数据和各种主管下属单位的行业、领域数据的生产主导权，这些数据大都是由国家投资，部门主导，行业、领域主管生产的，同时他们也是数据的拥有者。

第二类，能源矿产企业。这一类大都是拥有矿权的单位、企业，他们在自家矿权原位上投资、实施找矿而生产数据，这些数据符合数据生产的条件，同时包括国家授权单位，如通信、气象、医疗等。

第三类，工业制造业。工业数据主要指工业制造企业生产的数据，这类数据很复杂，其中很多设备、科学研究、大项研发制造都属于国家投资，但是很多产品设计、制造、工艺技术数据属于企业。他们既和政府数据相似，又和矿产领域数据相同，但是，他们也是数据的生产者和拥有者。

第四类，个人。这里指独立的个体。我国拥有 14 亿左右人口，大约有 8 亿人拥有个人电脑和移动设备，他们每时每刻都在生产数据，如打一个电话，发一个视频就生产了数据。他们同时也是数据的投资者，如支付一定的流量费、移动设备购买费和网店购买登记注册费等，可是这些数据不属于他们个人，而是属于平台投资和建设单位，如移动通信公司、各种网店平台等。

我们用了“数据生产者角色”这个词，就是说你可能是一个能力很强大的数据生产者，但你不一定是数据拥有者；你可能是数据拥有者，但不一定是数据主权者。所以，数据生产者大都扮演了一个角色。

现在在数据确权中，第四类的个人数据是最难界定的一种，其次是第一类中的政务数据。

对于数据建设模型中的数据科学与数据使用将会在第5章中讨论。

3）数据源、数据生产的价值

我们讨论了数据源和数据生产者角色问题之后，需要讨论一下价值问题。

有关数据价值问题我们会在多个章节中提及与讨论，这里仅讨论数据源价值和数据生产角色价值。

数据源是数据从一个原点主体流通到另一个主体过程的源头，这样就需要对数据源价值进行评估与确定。数据源价值是数据价值的一个重要组成部分，数据源价值度应该有多大？它可以分为两个方面：数据生产价值与数据拥有价值。

数据生产价值具有内在价值，如原位即登记权、矿产权、国际授权基础设施建设权等，其外在价值是投资生产数据的成本与利润。数据拥有价值，也分为内在与外在价值，但是主要为外在价值，即目前投资管理运行的成本和利润。

就通用的数据成本而言，一般包括数据生产获取和存储的投资费用（人工费用、IT设备等直接费用和间接费用）和运维费用（数据处理、数据管理、业务操作费、技术操作费、人工费、能耗费等）。数据应用价值主要包括数据源的使用频次、使用对象、使用效果等因素。

进行数据源价值评估的关键性活动包括：确定企业数据源集成度水平、确定企业数据源的应用场景、计算数据源在不同应用场景下的收益，计算企业数据的总体价值等。

当前，对数据源价值评估的研究还处于早期阶段，评估方法手段还不成熟。可能的方法包括成本法、收益法、市场法三种，三种方法各有优缺点。

（1）成本法。

$$C = X - Y \tag{4.1}$$

式中，C代表成本；X代表总投资；Y代表总消费。

适用场景：第三方结构，不以交易为目的，如政务数据。

优点：容易把握和操作。

缺点：对价值的估算往往偏低，也粗糙。

（2）收益法。

$$X = K(i_1;\ i_2;\ i_3;\ \cdots;\ i_n) \tag{4.2}$$

式中，X代表总的收益；K代表系数，主要用以调节偏差；i代表各种支付价格与集合。

适用场景：适合于数据买方。

优点：能真实反映价值，易被双方接受。

缺点：预测难度大，偏主观。

（3）市场法。

$$X = Y \tag{4.3}$$

式中，X代表甲方出卖；Y代表乙方购买。

适用场景：自由交易。

优点：能反映数据源目前市场状况，易被双方接受。

缺点：对市场环境要求高、评估难度大，数据安全是障碍。

以上是对数据源价值评估的集中建议方法，还可以更深入地探讨，通过建立更好的数学模型实现数据的流通。

对于数据生产者角色价值怎么来评估？这显然成了一个大问题，目前数据不能共享的基本原因主要缘于此。

对于数据拥有者会结合自身情况，在机构内部制定相应的数据源管理办法，可是当数据面临共享、交易、交换等流通情形时，数据流通的主管部门所需承担的数据管理工作、数据提供者和消费者所涉及的管理工作费用问题又来了，谁来出？

所以，数据生产者目前处在更加尴尬的局面：数据生产者不一定是数据拥有者；数据拥有者不是数据源（生产者）“数权”者，往往需要巨大投资来管理数据生产者生产的数据，但又不能出售数据。

数据管理者主要指开展数据共享、交易、交换等流通的数据管理企业或个人。在数据外部价值的一系列活动中，他们既不是数据生产者，也不是数据主权拥有者，只是一个管理者。

由此可见，数据管理是指数据生产者或拥有者通过数据的采集、分析，把原始数据源或衍生数据源中符合共享、交易、交换的部分，以合规、安全的形式做成应用商品，使得数据具有流通属性，能方便地供数据源消费者使用。

目前看来，拥有海量数据是企业开展数据运营的前提条件，在数据流通环境下，数据源运营流通职能的服务对象包括了数据源提供者、数据源管理者、数据源消费者等角色。

数据管理的关键活动包括：

（1）定义数据源与制定运营流通监控指标；

（2）设计数据源运营流通管理方案；

（3）制定数据源运营流通管理办法和实施流程要求；

（4）监控与监督数据源运营指标落实；

（5）监督落实数据源流通等合规性与管理要求；

（6）分析数据源运营流通指标，评价运营效果并改进。

因此，需尽快确权，建立数据法，让数据活起来，数据流动后价值会更大。

谁的价值大，谁的价值小，很难定论。这里只将问题提出，未来就看数据确权怎么做。

4.2.3 数据确权研究

数据源不断增长，可以无限地循环使用，但是，数据权属的不明确让数据的生产者、拥有者、管理者和使用者都很犯难。生产者不敢参与数据交易；拥有者的数据不一定属于自己；数据使用者不敢大力推进大数据创新应用。与土地确权类似，数据权属的不明确会严重阻碍数据的流通。

1）数据确权概念

数据确权是指给数据确定归属权限即确定数据的合法归属，明确各角色对数据的拥有权、使用权、处置权等，以保证数据合法合规流通，数据价值合法合规体现，数据合法合规合理管理和商业流转。

一般来讲，大凡数据生产者同时应该拥有数据的使用权和处置权，包括对外共享的权力，但目前随着大数据产业链日益丰富，许多数据环节产生了专业的数据生产主体、存储主体、管理主体、应用主体，数据的权力不仅仅限于所有权，所以变得更加丰富和复杂。

需要注意的是，这里的数据确权不同于“区块链”技术中的确权。我们可以定义这里的确权属于“大确权”，区块链技术的确权是“小确权”，但是，可以借鉴区块链技术中的确权方法。

2）数据确权方法

根据对数据的本质体系和价值体系的考虑，数据确权还是要从数据源做起，这是一个比较好的方法。

关于几种数据源权属的情形有以下法则可供参考。

第一法则：立法。

数据立法是一个迫在眉睫的重要问题。目前我们国家还没有《数据法》，如果《数据法》建立了，数据问题就可以在大的范围内基本解决了。我们盼望这一天快点到来。

可喜的是，我国《最高人民法院关于修改<关于民事诉讼证据的若干规定>的决定》自2020年5月1日起施行，以下5类电子数据都可以作为证据：①网页、博客、微博客等网络平台发布的信息；②手机短信、电子邮件、即时通信、通信群组等网络应用服务的通信信息；③用户注册、身份认证、电子交易记录、通信记录、登录日志等信息；④文档、图片、音频、视频、数字证书、计算机程序等电子文件；⑤其他以数字化形式存储、处理、传输的能够证明案件事实的信息。

第二法则：在没有立法之前可以借鉴一些通则。

（1）数据源的拥有者，即数据原位单位或个人优先法则。这是什么概念？是指数据源单位或个人取得国家登记的优先权，无论它是否生产和拥有，数据权属于数据源登记者所有。

如果既是数据源单位，又具有投资生产能力且生产了数据，还具有数据管理能力，那么它就是数据的主权者。

（2）数据的生产者，但不是数据源者法则，主要是指数据生产的投资者，在数据源归属单位权限下授权投资生产了数据，这个数据应该归属于数据源和数据生产者双方共有。

例如，单位B利用专业设备在单位A授权下负责为单位A生产数据，单位B不存储数据，数据直接传输至单位A的存储中心。这种情况下，单位A是数据源的实际拥有者，但单位B在单位A授权下拥有数据使用权。

（3）数据的拥有者，又是数据的使用者，但没有数据处置权的数据源机构法则。

例如，单位A接受单位B的委托，利用自身技术，对单位B的数据进行复制、存储、分析、应用，并向单位B提交数据成果。这种情况下，单位A拥有数据源，并得到了单位B的合法授权，对数据源拥有使用权。但是，单位A无权对这部分数据源进行额外的处置，如与第三方单位共享、交易、交换数据源，等等。数据确权是一个极其复杂的系统工程，需要以国家法律和政府部门规定作为依据，结合数据源规律和市场规律来确定。

目前，数据确权和数据源确权方法研究还处在起步阶段，研究者主要在法律法规的角度上进行数据确权的研究，最新的研究还把区块链技术用于数据确权，会有比较好的帮助。

3）典型数据源与数据生产单位

为了进一步帮助数据确权，下面介绍几个典型的数据源数据。

（1）通信与电商平台领域数据源。

通信行业是一个巨大的数据源。首先运营商拥有的数据涉及范围广，不仅涉及财务收入、业务信息等结构化数据，也会涉及图片、文本、音频等非结构化数据。此外，运营商作为数据源涵盖全业务、全用户和全渠道数据。同时运营商拥有的数据记录周期长，数据延续性好，覆盖用户从入网到离网前的连续时间，非常完整。

通信行业与电商平台数据源，涉及企业、个人的经济水平、征信、定位、安全等各方面数据，可用于许多领域和众多业务场景分析、挖掘，除了作为独立数据使用可产生价值以外，与其他各行业领域的融合，更可产生增值效应。

但是，对于通信数据的确权要慎重，它牵扯到千家万户和数亿单一的个体，谁是数据的真正所有者，还不一定。

（2）卫生健康领域数据源。

随着我国城镇化进程加快及人口老龄化的加速，民众健康意识不断增强，人民群众对医疗健康的需求也越来越高。日益增长的医疗健康需求和我国原有分级诊疗、以药养医的体制矛盾日益激烈，以大数据应用为突破口的医疗卫生信息化升级，为解决上述问题带来了希望，如大数据时代电子病历的应用，医院电子病历管理系统所产生和保存的病案数据是卫生健康数据的重要来源。

以卫生健康数据源为核心，利用大数据客观、完整、连续地记录患者的诊疗经过、病情变化、治疗效果等，在医院医疗、教学、科研领域的丰富最佳治疗途径、提高诊疗水平、防控流行病疫情等方面具有重大意义。同时，卫生健康和每一位公民息息相关，卫生健康数据源的作用和重要性毋庸置疑。

但是，每一个医疗病患者是数据源，医院只是数据的生产者、拥有者、管理者和有权限的使用者，而数据确权时数据归属谁却不一定。在2020年出现新冠肺炎（COVID-19）疫情后，一种新的医疗健康服务方式诞生——远程治疗，这使得数据更加被平台所拥有，患者的数据全部掌握在手，数据源纠纷就会出现。

（3）气象领域数据源。

气象领域历来采用大数据的统计分析来开展业务和研究，气象部门作为数据密集型部门，已积累成海量的数据源。气象数据源除了可满足气象部门职能工作如观测、预报以外，其服务的功能已经延伸到决策、公共和各个行业领域，与个人、企业、社会团体的经济、生产、安全等各方面的结合会产生巨大效益。因此，气象数据源也是一个非常重要的数据源。

气象数据的作用还在延伸，气象数据同社会各个行业、领域结合，实时进行大数据分析与挖掘，其经济效益不可估量。但是，气象数据源与数据归属也是一个问题，很多数据来自卫星、遥感等，气象部门是由国家授权汇聚与管理的，而当数据确权时数据归属谁，还有争议。

（4）工业制造领域数据源。

伴随着“中国制造 2025”国家战略的实施，大数据已成为制造业生产力、竞争力、创新能力提升的关键，是驱动制造过程、产品、模式、管理及服务标准化、智能化的重要基础，体现在产品全生命周期中的各个阶段。

通过传感器技术、人工智能技术、物联网技术，实时获取工业制造生产过程中的数据，并不断积累，最终形成工业制造数据源。通过这类数据的应用，可以实现设备的预测性维修、优化工艺设计模型、提高生产效率、降低生产成本，最终实现智能制造模式。作为“中国制造 2025”国家战略的重要基础，工业制造领域数据源非常重要。

工业数据源相对简单一点，但也存在数据流通过程的归属和利润增值问题。

（5）能源（电煤油气等）与矿产资源数据源。

这是非常特殊的一种工业企业，他们的主营业务是勘探、开发、生产、冶炼、化工、制造等。他们主要依靠数据发现矿产资源，没有数据就没有资源发现。

这些行业、企业主要利用各种装备和设备实施数据采集，而这类数据在很久以前叫“海量数据”，就是今天的大数据。这些数据专业性强，数据量大，计算量巨大，跨专业分享数据的机会并不多，但在行业内跨专业、跨部门的数据融合十分重要。

这类数据确权可能要比其他领域数据确权容易一点，如按照矿权登记和投资生产来确权，但其专业性、保密性又使这类数据流转增值比较困难。

除了上述几个典型或重点领域的数据源之外，还有一些典型和重要领域的数据源，包括农业领域数据源、教育领域数据源、科学研究领域数据源、交通领域数据源、电子商务领域数据源、金融领域数据源等。它们也存在着数据生产、数据确权等重大问题的困扰。

4.3 数据治理

数据治理是数据建设的一个重要组成部分，也是数据建设中的一项重要工作。很多人认为，数据治理是一个迎合性的炒作，更多的人认为其是数据使用过程中的数据整理，这些都是对数据治理理解不够，对数据建设完整性认识不够的表现。

4.3.1 数据治理概念

数据治理概念源自中国。2012 年有位中国学者在一次国际会议上提出数据治理概念。

2014年桑尼尔·索雷斯撰写的《大数据治理》系统地阐述了大数据治理，分析了五大类大数据的治理，考察了大数据治理在典型行业的实践，并深入浅出地介绍了当今主流的大数据技术与平台。

其实，我们发现数据鸿沟并提出数据建设理念的时间也不晚，大约是在2010年。2015年，长安大学数字油田研究所携同数源公司，发布了数据治理工具“数据专家(Datist)”，是一款“零编程、节点操作、流程化、可视化、一键完成”的数据治理技术应用软件。

2018年3月，中国银行保险监督管理委员会发布了《银行业金融机构数据治理指引(征求意见稿)》提出：①数据资源资产化；②数据确权与合规；③价值创造与人才培养等问题。

实际上，数据治理是因数据应用不畅，给数据建设提出的一个重要的课题。

1）数据治理定义

对于数据治理有很多说法，也有很多人对照国家治理、全球治理等给出定义，但我认为这些都不合适，数据就是数据，不要关联得太远。对数据治理给出一个简单的说法，即数据治理是指在数据完整性建设中，因数据混乱而实施数据整治与标准化、最优化管理的一种方法。

基于以上的定义，我们对其给出一个基本分析，大体有以下三点：

第一，数据治理就是数据治理，与其他无关。因为数据生产过程、数据管理过程和数据自身的复杂性，数据没有得到很好地处置，导致数据建设过程中脱离或背离了数据的基本原理和规律，出现了数据的一些乱象。

第二，数据治理是数据建设中的一项基本活动，其工作量巨大，劳动过程十分艰苦，一般人都不愿意去做。往往看起来是一种简单数据梳理工作，但却是非常需要投入智慧的复杂智力劳动，很费精力。并且，有时可能还会吃力不讨好，费了很大的力气，数据不但没有做好，反而更“乱”了。

第三，数据治理的表面是为了让数据更好用，就是通过治理后将比较凌乱的数据理顺，重新规划，让数据应用时达到快捷和顺畅，但是，数据治理的本质是还原数据本来的面目，实现数据的完整性建设。特别是在实施大数据分析时，要完成数据的关联，因此，快速供给各类关联数据必须通过数据治理得以保障。

数据是按照数据的基本原理生产、运行、管理和使用的，然后产生信息价值。但是，由于在数据生产过程中的条件或环境比较复杂，有些又是急于先用，更多的是因为IT时代数据方式的局限性，所以数据脱离了数据基础问题规定的数据本真。现在实施数据治理，就是要想办法还原数据的本来面目。

不管怎么理解与认识，在大数据时代，数据必须被治理才能满足大数据的应用需求。数据治理势在必行，而且这将是一项长期必须坚持做的事，即数据治理常态化。

2）数据治理内容

数据治理是“三治”，即“治乱”“治本”“治权”。

(1)“治乱”。对于这一点大家不会有什么不同意见。在数据建设过程中，标准不统一、不同时期、不同商家、不同技术、不同数据类型、不同数据库等原因导致数据出现各种乱象，数据不好用，不能用。所以，只有通过数据治理，才能让数据好用，能用。

（2）“治本”。数据治本就是要还原数据的本来面目。这是过去没有人提出过的一个问题，我们现在就需要正式地提出来。数据是个科学，我们确实需要把数据研究好，让数据恢复数据的科学性。

（3）“治权”。数据治权就是数据确权问题。数据确权在现在刚刚提出，但是，乱象已生，具有各种不确定性、各种要求和利益关系，这是绝对不允许的。所以，应该在确权正式实施前就要“治乱”，编制统一标准，建立法制体系，给很多问题以明确的规定性，大家共同遵守。

3）数据治理责任与主体

数据治理是全社会的大事，不是一个部门或一些研究机构的事，要动员全社会力量来做。否则，在未来等到数据到了不可治理的时候就晚了。

数据治理责任，简单地说包括“治乱”“治本”“治权”的责任。

“治乱”不仅是数据生产者、数据拥有者的责任，更是企业要做的一件大事。原则上谁拥有谁治理，而不是数据使用者的事。但是，在数据治理之前需要对数据做科学研究，同时，要给数据治理投资，列支相应的费用，不然数据治理无法进行。

“治本”是数据科学家的事，就是要对数据做好科学研究，给数据正名，给数据还原，建立科学体系，揭示数据的内在本质，让数据按照数据自身的规律运行、演化与发展。

“治权”是政府的事，如果政府不能主导做这件事，数据确权永远都做不成，也根本做不下去。首先就是要建立法律制度和治理体系，其次是企业、部门或个人齐动员。

4.3.2　数据治理方法

1）数据的“大蒜原理”

现代数据就像一头大蒜，有人说这是我的“大蒜理论”。但是，数据现状确实和大蒜非常相似，如图4.5所示。

图4.5中可以看出，“大蒜”外一层一层的外皮，可以理解为国际政治、经济科技关系等，每一个层代表一个大环境；中心柱子表示数据工业与产业革命或者工农业生产实体（数据主体），图4.5中以工业软件（平台）为代表；而中间围着“柱子”的“蒜瓣”，就是各个行业、领域和部门，也代表着各个行业、领域和部门所拥有的数据或数据体；在这些数据或数据体外面又包裹着一层“衣服”，我们的数据症结就出在这里。每个“蒜瓣”外都裹着一层非常坚实的“外衣”，这个外衣就成数据流转与共享的障碍，也构成了数据最深的“鸿沟”。

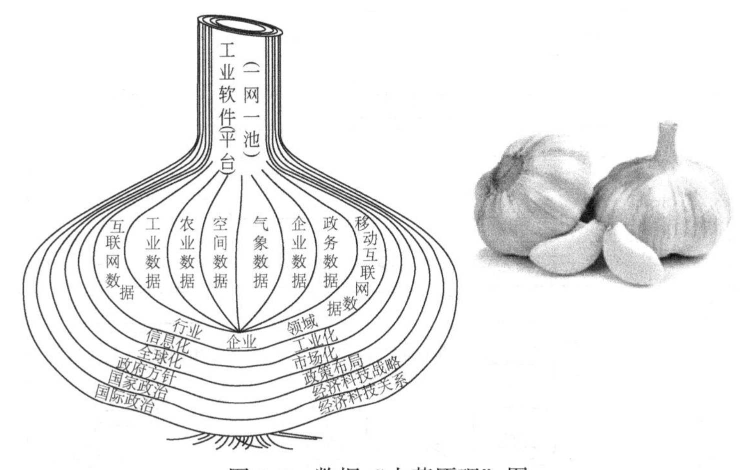

图4.5　数据“大蒜原理”图

数据治理就是要脱掉“蒜瓣”上这层“外衣”。谁来脱，怎么脱，成了现在最大的难题。

2）数据治理的基本方法

专业数据必须“治沟”，即治理数据的“鸿沟”。数据“鸿沟”越来越深，“碎片化”也越来越严重，如图4.6所示。

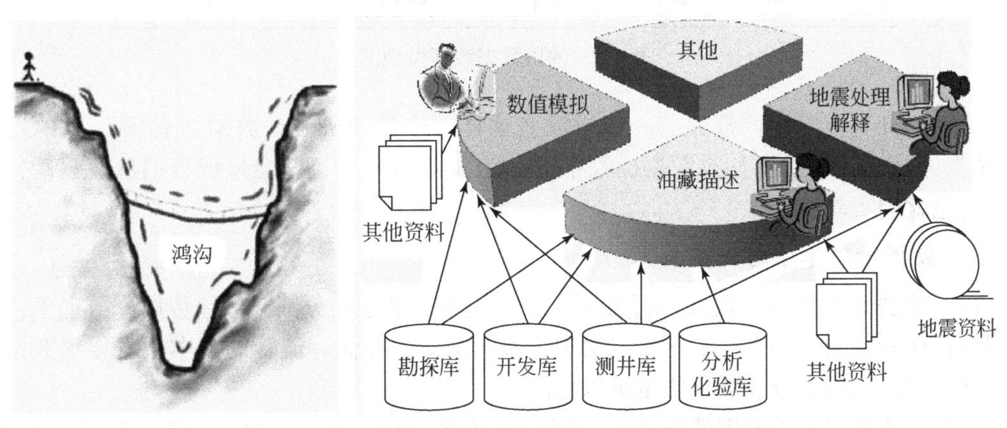

图4.6　油田数据“鸿沟”与数据“碎片化”示意图

多技术、多方法、多部门、多期次、多厂商、多系统、多标准等常年积累，就构成了“蒜瓣”。

这类数据现象普遍存在，治理的办法就是全面梳理，通过建立统一的标准，对数据进行一次全面性的“洗澡”，实施数据大清理、大整顿，然后将数据回归。以油田数据治理为例，数据治理模型如图4.7所示。

对于如何才能脱掉数据“蒜瓣”的外衣，主要依靠国家和政府来做，就是对数据确权认定后，建立数据价格机制。在什么条件下数据应该值多少钱，即使在目前还不够合理，

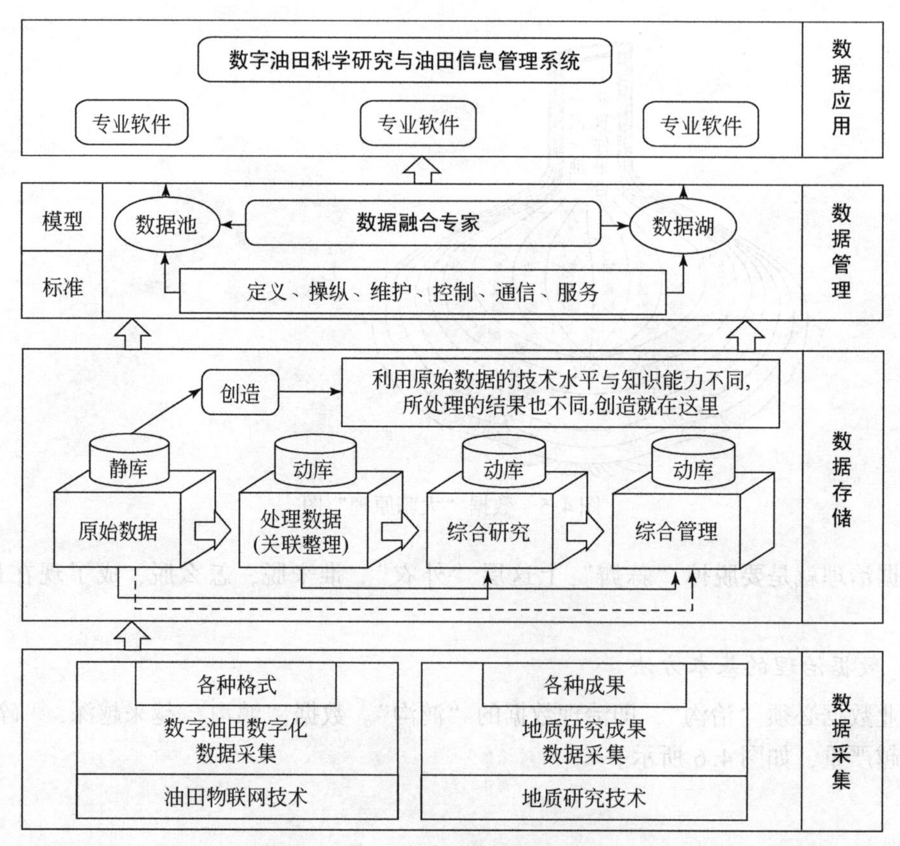

图4.7　油田数据治理模型图

但需有一个开头，慢慢调整完善。如果没有这样一个价格机制，数据“蒜瓣”上的这层“外衣”永远都脱不掉。如果数据确权中的“治权”做好了，就会形成数据价值驱动，很多问题也就迎刃而解了。

3）数据治理体系与关键技术

（1）数据治理体系。现在各行各业、各个业务都是条块分割，导致数据分散现象，或多或少存在着数据多头生产。这不但增加了数据采集、存储、流转的成本，也导致数据责任主体不明，数据安全、数据质量难以保障。

为此，要进行数据治理就要建立数据治理体系。有人从数据之“道”、数据之“术”到数据之“法”都论述了，“道”就是理论原理；“术”就是技术方法；“法”就是管理制度及法律等。

这是一个完整的系统，但是，依靠一个人、一个部门做不到，必须整个国家、政府、企业都来重视去做，应明确源数据管理的唯一主体，保障数据完整性、准确性和一致性，减少重复生产造成的资源浪费和数据冗余。同时，建立数据规范共享机制，提升数据利用效率和应用水平，实现数据多向赋能。

这里不再具体论述。但是，数据治理中的技术与方法确实很重要。

（2）数据治理的关键技术。数据治理技术有很多，主要是利用数据技术解决数据中的主要问题，这些问题包括数据标准、数据安全、元数据、主数据、数据模型、数据质量、数据服务等方面。从数据管理上来说，人们的注意力大多集中在数据库中，如数据模型问题。

数据治理中的关键技术包括：

①数据提取技术。数据治理中的关键是面对各种数据格式怎么做到快速地提取，完成对数据表的生成。数据格式千变万化，虽有很多工具，但没有一个能应对所有格式的技术，我们自主研发的数据专家（Datist）数据治理技术，采用“零编程、节点操作、流程化、可视化、一键完成”方式，可解决大多数格式的数据提取问题，如图4.8所示。

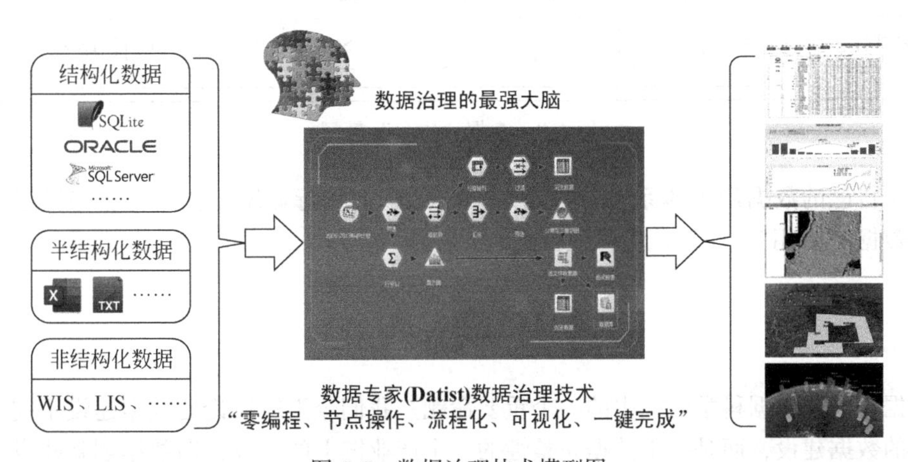

图4.8　数据治理技术模型图

这一技术可以大大提高数据治理的效率，是一个不可多得的好技术。

②云数据、云服务技术。我认为进行数据治理，关键是实现云数据、云服务。将数据、业务关联后，要解决一类或一个专业问题，将与其相关联的数据集联放在数据池或数据湖中，构成一个一个“块”，形成“去中心化”的数据“区块链”，然后建立起云数据服务机制，主动推送服务，就像天气预报一样，实时地给数据使用者提供数据服务。

③“全数据、全信息、全智慧”的大数据方法论与人工智能技巧技术。这也是数据治理中一个很重要的技术，由于在其他章节中已有论述，这里不再赘述。

（3）数据治理方法。目前大家都在提“下沉”问题，就是数据“中台”，如图4.9所示。

所谓数据“中台”，是指有效连接数据孤岛，构建企业全域流量池，无须编程即可让数据流动起来，为企业提供数据采集、智能分析、高效运营、效果追踪的一体化客户运营解决方案，帮助企业通过数据驱动业务增长。

“数据湖”（数据池）也是一个很好的办法。其主要存储未经处理的原始数据，即原汁原味的数据快速供给。

数据治理的方法还需要进一步研究，不过“云数据、云服务”是一种比较好的方式。

总之，数据治理在数据建设中是一项重大的工程，具体的技术、方法都可以探索，形

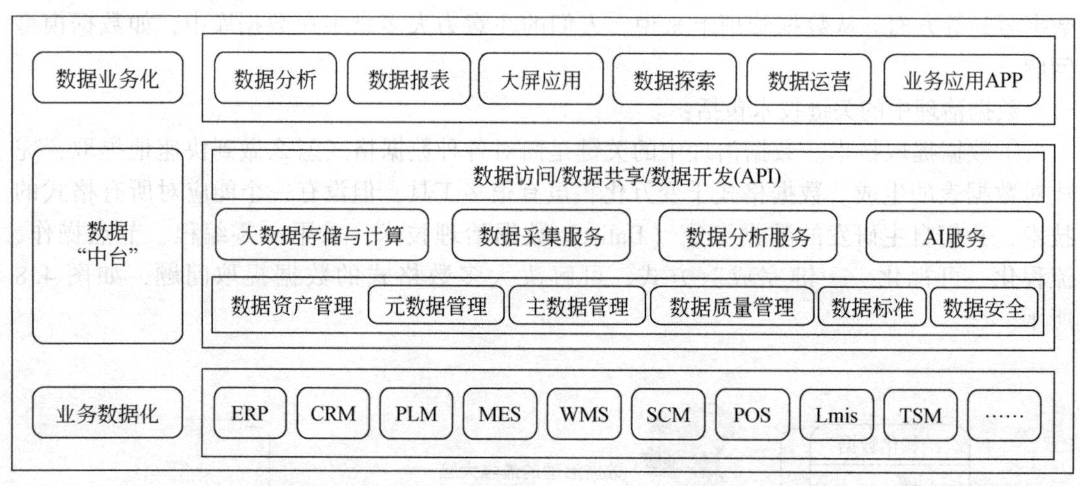

图 4.9 数据“中台”模型

成适合于自己的数据治理体系，不一定非要全国统一，行业统一，只要能够做好数据服务，让数据“好用”，快速产生价值就行。

4.4 结 论

数据建设是数据科学研究中的一个重要命题。我们今天所讨论的数据建设不同于平常人们说的数据建设，而是关于数据完整性的、全产业链上的建设，即数据创新建设方法与技术。

(1) 数据源。数据建设原理是在对数据本身认识与数据本质理解的基础上研究和完成的，是在按照数据基本概念、原理、基础问题条件下，完成数据“采、传、存、管、用”全产业链的建设。在每一个值的背后都是由技术、方法、业务做支持的。但对数据源的研究与确认是数据建设的一个重要问题。

(2) 数据确权。数据建设需要解决的问题有很多，其中数据源、数据确权等问题是关键。数据生产者、数据使用消费者托起了数据“从哪来，到哪去”的完整过程。但是，在当前情况下数据生产、数据拥有、数据共享都是一个很大的问题，我们提出来研究，只是抛砖引玉。

(3) 数据治理。数据治理是数据建设中的另一个重要命题，我们之前积累的数据太多，构成的“鸿沟”太深，如果不实施数据治理，对于原有的数据无法使用，后面的数据难以继承，将会损失更大。当前最重要的就是牢记数据的完整性建设使命与进行数据治理体系的建立。

总体来说，数据建设是永远的主题，一刻也不可以放松。

第5章　数据科学问题及理论体系

我们在探讨了数据理论、原理与基础问题，以及数据创新建设之后，现在需要探讨一下数据科学问题，这一章重点讨论数据科学问题及理论体系。

5.1　数据科学问题

5.1.1　数据科学概念

关于数据科学，近年来出版的专著与发表的论文有很多，大家都在探讨。我查阅了能够找到的所有专著、论文和各种报告，大都比较相似，并没有给出真正的数据科学定义，都是将数据过程中的技术、工具、算法作为数据科学的代表来论述的。

其实，数据科学就是数据的科学，是研究数据的科学。经过梳理，我认为数据科学应该具备以下几个重要的普遍特征：

第一，科学特征。数据科学是关于数据的科学。首先，它要具有科学性，即数据应具有科学研究价值，这是一个非常重要的特征。根据我们研究，数据如同宇宙、地球、暗物质、量子一样，必须要探究才能知道其奥妙的。其次，数据科学是科学领域中的一个重要分支。一般科学包括自然科学和社会科学等六大类，但现在除了以上六类科学外，还应该有数据科学。

第二，科学体系特征。科学就是分科而学，是将各种知识通过细化分类（如数学、物理、化学、经济等）研究，形成逐渐完整的知识体系。同时，科学也是关于探索自然规律的学问，是人类探索研究感悟宇宙万物变化规律的知识体系的总称。

数据科学也是一样的，需要建立数据科学的分科、分类的知识体系，包括数字、数据和信息等科别，它们共同构成数据科学的知识体系。

第三，科学人特征。自然科学与社会科学是一个建立在可检验和能够解释的基础上的科学，是对客观事物的形式、组织等进行预测的、有序的、知识的系统，科学的专业从业者习惯上被称为科学家，也包括实验科学家。

我们将数据科学人分为两类，一类是从事数据科学研究的人；另一类是从事数据科学实践的人，这二者合为数据科学家群体。

在现实社会与世界中，我们拥有大量的各类科学家，只有由科学家领衔研究，才能使自然科学、社会科学研究走向深入，进而推动社会向前发展。数据科学同样需要一大批数据科学家来领衔，对数据问题深入研究，才能推动数据科学的发展。

第四，科学实践。科学研究过程是一个重要的实践过程，甚至很多研究要经过几十次、上百次实验，反复测试、分析、验证，还有些要在野外实际调研、采集样本、反复测试才能获得第一手资料和数据，再反复研究才能成功。例如，美国哈佛大学就做了这样一个漫长的研究：纵观一个人的人生，到底是什么让他保持健康和快乐？这就是长达 75 年的“格兰特研究”。他们以两组人员为对象：第一组是当年哈佛大学本科生中的 268 名男性高才生；第二组是波士顿贫民区 456 名家庭贫困的小男孩。研究人员跟踪记录了这 724 位男性，从少年到老年的人生。多年来，研究员询问和记载他们的工作、生活和健康状况，最终将他们的一生转化为一个答案：亲密关系决定人的生死、健康和幸福。这个研究过程就是一种“接力棒”式的实践过程。

数据科学也一样，数据科学的检验是用数据转化成信息，包括数据的采集、生产、集成、实验和应用等，是很长一个链，这些数据科学工作者属于数据应用与实践的科学家。所以，数据科学研究绝不是坐在办公室或者拍拍脑袋就可以完成的科学。

根据以上数据科学的几个重要特征的论述，我们给数据科学下一个定义：

数据科学是指关于数据的自然、社会、科技、思维的知识体系，以及研究与数据相关联问题的科学。它具有明显的科学基本特征，属于科学门类整体中的一个重要组成部分。

这个定义重点包含三层意思：

第一，数据科学是关于研究数据的科学。数据科学就是数据的科学，不是别的科学，它的任务就是研究数据，从内涵到外延构成一个知识体系。

第二，数据科学是研究数据和与数据关联的所有问题的科学。这些关联包括数字、数据、信息，以及数字化、信息化、智能化、数字采集技术、信息作用与价值等相关联的科学、技术、方法研究。

第三，数据科学不是小小的技术问题，而是一个大部类科学。它应该成为同自然科学、社会科学等齐名的科学部类或一个科学门类。

这是一个非常重要的思想和议题，我认为数据科学不单单是一个数据问题，而应该成为一种大的科学领域或门类。

根据以上分析，数据科学主要有两个特点：一个是研究数据的科学与数据科学研究的科学；另一个是为自然科学与社会科学等作引领与支持的科学。

以上是我们对数据科学基本概念的初步认识与探讨。

5.1.2　为数据科学“正名”

为数据科学“正名”，并不是说数据科学现在“名不正言不顺”，而是“名虽正”但部分内容不符。

数据科学是一门新兴学科，更是一个新兴的科学，它是从探索数据科学角度研究自然、社会问题与发展规律的一门科学。它不同于自然科学和其他科学，主要在于所有科学研究都需要数据科学作支撑。例如，自然科学是研究自然界物质的各种类型、状态、属性及运动形式科学，但在研究物质的这些科学问题时，需要数据科学的引领与支持。

现在有很多著书与论文，站在各个角度来探索数据科学，这都是允许的，可以百花齐放。但是，长期这样下去，可能将数据科学引导、误导到别的道路上。

下面我引出几种观点供大家鉴别。

（1）数据科学（data science）是一门交叉学科，是一门分析和挖掘数据并从中提取规律和利用数据学习知识的科学，包括统计学、机器学习、数据可视化、高性能计算等。

这一观点显然将数据科学定位在数据挖掘工具与方法上，更重要的是其开宗明义地定义数据科学为交叉学科，而不是定位在数据科学本身，这是一种概念错误。

我认为现在从事所谓数据科学研究的有两类人：一类是计算机圈子里的人，主要关注处理海量数据的能力、速度和算法；另一类是在统计圈子里的人，更多地关注模型本身的精度和可行解。

所以，站在哪一个立场上就要强调哪个专业领域的重要性，角度不同看法就不同，立场、观点也就不同。

（2）数据科学（data science）是一门新兴的学科，它具有两个重要因素，即数据的广泛性、多样性，以及数据共性。它主要包含两个方面：用数据的方法来研究科学和用科学的方法来研究数据。前者包括了生物信息学、天体信息学、数字地球学等领域，后者包括统计学、机器学习、数据挖掘、数据库等领域。

这种观点，把数据科学定位在方法论上，其实非常接近数据科学的本身。可惜在解释中又偏离了数据科学本身，强调了数据工具技术的研究。

值得注意和肯定的是，这一类观点有一个“用数据的方法来研究科学和用科学的方法来研究数据。”命题非常好，数据科学正是研究数据的科学，同时也要用数据的方法研究科学，可惜其对数据、信息概念的混乱，不可能具有正确的数据科学思想，也就不可能把数据科学带入正确的道路上。

（3）数据科学（data science）是探索网络空间各种数据奥秘的理论、方法和技术，与自然科学和社会科学有所不同，数据科学的研究对象是网络空间数据。数据科学主要有两个内涵：一个是对数据本身的研究，包括数据的各种类型、状态、属性及其变化形式和规律；另一个是为自然科学和社会科学研究提供一种新的思维方式及方法，可以称为科学研究的数据方法（第四范式）。

这是第三种观点，虽然在注解时非常接近数据科学本身，可惜的是，在概述上把数据科学定位在网络空间数据上，具有很大的局限性。

这一个观点提出了第四范式，是一种计算机数据库术语，即关系数据库中关系模式规范化的思想，是消除数据依赖中不合适的部分，是“一事一地”模式的设计原则。

显然，这样的数据科学角度站位太低。数据科学确实需要一种新的思维方式，然而，很可惜的是此观点将数据定位在“网络空间数据”与“第四范式”的计算机类数据上，不是所有数据，从而不是数据科学，或者说只能算是数据科学中的一个侧面。

以上几个观点非常具有代表性，大凡拿到一本有关数据科学的书籍，只要打开书本，就能或多或少地看到它们其中的一些影子，要么就是满篇的数据挖掘、统计分析、各种算法、模型工具介绍；要么就是各种计算机软件、数据工具、信息分析等的技术介绍。

为此，我呼吁一定要给数据科学正本清源，数据科学就是研究数据的科学，我们要共同为数据科学搭建一个具有科学地位的门类。

5.1.3 数据科学研究内容

数据科学是一门独立的科学，它之所以能够成立，必须具有丰富的内容，构成深厚的内涵；必须具有广泛的关联，构成有机的外延。

数据科学研究内容，从自身研究上来看，主要是研究数据科学的理论、原理、方法以及数据科学的规律和数据科学问题等。但是，从数据科学的科学重任来看，数据科学研究同整个社会、自然、科学、技术是相互关联的研究，研究范围和任务十分广泛。

1）数据科学自身研究的基本内容

我认为数据科学问题有很多，如数据的最小微粒问题，数据的 DNA 问题，数据的规律、定律和基础问题，等等。有些我们在相关章节中已进行过探讨，有些我们现在还没有办法探讨，如数据的 DNA 和边界，数据纠缠问题，数据与信息界定问题等。

但是，在这里我想集中讨论一下数据科学中几个与数据有关联关系的问题，包括数据与物质、事物，数据与信息，数据与数字的关联关系问题，在这里简称“数物”“数息”和“数数”关系。

（1）数据科学中的“数物”关系。

“数物”关系是指数据与物质的关联。这是数据科学的第一个重要问题。虽然我们在数据研究中做了很多的阐述，然而，数据与物质的关系就是数据科学的根本问题，自然也就是数据科学研究的重要内容之一。

如果数据科学不能将数据、物质问题列入科学研究范围，数据科学就会偏离轨道，没有根基。

数据科学在研究“数物”关系中会自然地将数据的物质研究清楚，如关于物质的范畴，在数据物质中包括物质本身、事物、事件和一切业务运行过程及工程等，即大凡能生产数据的一切数据“源体”都被认为是物质。这是数据科学研究的重要内容之一，数据、物质谁为谁之母，也就是要研究清楚数据的“源体”，而且必须搞清楚。

数据的“源体”在这里不仅仅指物质、事物，而是要扩展到一切可能成为数字化的事件、生产运行过程中。这样数据的物质意义就扩展了很大范围，数据科学研究的内容与任务就大大不一样了。

由此认为，研究数据的科学问题不仅仅是研究数据，更重要的是研究数据之源，数据之本，研究数据与物质的数物关系，这是数据与数据科学的科学研究内容与任务之一，也是数据科学最大的科学问题之一。

（2）数据科学中的“数息”关系。

“数息”关系是指数据与信息的关系。这是数据科学中最重要的科学问题之一，如果不能将数据与信息的关联关系说清楚、弄明白，数据就不会成为科学。

从计算机的出现算起，70 多年来，数据一直依附在信息上，依靠信息的标签存在着，而实际上，信息根本就是数据的生成品，然而信息成为光鲜亮丽的“公主”，数据却成了一个奴役般的“灰姑娘”，完全本末倒置了。

数据与信息就是一个“纠缠”态。长期以来，人们对数据与信息不严格区分，数据与信息“纠缠”不清，将数据叫信息，将信息叫数据。例如，我们经常听到这样说，“你给我发一个信息过来”，其实，按照数据定律对方所发的是数据，接收方接收的也是数据，只有接收方阅读了数据后做出的理解和解读才是信息。所以，数据和信息是两种不同的“物质类”，不能混为一谈。

如果对数据与信息的科学问题做一个比喻，数据好比是“蛹”，信息好比是“蝶”，他们是“化蛹成蝶”的过程。数据相当于“凤凰涅槃”，数据把自己放在炉火中燃烧，百炼成钢或炼出一个“金丹”来，就是最有价值的信息。信息与知识、经验、教训共同成为智慧，可辅助做出正确的决策。

“数息”的数据科学研究内容主要有两个，其中一个是数据“纠缠”。数据“纠缠”就是量子力学中的“薛定谔的猫”，这是一个数据问题，不是信息问题。数据怎么样才会出现“影子数据块”，这个在目前都是量子力学研究的重要问题。我建议量子力学研究的科学家一定要换一个思维，将研究信息“纠缠”改为数据“纠缠”研究，就一定会出现“拨开迷雾见晴天”的破局，所以，“纠缠”研究是数据科学的重要的研究内容与任务之一。

“数息”研究的另一个研究内容与任务就是数据演化与“信息后”问题。什么是“信息后”问题？即因为存在信息“纠缠”而出现的“选择性”问题。这个信息“纠缠”不是“薛定谔的猫”，而是一种独具风格的“纠缠”，由于个人倾向性会导致对获得的“讯息”偏其所好而选择性“失明”“失聪”与“放大”，没有客观公正性在信息之中，是信息与数据、业务、政治、心态、倾向性等的“纠缠”。这个相对较难，但也要大力地开展研究。

所以，“数息”关系的研究是数据科学另一个重大的、基本科学研究难题。

(3) 数据科学中数数关系问题。

“数数”关系是指数与学、数与量、量（liàng）与量（liáng）、数与据、数与数字的关系，构成了数据科学的另一个重要研究内容与任务。

数与学的关系就是数据与数学的关系。数学来源于数量，数量又来源于量测、量具。数学对数据的发展功不可没，各种数学模型基本上都是为数据而生，为数据而为。作为数据科学，应该将数据与数学问题研究好。

关于数据与数量的关系，在古代就有相关研究，如人类是先有数还是先有量，就有很长时间的争议。数与量的关系，构成了数学。在今天的数据科学应该把“数学技术”作为重要的任务来研究，“数学技术”是一个新型的科学，研究好“数学技术”，使得数据的技术更加丰富。

数与据似乎没有什么直接关系，它们二者只是组成一个词组而已。但是，应该并不那么简单，为什么偏偏就是数与据组成了数据，而不是其他？我们尤其要研究好“据”，因为其在数据的内涵上具有重要的作用与意义。

数与数字的关系是数据与数字的深层次关系。我们在数据研究中讨论过数字是基态，数据是激发态。但是，数字与数据深层次关系是数据科学研究的重要课题。

现在看来数据之所以伟大，是因为有数为据，有据为依；有数可证，有据可查。用数字说话，用数据工作，才能反映或还原真实的、令人信服的原貌或原样，才能让数据变得

“伟大”。一个科学结论如果没有实际数据作支持，论点就没有依据，就相当于是空中楼阁。法庭辩论中，如果没有数据或物（有时物件也是数据）作证，就不能证明嫌疑人犯罪或罪行有多大。凡此种种，都说明了数据的重要性。

2）数据研究的外延研究

以上的研究内容我认为属于数据科学研究的“小内容”，属于内涵内容。下面我们再来看看数据科学的“大内容”，属于外延内容。其主要包括以下几点。

（1）数据科学与社会科学研究。大家以为数据科学不是社会科学研究的范畴，数据科学就是研究好数据。这是错误的，数据从来没有离开过社会科学范畴，社会科学也从来就没有离开过数据的支持，它们的关系犹如数据与物质、事物一样具有同等重要的关系。如果社会科学没有数据，这个社会也就不可能存在或者至少不可能发展了。

社会、经济、文化、法律等都是数据生产之源，是数据的“母体”，同时，社会、经济、文化、法律又十分依赖数据，法律如果缺少数据就无法定罪。用数据科学去研究社会科学问题是为了更好地研究数据科学，这是一个必然的重要内容与任务。

（2）数据科学与科学技术研究。科学技术是数据科学研究的另一个重要内容与任务。科学离不开数据，技术也离不开数据，这是被历史和现实证明过的事实。我们这里所说的科学是指自然科学与社会科学等全部，主要用以发现新事物；技术是指所有行业、领域的专业技术与产品，主要用以发明新技术。哪一个科学研究都不能离开数据而得出科学成果，哪一项技术都不能脱离数据而在业务上使用。尤其是与数据有关的数据采集（生产）、数据传输与存储、数据应用过程，没有一项技术可以脱离数据而进行设计、标准化与安装运行。

科学一定是在数据测试、分析中不断完善；技术一定是通过数据分析、优化、质量控制才可以不断提高工艺技术。所以，数据一定不可能脱离科学技术，科学技术也一定离不开数据而成就自己。因此，数据科学必须将科学技术作为重要研究内容与任务。

（3）数据科学与数字化、信息化是数据科学研究的另一个新型课题与任务。数字化起源于“数字地球”，数据科学研究不可能避开“数字地球”，这是它的“前身”。

虽然“数字地球”提出至今已有20多年了，但它没有过时，如果认为已经过时，那就建议我们重提“数字地球”。因为“数字地球”的提出开启了数字化的新时代，出现了大数据的爆发，又因为大数据的爆发，才让我们今天的数据极其丰富，进而出现了数据科学。

信息化是数据科学的“后事”。数据会产生大量的信息，信息的不确定性给社会带来极大的不确定性，这些不确定性需要通过数据科学研究来确定，将会开辟一个更大的美好世界。

所以，数据科学必须将数据的“前身后事”研究清楚，包括数据的技术前沿、数字化的世界状态与技术体系，包括信息化的前沿技术与状态规律，都要作为重中之重的内容与任务来研究，不可视而不见。

当然，数据科学研究的内容与任务不仅仅是这些，这里只是作为重点提出，其他还有很多就不一一论述了。

由此可以看出，“小内容”的“数物”“数息”和“数数”关系研究，是数据科学研究的内涵问题；“大内容”的社会科学、科学技术与数字化、信息化是数据科学研究的外延问题，内涵和外延都十分重要，不可忽视。

5.2　数据科学理论体系

数据科学理论是关于数据科学的基本观点与看法，形成关于数据科学的指导思想，这对数据科学研究、建设、发展十分重要。

5.2.1　数据科学理论体系概念

前面我们叙述过，希望数据科学成为一门独立的科学，并同自然科学、社会科学等科学拥有同等的科学地位与序列。下面对数据科学理论体系做一点探讨和研究。

1）数据科学的门类

数据科学作为大类，我认为至少应包含这样几个学科门类：

（1）数字学。数字学是一门关于数字、数字技术、数字化研究的重要学科，不过现在还没有。这主要是人们的认识还停留在一般意义上的数字阶段，还没有上升到一定的理论高度。还有更多的人将数字划归为信息化的范畴，认为数字就是信息。

信息化现在是一个大学科，包括计算机科学、电子技术、互联网等，大凡只要遇到计算机、电子、网络等都归为信息科学大门类了，称为信息科学，如中国工程院的信息与电子工程学部等。

数字学是专门研究数字、数字技术与数字化等内容的学问。随着数字化的快速发展，国家大力倡导数字化转型，未来技术将会进一步把数字技术作为内生要素植入传统技术之中成为创新技术，数字经济、数字产业、数字化企业等大量涌现，但是如果没有一门专门的学问理论做指导，数字化就不可能形成。

数字作为数据的基础，数字学也将作为数据学的重要基础，数字学就会成为数据科学的一个重要的组成部分分支，地位十分重要。

（2）数据学。数据学是关于数据问题研究的一门学问，现在社会中出现过几种，主要是按照专业领域研究数据问题的专著，如有专门研究计算机科学中的《数据学》，也有研究石油领域的《数字油田在中国——油田数据学》，研究者主要希望能够在本专业领域的人们重视数据、学习数据、研究数据，但还没有一本是普及大众的数据学。

数据学是主要用来研究数据的学问，是指导人们从事数据建设与应用的科学。数据学应该成为数据科学大门类的核心学问与关键学科。

（3）信息学。信息学是一个专门用来研究数据信息的学问。目前我们可以看到比较多相关专著，其中最为著名的是香农发表的“通信的数学理论”。但是，这篇文章还是重点研究了通信过程中噪声问题的学问，后来人们就认为它是一个关于信息的“信息论”，其实是一个误读。

信息学在数据科学中所占的位置应该在数据学之后，因为它主要是研究数据如何转化为信息，转化后的信息具有什么样的特征与状态，人们应该如何对待信息的不确定性给社会带来更大的不确定性问题，还有信息的技术与价值等问题的研究。

当然，数据科学门类还有很多分支，如知识、智慧都与数据科学有着很大的关系，这里不再一一介绍了。

2）数据科学理论体系概念

以上是我的观点，既然数据科学要成为独立的科学大部类，至少应该有这样几个大的学科做支撑，其中数字学、数据学、信息学是最重要的学科，它们合起来就是一个数据科学的整体。

可是，如果要让数据科学成为一门独立的大科学门类，就必须建立数据科学的知识体系，构成数据科学的理论、原理体系，这是一个重要的研究课题。

现在看来，数据科学的理论体系应该包含数据科学的概念、思想、理念、研究方法与行为实践，对此我们在下面分别论述。

5.2.2 数据科学成立的可行性论证

数据科学要成为一个科学门类必须具备相应的条件，现在我们做一点探讨，其主要基于以下几点：

(1) 数据科学发挥作用以满足人类社会发展需要和人的需求为主。

人类社会的发展是以人的需要为动力的。人类最早是从人的生存需要开始，当人们解决了生存问题后，就开始要解决生活和安全的需要。例如，欧洲出现黑死病以后，就出现了大量人力与安全问题，便促使工业化、机械化大发展。据记载，从16世纪起人们为了生存与发展，开始对一些劳动工具进行改造，到17～18世纪，也就是在农耕文明之后，开始进入工业文明时代，特别是第一次工业革命因生产力的需要，出现了纺织业、蒸汽机等，随着电力的需要和出现，科学与技术更加快速发展。所以，需求和满足人类的需要是一个最大的驱动力。

19世纪后期至20世纪初，人们进入了对信息交流与身体健康的需求，于是，天文、数学、量子论、电磁学及相对论等学科开始加速发展，在技术上电子管、晶体管、计算机等相继诞生，社会进入了第二次、第三次工业革命。

当人类进入20世纪中期，在科学上出现了系统论、信息论、控制论，以及宇宙演化、气候变化、基因遗传、基本粒子等学说，互联网、数字地球，直到现在的大数据、人工智能与数据科学，这些都是为了满足人们学习、生活得更好的需要。

人们的需要或需求随着时代而变化，并不断地增强与超越，科学技术为了能够满足人类的需要而不断地发展、创造，如图5.1所示。

从图5.1中不难看出，至20世纪前人类的需求动力主要是自然科学、社会科学与技术的大发展，科学技术的中心也从欧洲移到了美国。那么，下一个中心到底在哪里？随着人类需求的不断发展，对数据的需求将更加强烈。互联网、数字地球、人工智能、数据生产、数据应用全部都是在为满足社会发展的各种需要而发现和发展的。未来谁重视数据，谁拥有数据，谁让数据发挥着作用、创造价值，谁就是世界的强者。数据科学将是21世纪最重要的科学之一。

为此，人类社会发展需要和科学技术发展都是为了满足人类社会需要，往后数据科学将会发挥更大的作用。

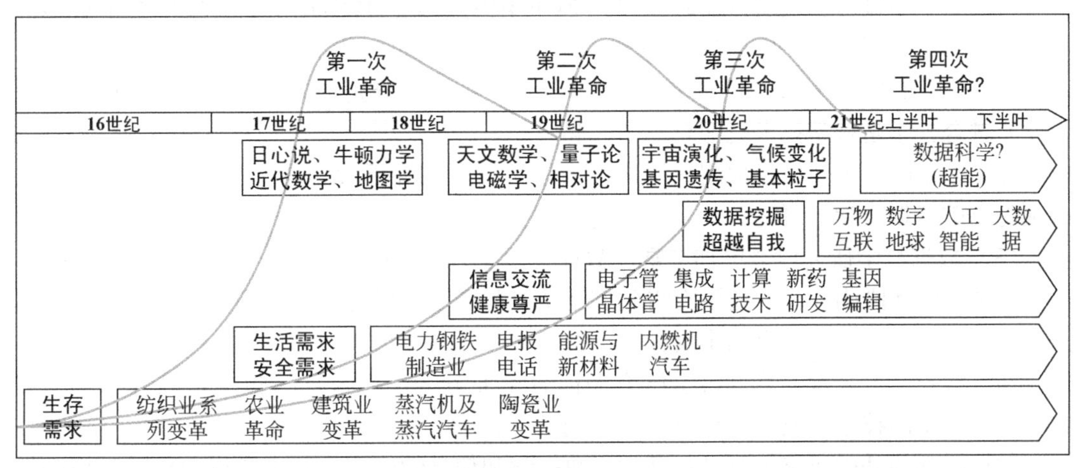

图5.1　社会发展人类需要推动力与科学技术发展图

（2）人类科学技术的进步，需要数据科学以不一样的方法予以支持。

科学技术包括自然科学与社会科学等所有的科学门类，在很早以前人们仅需要自然科学与技术的支持，到后来社会科学与其他科学的加入，使得人类社会发展得更快。

据记载，科学与技术分离了近2000年，科学与技术结合不到200年，而这200年是人类社会进步最快、科学技术发展最大的200年。在人类社会进入21世纪的今天，科学和技术大融合的趋势更加明显。现在出现的各种科学技术大奖，基本上很难分清是科学类还是技术类，出现这种局面的一个很重要的原因就是数据作为“融合剂”发生了科学和技术的反应，构成了融合，做到了有机结合，如图5.2所示。

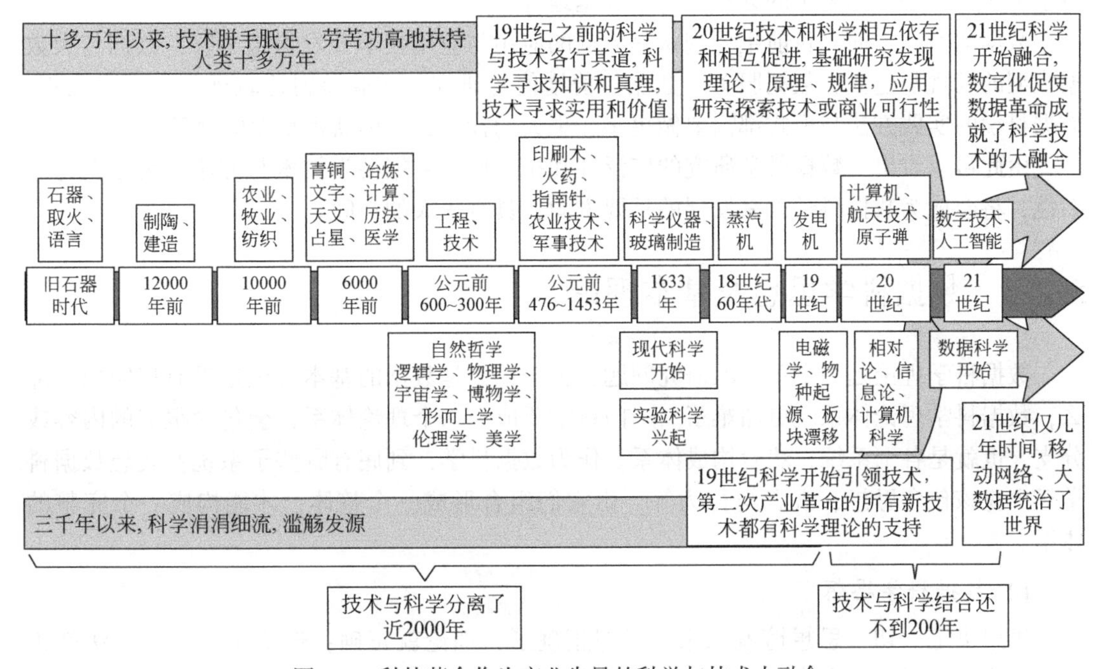

图5.2　科技革命作为产业先导的科学与技术大融合

从图 5.2 中显示，从旧石器时代起到 21 世纪的今天，科学在不断发展中有了更多的发现，技术在不断产业化中出现了进步，有了更多的发明。从 19 世纪开始，科学引领技术，就是说所有的技术都有科学理论作指导，科学技术从分离走向结合，然后开始将发现与发明融合，于是科学技术就融合到了一起。

在未来 100 年中，可以预测数据将会为科学技术发挥更大的作用，科学技术的突破，必须先突破数据科学的研究。

(3) 数据科学研究内涵更加丰富，数据科学发展外延更加广泛。

数据科学才刚刚起步，还没有得到广泛认可与确立。但是，我们完全可以肯定地告诉大家，数据科学的内涵会更加丰富，数据科学的外延会更加广泛。

从一般意义上来看，数据科学研究的内容主要分为三个层面，包括基础数据科学研究、数据科学的技术研究与数据科学的实践。

数据科学的基础研究主要是数字学、数据学和信息学研究。其中是以数据学为核心的研究扩展到数字、信息，再进一步地向数字、数据、信息的外延扩展，以便发现更加广泛的技术与规律。

数据科学研究更深层次的研究，有数据 DNA 等。数据 DNA 有可能就是各种信号中的“密码”，包括量子的“密码”研究等，即“凡数皆码”研究会成为关键。

数据科学的技术研究主要研究与数据科学相关的各类技术，就是作用在数据上的所有技术，包括数据的生产技术、数据的传输技术、数据的存储技术、数据的管理技术、数据的挖掘技术、大数据分析技术等。

数据科学的实践研究将是数据科学目前最重要的主攻方向之一。过去针对数据过程，人们所做了很多研究。在此基础上，进一步地开展数据科学的实践研究，如建设国际数据科学大实验中心、国家级的数据实验室和基地等。

数据的实践方面，目前主要现状是数据的应用与应用技术开发得很不够，数据与大数据模型的发现与建立、数据服务、数据价值增值等研究与实验差得比较远等。未来几年，数据科学的实践方法与模式都需要做更多、更大的投入，从而获得重要的突破。

由此可以看出，数据科学研究的广泛性和拓展性，数据科学技术与方法的突破性与创新性，将会成为数据科学未来发展的重要方向，具有很大的空间。

5.2.3 数据科学思想及基本理论

数据科学理论是一个重要的研究问题，关于什么是数据的基本理论还没有搞明白，那么，数据科学理论体系就更加难了。一门科学要成为一个理论体系，会包含很多的内容或分支，也就是各个系统，然后构成体系。作为数据科学，到底有哪些子系统？我想数据科学至少应该包含思想、观点与行为等，由它们组合形成一个整体，才能构成一个完整的体系。

1) 数据科学思想

思想决定一切，思想铸就未来。思想正确了，理论就正确；理论正确了，方法就正确；方法正确了，行为才能正确。

罗丹的《思想者》告诉人们，对于任何问题一定要深刻地思考，努力地思考，才能有真知灼见，这种思想就是一种理性、冷静、深刻、充满着矛盾的心智活动过程，然后建立起正确的观点。数据科学思想，就需要如《思想者》这般的思考，不要轻易地给数据科学定位及错位的研究。

所以，数据科学思想是指关于对数据科学的认识与理解，包括对数据科学的基本态度等所表现出来的基本观点与想法，主要包括以下几个方面。

（1）数据科学观。数据科学观是指对数据科学的基本看法与态度。如果一个人对数据根本就没有看法，或者没有科学正确的看法，那就没有对数据的感觉，更没有对数据的认识与理解，也就更谈不上有什么数据的观点了。

数据思想需要树立正确的数据观，就是对数据本身研究、认识而后给出正确的解释。现在很多学者都在努力，希望表达对数据科学的理解，然后推广数据科学。但是，只要随便找一本有关数据科学的论著或文献就会看到以下内容：

统计学；

机器学习；

数据可视化；

基本流程；

数据加工；

数据审计；

数据分析；

数据挖掘；

项目管理……

这些内容可算作数据的技术范畴，当然也很重要，但我们希望能够更加全面地认识与理解数据，研究数据。

数据观决定着对数据科学的认识和理解，数据科学思想决定对数据科学的研究与实践。从而要求大家都要树立正确的数据观与正确的数据科学观，然后才会有正确的数据理念和思想，有了正确的数据思想和理念，才能有正确的数据科学实践。

（2）数据科学思维

一般来说，思维应该包括战略思维、历史思维、辩证思维、创新思维和逻辑思维等。思维最初是指人脑借助于语言对客观事物的概括和间接的反应及逻辑推理的过程。它是以感知为基础又超越感知的认知或智力活动，是探索与发现事物内部本质联系和规律认识过程的高级阶段。

那么，数据科学思维是一个什么样的思维呢？

首先，我们可以这样认定：数据思维是指经过人们对数据所有的认知与探索后，发现数据内部本质的基本联系和规律，以及外延与其的必然联系及规律的全过程，并且用来思考和指导有关数据建设与应用活动。

其次，数据思维决定着数据科学思维。数据科学思维是指人们在从事数据科学研究与实践活动中所要具有的正确、科学的数据科学观。思维决定实践过程，数据科学研究与实践需要很好的数据科学思维来指导。

最后，数据科学思维的基本成果是以数据科学研究，试图发现数据科学的系统性、逻辑关系的基本规律、数据科学的逻辑关系，以及数据科学的基本规律与基础问题等。

可见，人的思维是非常重要的一种智力和智慧活动过程，它可以帮助人们开展科学研究活动，而正确的思维会带来良好的实践，有了良好的实践活动，才能取得科学研究的成就。同时，思维还是主导创新、发展的关键因素。为此，在大数据时代，人类一定要建立良好的、正确的数据科学思维，以指导生活、学习与工作中的数据科学实践。

（3）数据科学行为。数据科学行为是在数据科学思维、思想指导下的数据科学活动。数据科学中的数据操作、数据应用、大数据分析，包括人工智能技术过程，都是数据科学研究与实践的行为。

我们以人工智能机器围棋 AlphaGo 为例。围棋是一个棋盘，19 行、19 列、361 格，有黑、白二色棋子，对局双方各执一色。它的规则是谁先占的地盘多，谁就赢。围棋有一个机制，叫占角，即“金角银边草肚皮”，角是最重要的。那么，AlphaGo——战胜了韩国的李世石和中国的柯洁的人工智能机器人棋手，是如何赢的？它有这样几点人类所不及的优势：

算法。算法就是计算方法，让算法形成一个矩阵，0 表示能落棋子的地方；1 表示黑子；-1 表示白子。它有两种态势，不断地选择就是下棋，从而深度学习，就是用一个简单的数学公式模拟人的神经元工作模式，让神经元构成网络，把复杂的行为记录在这个连接上，其权重就是深度学习。

算力。算力就是计算能力。一台计算机能力很有限，有一种方法称为分布式计算，假设有 100 台计算机，将计算任务分给这 100 台计算机同时计算，计算能力就大大地增强了。战胜柯洁的 AlphGo 看起来只有一台机器，其实后台同时有 100 台计算机在进行，它是一个组合效应。

数据。这个围棋机器人的计算量有多大？围棋盘有 361 个点，也就有 360！（360 的阶乘，即 $360\times359\times\cdots\times1$）种理论上的可能走法，这样一直算下去。虽然可以从理论上穷尽，但是这是一个无比巨大的数字，这样一直算下去，数据量或计算量有多大？大概计算量是 10 的 171 次方，这是指数级地增长，用 100 万个 GPU 去运算 100 年也是算不完的。这样的计算量几乎不太可能完成计算。

但是，他们采用了向人类学习的办法，把软件分成两个版本互相对弈，如对战三千万局，赢了升级，输了降级，不断地比赛，不断地积累，不断地自我成长，形成了全局态势观，就是在任何一种情况下都知道自己的赢面有多少，自己赢的概率是多少。这是 AlphaGo 最强大的一面，类似人的大脑思维模式在两种态势下思考如何落子，于是战胜了人类获得了胜利。

而数据反映在 AlphaGo 上终究是棋路与落子方法，数据在这里并没有被人们所重视，但是，如果没有数据是不可能完胜的。

所以，数据科学的行为有可能在我们现实科学技术活动和生产、组织管理中都存在，只是现在还没有被人们所重视。因此，数据科学的研究任务与实践，就是要研究他们的关系，如算法、算力、人工与数据的组合效应问题。

2）数据科学基本理论

有了数据科学思想、逻辑与行为的认识，就要研究探讨一下数据科学基本理论。

数据科学基本理论一定是建立在数据理论与科学理论的基础上形成的理论。理论研究主要包含两种，一种是构建理论，就是根据研究成果和实践来凝练、总结；另一种是修正理论，就是在前人研究的基础上提炼、升华。

对于数据科学基本理论，上述两种情况都不存在。因为，我们很多人不善于理论研究，如“李约瑟之问”。

“李约瑟之问”又称为“李约瑟难题”。李约瑟是一个外国人，但却是一个针对中国科学研究专家，在研究了中国古代科学技术之后，他提出：中国古代科学技术都处在世界前列，可为什么后来在中国就没有出现现代科学呢？这就是著名的“李约瑟难题”。

有学者研究说，人类社会从第一次工业革命、第二次工业革命到第三次工业革命，均起源于西方，之所以在西方出现了大量的科学与科学家，除了西方在工业文明阶段十分注重科学研究外，还有个解释就是西方受古希腊科学、文艺复兴等思想文化活动的影响，并且善于推理和对前人研究进行总结。

例如，牛顿验证推导了开普勒定律，形成了牛顿三大定理；爱因斯坦修正了牛顿力学，提出了相对论；伽利略对哥白尼的问题做验证，提出实验验证科学，成为实验科学的鼻祖，等等，举不胜举。而当时中国，是“万物并育”的一种中庸思想，不会对前人的研究做修正，只会重视技术。

对于数据科学理论，目前既没有可修正的理论，也没有提升总结的理论，我们只能先来进行探索，总结如下一些观点。

（1）数据科学是用数据的方法来研究科学，用科学的方法来研究数据。这是一个比较有哲理的一句话。数据科学确实需要用数据的方法来研究科学，离开了数据便无法进行科学研究。使用数据的方法是什么？就是如数据分析方法，数据智能化、大数据分析等。

用科学的方法来研究数据，这就不用说了，既然数据是科学，那么必然要用科学的态度来研究数据，如分析、测试、实验观察等。

第3章论说了“物质定义数据”“数据还原物质”，其实，就是引入了科学思想，或者在科学思想指导下提出来的。我的观点是，数据就是数据；数据源于物质，数据也是物质。从而引申到数据科学的思想，就是主张数据科学是用于揭示和证明数据的物质性及物质的数据性问题的，这就是数据科学的科学观点之一。

（2）数据科学是研究物质新形态的科学，这是关于数据与数据科学的一个基本观点。这能不能成立？我们对此做简单地论述。

通常人们研究物质都要依照“三态”来研究，尽管后来又出现了等离子态和超固态，从而处于等离子态的物质叫作等离子体，处于超固态的物质叫作超固体。但是，物质的固体、液体和气体是物质的最基本形态，这“三态”之间还可以相互转化，如图5.3所示。

这是无数科学家、几代人甚至数十代人研究得出的结果。物质是由分子、原子组成的，分子在物质中能够保持物质的基本特性，而原子是构成物质的最小粒子，不可能再分解成其他的原子或者更小的微粒。例如，水是由2个氢原子和1个氧原子组成的，往下就不能再分解了。

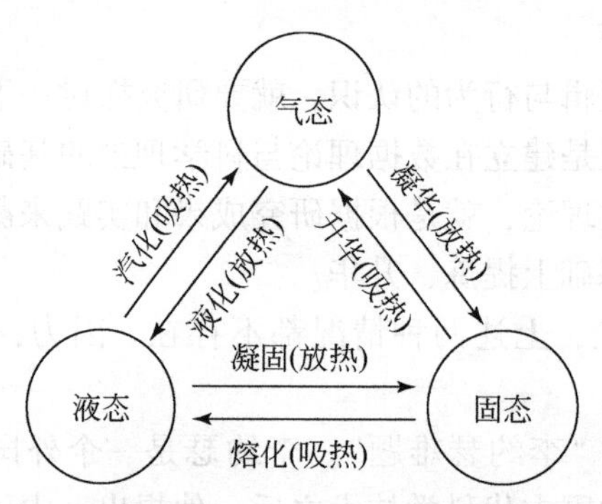

图5.3　物质“三态”转化模型

来源:《科学七年级上册》,浙江教育出版社,2012年

但是，物质应该还有一个形态，这就是“数字态”。

所谓数字态，是指任何物质无论以什么方式存在，无论将物质如何划分、分解，它都以一种数字的形态存在。例如，在衡量物质的重量、质量和体积时，就无法按照固态、液态和气态来衡量，这是因为物质的量发生改变后，其量度的具体数值也会发生改变，从而任何物体都存在一定的量度，量度可以任意小，都可以用数字来表达，这就是数字化的物质形态。

物质数字化是信息化时代的一大特征，我们研究任何物质、事物，只要将其数字化了，就可以虚拟化、映射、还原而做更加深入的研究、模拟、仿真，以及可视化的直观表达，包括对宇宙中一切物质与事物。

数字化是一个重要的方法论，我们很多科学研究，包括自然科学、社会科学研究时，都要尽可能地利用数字化的方式研究，这样就可以破解很多科学难题。其基本原理如图5.4所示。

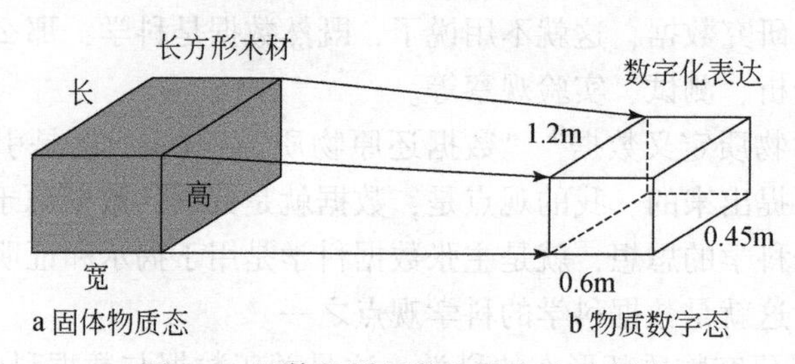

图5.4　固体物质用数字化表达示意图

图5.4中，假设a是一种固态长方形木材，它具有一定的形状和大小，有长、宽、高，还有一定的密度、重量、湿度和温度等参数和其他性质。按照常规的研究方法，属于哪个学科的科学就会利用那个学科的方法来描述。例如，研究材料的人会说这是木质的材料；研究岩土工程的人会说这是土方；研究矿床的人会说这是矿体，等等，这些都是一种描述性的、定性的表达。但是，他们都会做一件事，就是丈量、计算，然后将其数字化，使它变成了b，形态发生了根本性的变化，由固态量化变成了数字化的形态。人们还可以将其密度、湿度、温度和质量等都进行数字化，这样就形成了一种新的形态，即数字态。

所以，数字是对物质的一种抽象化的度量，让其利用数字化的方式来精确表达，如 $1.2\times0.6\times0.45=V$，V 表示物质的体积，用数学的方法表示就是

$$V=abc \tag{5.1}$$

其中，a、b、c 分别表示长方体的长、宽、高。

由此可以证明，物质存在着“镜像”后的“数字态”，且无论我们测试或量化与否，它都存在，即数字化了的形态。

数字态的基本原理很简单，就是将物质或事物进行量化即数字化后来进行深度研究，使其更加具体和精准。这就是数据最重要的魅力，数据可以让我们对所有物质的研究更加精细、精确与精准。

由此可以预见，未来的暗物质研究一定需要物质的数字态来完成突破。量子技术的研究中采用数据科学的方法也许马上能突破现在的“猜想”。

这里我要反对一个重要观点，就是“虚拟化”。很多学者将数字地球、信息数字化呈现都称为“虚拟化展示”，这是一种错误的说法。数字化展示就是对数字化了的物质或事物进行表达，是实质性的数字态。

这是重要的数据科学的理论观点之一。

（3）数据科学是研究数据动态与业务动态协同的科学。我们前面做了很多的论述，我认为数据科学不是一个简单的科学，它包罗万象，既简单又复杂，既静态又能动。但是，任何事物只要复杂了，动态了，就不好处理了。

过去我们有很多研究都被称为经典研究。例如，将非线性问题转化成线性来研究或计算，非线性是动态的、复杂的，而动态的因素多了就不好掌控了，所以就要想办法转化成静态来研究，于是将其显性化后就为静态了。

动态是指它会随着时间的变化而变化，时间、地点、物质、事态都在变，甚至没有规律，为此，就要随着时间的变化来研究问题，这就复杂了。

数据科学的研究方法要比自然科学、社会科学中很多方法具有优越性，这一技术方法采用数字化的动态技术与方法来研究，即你变我也变，采用大数据分析技术与趋势追踪，加入人工智能的学习、记忆、判读和决策能力，就完全改变了传统的科学研究方法，这是数据科学最大的长处。

我们以经济分析研究为例。静态经济分析是一种均衡状态，可以根据历史的经验和形势给出经验的判断和结果。而动态经济分析的自变量、因变量都不好掌握。例如，股票分析就是一个实时动态过程，包含股票买入和退出的实时动态变化，尽管股票曲线可以实时与直观地进行展示，但却很难预测具体哪一只股票将增长，哪一只股票会下跌。牛市与熊市是没有规律可循的，但是，数字化的趋势可以给人们很多直观的参考。

我们再以军事数据链为例。由于战争时期作战双方都在战场上，很难预测战争局势的变化，尤其在伤亡与对方阵势不清的情况下如何来指挥作战？特别在现代战争中空对空、地对空、地对地，陆海空齐上阵的复杂情况下，战争形势更加变幻莫测，该如何指挥变得更难。

军事数据链就是一个动态指挥、协同作战的数据指挥过程。人们叫它“信息战”，其实这个叫法很不确切，这里暂不评论。军事数据链作战是为能快速满足空海军，以及陆

军、陆战队实时地了解本军种和别的军种情况的需要而提出的，被军事人员称为“武器装备的生命线”，实质上就是“数据线”。

军事家认为，飞机、舰艇、坦克驾驶员如果同时拥有 30m 高空以下瞬间数据或资讯，就可以达到所有作战细胞的全面密切协同。

这个数据链的基本模式是需要一架预警机，如图 5.5 所示。

图 5.5　预警机

来源：https://m.sohu.com/a/108078526_115427［2020-9-15］

预警机可以随时接收来自炮兵、陆军、海军、空军、火箭军等各个方面的数据，并快速将这些数据发给需要数据指挥作战的中心或者首长，他们随时处理数据并彼此联系，完成协同作战，以取得第一时间的胜利。

数据链技术包括高效、远距离光学通信，天线抗干扰技术，数据融合技术，以及自动目标识别等，同时它还是未来卫星集群技术的关键。一般来说，若以人工语音导引战斗机只能引导 1～3 批，但如果有一架具有预警、控制、情报搜集数据能力的预警机，就会大大提高指挥与作战能力。

目前这种军事数据链技术被广泛运用在具有野外施工、作业的行业、企业中，其效果非常好，这就是一种业务动态工作与数据动态协同最好的动态研究与工作模式，也是数据科学研究的重要方向与任务，同时，还是数据科学的一个强项，比传统的科学研究具有显著的优势。

以上三点是否可以构成数据科学的基本理论与观点，可否构成一个完整的数据科学理论体系，现在尚未可知，但可供大家来探索，至少可以作为数据科学理论研究的基本内容。

5.3　数据科学深层次问题与挑战

数据科学是一门独立而创新的科学。一切都在探索之中，有很多问题由于现在的认识程度限制还没有办法解决。所以，对于它，我们会存在很多的疑问，同时也会存在着挑战。

5.3.1　数据科学新兴所存在的问题

由于数据科学是一个新兴的科学，还有很多问题不能够被确认，需要通过研究来做进一步确定和完善。有很多深层次的问题需要进一步探索，在这里我们提出，供广大读者研究与思考。

(1) 数据、信息的物质问题。数据来源于物质、事物，这个我们也做过阐述与论证，那么，数据与信息也是物质，这是数据科学研究中的一个深层次问题，也是一个迷惑的问题，我们再次将其作为数据科学的问题来研讨一下。

再以油气这个物质为例，来证明我的观点：数据、信息也是物质的。

一般我们寻找油气是按照“生、储、盖，圈、运、保”规律来完成的，并以此构成了研究油气与寻找油气的科学理论。

油气作为一种物质，“生”是指生成，“储”是指储存，“盖”是指盖层，“圈”是指圈闭，“运”是指运移，“保”是指保存。人们依照这一个规律寻找油气，即油气首先要形成，然后经过运移，直到在一个具备储存条件的地方被储存起来，储存时需要有盖层盖在储层之上，这样就形成了一个圈闭，油气在此被很好地保存起来。找到能满足以上条件的储层，这样就找到了油气。可是，仅凭这样的规律怎么才能找到？当然找不到，那就依附数据和信息。

怎样得到数据？这就要借助地球物理勘探技术与方法实施地面勘探，包括地震技术和非地震技术、地质研究，借助钻井、录井、测井、分析化验等技术，而这些技术主要是利用各种物质的性质，如电性、波、磁性等采集了大量的数据。

数据犹如一种“密码”，很多人是看不懂的，地质家也看不懂，无法将其与“生、储、盖，圈、运、保”对应关联。于是，地球物理学家先要做“翻译”，就是将电信号、波信号等翻译成数字，也叫“数据处理”。再由数字构建成数据，这时候“语言”就基本形成。但是，仅有数据“语言”还不行，我们需要能“听”的更明白，“看”得更清楚，所以，就要将其转化成人们更容易理解的方式呈现出来，即转化成信息的方式从而供人们来“阅读”，这时候就由数据转化成信息的图件与报告来表达，如图 5.6 所示。

图 5.6　油田地上地下一体化模型（来源：胜利油田）

图5.6这个模型是由计算机完成，表达了一个油田的基本信息。需要注意的是，这时的模型可以叫数据，它属于图件数据。但模型中所表达的却全部是信息，包括油田地面上的油井、集输站、作业车等；地下的地质构造、各类岩石、储层、油藏位置，以及油井在地下的位置与状态等；还表达了地面油气勘探地震方式的地上与地下动态；表达了空中无人机巡查、巡检与地表盆地，等等。这时在我们眼里的完全不是数据，看到和阅读到的全是信息，可以很具体，很多还可以再从计算机中被提取出来。

岩石是物质的。石油就含在岩石这样的物质里，它以液态形式吸附在岩石沙粒和孔隙之中，构成了原油，也是物质。人们在地面，利用各种技术测试，为了进一步表达单一油藏而获得的数据，也是一种物质；将所获得数据利用计算机软件三维可视化后转化成信息，供所有需要的人来阅读、研究、获得成果，这些信息也是物质，如图5.7所示。

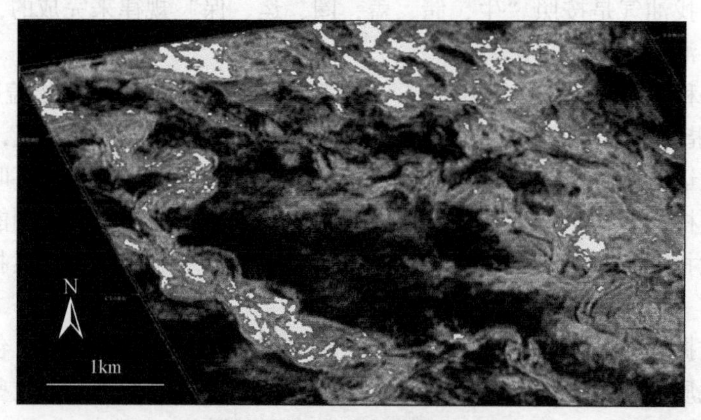

图5.7 单一油藏地质构造图

来源：高灯亮PPT，美国

从图5.7中我们看到，含油部位（图中白色区域）和岩石结构与构造等的相关信息，叫精细化油藏描述，实质上是更精细的石油信息的表达。

由此证明，数据是物质，信息也是物质。

所以，数据科学就是要深刻地揭示这些物质的存在与性质，在这里可以得出：物质决定油气，油气定义数据，数据定义信息，信息定义物质，数据、信息也是物质，这是数据科学研究的深层次问题之一。

（2）数据科学作为科学，又高于自然科学和社会科学，可称为独立的科学。这是数据科学研究中关于数据科学的地位与序列的问题，也是一个深层次的问题。

因为，所有的科学都要量化表达，就是让事实更具说服力，让信息更有依据，这是数据的基本功能。

什么是量化表达？量化是指为了明确阐述和证明某一个真理或事实，仅仅有了非常先进的观点还不够，仍需要用数字或数据通过强大的计算而获得重要的量的成果来做支持。所以，有了足够多的数字，一组、一组地抛出以证明，便具有了说服力。但这还不够，还需要用数据科学方法来证明，事实胜于雄辩，如有50人参加暴动，这仅仅是一个数字，但拿出很多照片与视频让大家观瞻证明，这样的量化表达更具震撼力。这就是一种量化与信息的表达。

自然科学与社会科学研究，肯定有大量的量化表达方式，一定要证明其研究问题的科学性与真实性，而数据科学就是一种量化表达的科学，从而成为自然科学和社会科学所需要的更高一级的独立科学。

我们以医学科学研究病理问题为例。人们需要研究一种流行性疾病，这既是一个医学科学研究课题，又是一个社会科学研究问题。首先，人们需要了解这种疾病在人群中的分布与发病率，为此，需要组织一群人员在社会上进行细致的调查，获得大量的数据，包括患此病的人是何种职业，环境如何，喜欢吃什么、喝什么，有无病史和家族史，等等。数据是第一要务，没有足够多的数据就无法知道疾病的分布与规律。

人们研究这种流行性疾病的目的是为了知道病源、疾病发生率及实际因素等。传统的研究方法主要有两种：一种是实验的方法，即对一组实施治疗，对另一组不予治疗，一段时间内比较两组的不同，并得出结果；另一种办法是对得病人和不得病人跟踪研究，记录各种数据，包括生活起居、饮食习惯、运动工作等，将这些数据做成各种图表比对。

由此可见，上述研究也可以说是传统的研究方法，但是数据科学的研究方法是大数据的研究方法。例如，将各地医院电子病例数据提取，尤其是传染流行病同气象数据结合，与地方水土结合，与温度变化结合，与饮食习惯结合，形成大数据关联分析，就可以得出病原体、流行趋势等的分析。这是数据科学研究方法与自然科学研究和社会科学的传统研究方法最大的区别。

这是数据科学研究的另一个深层次问题。

(3) 数据科学需要更多先进的方法与技术支持，但不要把所有的数据工具与方法当作数据科学。

数据科学是以数据为核心的科学，数据科学不能离开数据过程中所有先进技术的支持，包括数学、算法、算力、设备、装备和数据处理的方法与技术等。

举一个非常简单的例子，来看看它们各自的作用与功能。

①事件描述。以投篮为例，打篮球时计算输赢是以投进篮圈多少球来计算。一个篮球的直径为 24.6cm，这是国际标准，我们记作b_R；一个篮圈的直径为 45cm，这也是国际标准，我们记作d_R。一般将球投进篮圈记 2 分，三米线以外投入记 3 分，这也是国际规则。

我们怎样才能让运动员精准地每次都能投进并得分，这是一个经典研究问题。

②计算分析。基于篮筐的高度和运动员运动及防守的干扰，篮球运动是一个跳投行为。投篮时篮球大都需要以抛物线的轨迹投进篮圈，这样篮球投射线就与水平线构成一个入射角，我们用 φ 来表示。在不同的投射线下，篮圈从篮球的角度来看会有不同的形状改变，这个形状正是椭圆形，如图 5.8 所示。

在探讨 b（椭圆形的短轴长度）和d_R的变化关系时，可作一半径为$\frac{d_R}{2}$的圆，在这个圆的第一象限内，$\frac{b}{2}$是圆上的任意一点的垂直高度，得$\frac{b}{2}=\frac{d_R}{2}\sin\varphi$。

③数学模型。从以上分析得知，要把篮球投进篮圈空间里且不用碰到篮圈，b 必须大于篮球本身的直径。

于是，根据 $b>b_R$ 给出一个数学模型，就是

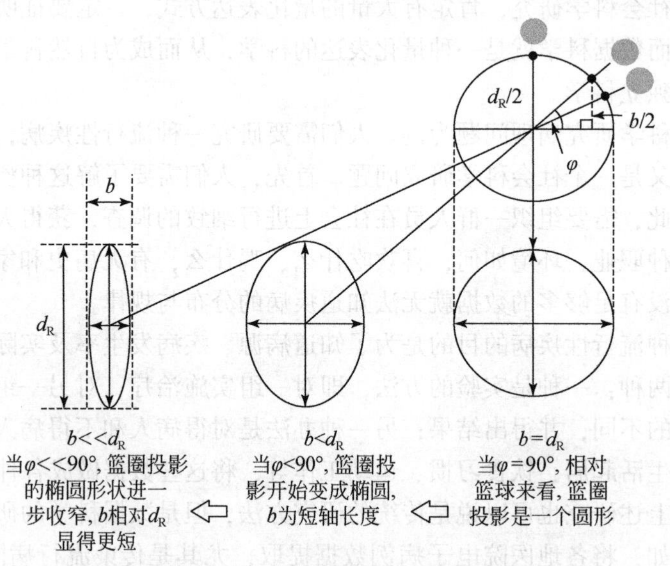

图 5.8　篮球投射线示意图

$$d_R\sin\varphi>b_R \tag{5.2}$$

④数据。数学模型建立了，就等于给出了算法与方法，于是进行计算。通过问题分析、描述知道有一组数字，即

$$d_R=45\text{cm};\ b_R=24.6\text{cm}$$

我们建立数据模型，如表 5.1 所示。

表 5.1　篮圈直径与篮球直径数据模型表　　（单位：cm）

序号	篮圈直径（d_R）	篮球直径（b_R）	备注
1	45	24.6	

从而，这个问题的计算条件基本具备，可以开始计算。

⑤计算与结果。利用计算机编程，将公式输入计算机内完成计算，将以上数据代入式(5.2)，得

$$\varphi>33.1°$$

⑥结论。经过计算所得，较高的抛物线会有不碰篮圈投入更大的机会。

以上是一个非常简单的示例，我需要说明的问题是：任何一个事件都会有数的产生，都会用到数学，都要建立算法规则，都可以经过数据计算，都要引入数来完成，若是大型计算还需要强大的算力，如分布式计算机集群等，从而最终才能获得比较满意的解。

通过以上实践，我想证明一个道理：数据科学必须依靠先进的计算和计算工具与方法，才可以完成数据科学最好的成果。但是，数据科学绝对不是各个学科的技术与方法，这是两个完全不同的概念。

最后，我们需要得出一个结果，数据科学的基本理论就是以数据为核心，以数据研究揭示数据科学的基本规律；数据科学需要借助很多数据的技术来完成数据科学的功能与实现。

数据科学研究还有很多深层次的问题，我们需要好好地研究与探索，让数据科学更加的完善。

5.3.2　数据科学可能遇到的挑战

数据科学的确立与数据科学理论体系的建立将会遇到很多挑战，同时在挑战中还要完成自我创新。

1）来自经典研究与经典科学研究的挑战

经典研究是指应用经典数学与模型，获得对复杂问题精确的解。这在传统的科学研究中是不可或缺的方法。

但是，经典研究具有很多的缺陷性，如假设多、约束多、转化多（非线性转线性）等，我们以数值模拟研究为例，如图 5.9 所示。

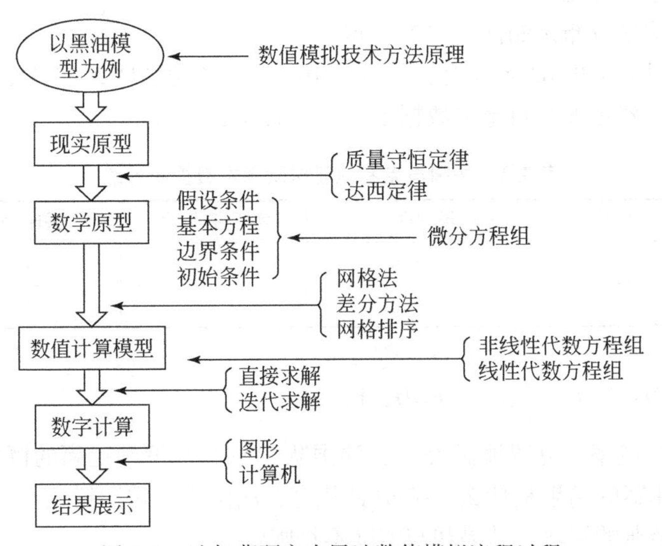

图 5.9　油气藏研究中黑油数值模拟流程过程

黑油模型是油田油气藏研究过程中一个非常有名的模拟软件，人们经常要采用这个软件来模拟研究油气藏状态。数值模拟的模型是建立在假设条件的基础上，而假设条件是基于研究过程中的各种影响因素，如：①孔介组分为油气水；②混相态油水之间无质量传递；③假设油气藏温度恒定，等等。为什么要假设，就是因为数据量不够。

不是完全没有数据，而是需要很多数据，如综合地震、地质、测井、钻井、室内实验、试井、生产检测、生产测井等数据。

由于存在假设，数值模拟就存在一个问题，即多解性。例如，对同一指标拟合，不同人对参数理解的程度不同，导致不同的处理方式；错误的理解会导致错误的拟合，从而得出错误的结果。

所以，数值模拟的一个重要工作是调整参数，如水体传导、油藏传导、孔隙度与厚度、渗透率与毛管、构造、压缩系数、油气性质、液体界面、水性质，等等。调整参数的目的，就是根据研究需要，让模拟的结果更加接近人们心目中想要的结果。

那么，结果如何？由于数据量不是很多，主要依靠不断地调整参数模拟，所以，层与层、块与块、藏与藏、流体与流体、油藏与流体之间是否存在作用，怎样作用，还是无法知道的，因为这仅仅是一个模拟。

显然，数值模拟研究过程不是“全数据”的过程，从而存在着很大的缺陷性。我认为在大数据时代，这种方法应尽可能地少用。

除此之外，还有算法的选择。很多人认为只有算法先进了，结果就先进了，其实不一定。我再举一个例子，就是泊松分布预测法。泊松分布是一种统计与概率论中常见到的离散概率分布，它由法国数学家西莫恩·德尼·泊松（Siméon-Denis Poisson）在1838年提出，后来被人们广泛应用，从而就成了一个经典算法或预测法。

在2018年7月世界杯比赛的最后一场，就是争夺冠亚军比赛之前，大家都在预测法国与克罗地亚谁赢，有学者在他的预测中就引用了这一经典预测法。

（1）事件是世界杯冠军争夺战。

（2）算法是泊松分布预测法：泊松分布函数。

（3）数据：已完成的63场比赛；共进球163个；场均进球2.59个；每场90分钟。

（4）法国与克罗地亚各自基本数据统计，如表5.2所示。

表5.2　法国与克罗地亚球队基本数据统计表

	共进球/个	场均进球/个	实际进球/个	丢球/个	防守系数
法国队	10	1.67	1.29	4	0.517
克罗地亚	11	1.83	1.42	4	0.517

（5）计算模型：$P(k)=\frac{\lambda^k}{k!}e^{-\lambda}$，$k=0, 1, \cdots$。

（6）计算结果概率：克罗地亚35%，法国队31%，克罗地亚赢的概率更大。

但是，真实比赛的结果是什么？90分钟战完，法国胜。预测错误。

为什么如此经典的算法，结果却与实际不符呢？

这虽然是个个案，但是，它告诉我们不要迷信经典算法，而是要业务（事件）、算法、数据、技术之间科学地匹配。数据科学就是最讲究以数据为核心的科学匹配。

所以，在很多经典研究中都存在着缺陷，如数理统计学中的大样本、小样本问题，最优化中的样本、权数、阈值问题，非线性转换成线性问题，等等，这些都是经典研究与传统科学研究中的严重缺陷。

然而它们毕竟是经典，被人们使用了几十年甚至上百年，数据科学要挑战经典是非常困难的。

2）数据科学研究的方法创新对其他科学缺陷的挑战

我们说传统的科学研究或经典研究都存在着缺陷，这就给数据科学提出了挑战。数据科学的办法就要超越和创新研究办法，从而克服传统科学研究与经典研究的问题，这种研究办法就是“全数据、全信息、全智慧”的业务、数据、技术、算法科学匹配的办法。

一般来说，传统科学研究方法包括观察法、调查法和实验法，这几个方法在所有的科学研究中都会被采用，如观察法是科学研究的基础，调查法是人文社科研究最有效的办法，实验、验证是自然科学研究的利器。而这些办法在数据科学研究法中也需要，但是，采用数据科学的研究方法来研究自然科学与社会科学问题，主要是采用数据科学的方法，如数字化法、智能化法与智慧计算法等，合起来就是“全数据、全信息、全智慧”的业务、数据、技术与算法的科学匹配法。

“全数据、全信息、全智慧”是一种针对传统科学研究与经典研究中存在的缺陷而提出来的一种数据科学研究方法。

“全数据”就是在大数据时代，充分利用数字化、智能化的手段让数据更加丰富，然后在科学研究中充分应用全部数据参与从而还原物质、事物的原貌，不要再采用传统的数据量少、数据无法采集时的模拟、插值、样本选择等方法去求得解，这反而不是最精确的。

“全信息”是指在充分利用了全数据后，让数据生成的信息更多、更全面、更精准。在过去传统的科学研究中，采用约束、非线性转成线性、限制等手法，很多的有用信息被自然而然地损失掉了。

“全智慧”是指要充分利用各种经验和教训，充分利用还装在各类工程师、专家、科学家大脑里的知识与决策力。现在社会中的各种经验都采用了著作、论文、报告显现，但是教训经常被“扼杀”和“隐瞒”掉了，其实这是最有价值的数据和预警预测的“阈值”。

另外，在数据科学研究中会采用“大成智慧集成”模式来将所有专家、科学家大脑里的“数据”集成、挖掘，以完成“全数据”和“全信息”的科学研究。

在 2020 年春发生的全球性 COVID-19 疫情期间，有学者对已确诊的近 3 万病例中收集了 1099 个案例进行研究，这就是样本研究法，不是“全数据”研究法，虽然可以说明一些问题，但不是“全信息”，这就是差异。

数据科学研究中最成熟的一个创新方法是数据智能分析法，这是数字化或者大数据以来创新发现的一种数据科学独有的方法之一。数据智能分析法是充分利用数据连续、实时采集的过程，利用大数据的追踪与趋势分析的方法并进行可视化呈现，同时加入大量的知识、经验、教训、数据等实施预警、告警。还要结合人工智能技术，因为人工智能具有学习、记忆、判识功能，当趋势追踪中发现经验中的问题将要出现时提前告警，当人工智能记住这些后，未来就自动告警。这就是数据智能分析。

3）数据科学理论研究与数据创新对传统理论的挑战

数据研究也要与时俱进，不能停留在原来的水平上，如物数理论的研究与创新就是最大的挑战之一。物数理论即数即万物，物则皆码，码即通联，联则为数。就是说世界上的所有数据都来自物质、事物，所有的物质、事物内部都存在着一种编码，如生物的 DNA，植物中的密码，事物还可以编写程序码等。每一种码都有紧密、严苛的逻辑和联系通信以实施信息连通，这些信息的传递过程都是以数字、数据方式进行的。例如，睡莲白天开花，晚上睡觉，特别在中午时花朵全部打开，到傍晚时花就合住了。那么，是什么在控制着睡莲使之如此有规律呢？这就是睡莲的“生物钟”，它是一种内在的DNA密码，可是，我们很难测到这个“生物钟”的数据，如果能测到这些数据，睡莲花开与睡觉的秘密就打开了。这就是数据科学研究中最大的挑战之一。

数据科学的理论要发展创新，同时其他科学的理论也在发展创新。希望所有的理论都能与时俱进，相互借鉴，不断创新发展。

5.3.3 关于数据科学中几个问题的说明

数据研究很容易被误认为是计算机数据或是统计科学等，在这里要进行严格区分。

(1) 数据科学不是交叉科学。我们再次说明：数据科学是一门独立的科学，是关于数据的科学，与谁都有关系，但与哪一个科学又都没有关系，数据科学就是数据科学。

交叉科学也称跨学科，是指由多个学科交叉形成的科学，最典型的有物理化学、生物物理学，也有自然科学与人文社会科学之间交叉形成的新兴学科等。

而数据科学不是交叉科学，它是关于数据而独立的科学，不是自然科学，也不是人文社会科学，更不是物理化学等。

(2) 计算机科学不等同于数据科学。在计算机科学中数据确实是一个重要内容，如果没有数据，计算机也许就不存在或者没有存在的必要。但是，计算机科学中的数据只是数据科学的分支，或者说是“小数据科学”。在计算机设计与研制中的数据二进制，严格地讲是数字而不是数据；在计算机数据应用中的“数据跟着代码走”中的数据是数据，即“二维表格”是科学数据，仅是一种数据应用；在网络计算机中的数据，我们称为社会数据。这些数据汇总起来都属于数据科学范畴。

当然，在计算机计算过程中也存在着数据采集，如埋点、采集、上报等，也存在着数据的产生、收集、处理、呈现、分析、沉淀等，但这些都不是数据科学中的数据源、数据生产、数据分析等。

(3) 统计科学不是数据科学。统计科学也称为统计学，平常人们都习惯叫数理统计，它是一门指导人们认识社会经济现象或自然现象总体数量特征的一门科学。这门科学确实与数据有很大的关系，现代人都认为这门科学才是数据的科学。然而就数理统计而言，它是以概率论为基础研究大量随机现象的数据，并对其作统计与规律分析，是数学与数据结合非常紧密的科学。它以数学建模与计算分析、推断为擅长，然后给出预测或决策依据，是一个独立的科学。

因此，数理统计与建模操作过程完全是建立在数据的基础之上。原则上，它不能是数据科学，数据科学是研究数据的科学。

所以，只要有了数据就可以做研究与分析，数据越丰富，数据科学研究威力就越大，可以实现“全数据、全信息、全智慧”的科学研究。这种方法是数据科学研究的一个主要方法，非常先进，效果好，它将物质、事物数据化后让其“全息化”。

总之，传统的经典研究方式有很多，但都存在很多缺陷。数据科学虽正在确立，但是已可以接受挑战，且经得住挑战，更重要的是还在独立地创造独有的方法。

5.4　结　　论

数据科学是关于研究数据的科学，从现在起，大家都要真正地重视数据科学问题。对此，我们得出几点结论：

（1）还原数据科学本真刻不容缓，希望我们不要将别的东西强加在数据科学之中，更不能凌驾于数据科学之上。

（2）数据科学是个独立的科学门类，具有自己独立的科学理论体系，形成了独有的数据科学方法，应该确立数据科学独立的科学地位。

（3）数据科学研究任重而道远，希望各个领域的科学家都加入研究数据科学研究的领域。

数据科学将会是未来100年中最重要的科学之一。

第6章　数据人才教育与数据科学家培养

世界上数学领域有数学科学家，物理领域有物理科学家，生物、地质、计算机科学等都有自己领域的科学家。唯独数据如果作为一门科学，还找不到数据科学家。这就是本章要探讨的一个主要问题。

6.1　数 据 人 才

数据需要人才，大体上分为三类：数据研究、数据操控、数据实践。这些都属于数据工程师序列，不可或缺。

数据科学更需要人才，大体上也需要三类：数据科学研究、数据科学创新、数据科学家群体。他们关乎国家科学技术的未来，更不能缺少。

培养数据人才与数据科学家至关重要，是我们当前和未来一个重要的课题，必须研究。

6.1.1　关于人才与人才知识结构

讨论数据人才，必须先知道人才是什么？

1）人才的概念

关于人才在我国不同时段都有过讨论。

我国人才标准在不同时代经历了不同的发展阶段。在《国家中长期人才发展规划纲要(2010~2020年)》中指出："人才是指具有一定的专业知识或专门技能，进行创造性劳动并对社会做出贡献的人，是人力资源中能力和素质较高的劳动者。"

我们研究数据人才，希望标准更加具体化一点，即适合数据科学需要的人才标准，主要从数据需要的知识结构上来界定。

2）人才知识结构类型

为什么要讨论人才的知识结构呢？我认为这样可以更加具体化，同时，有利于我们按照这样的标准来培养更多的数据人才，乃至数据科学家。

数据人才作为单一个体中的非常具体的一个人，就是要看这个人所拥有的能力和知识结构。为了能够对一个人的知识结构表达的比较清楚，以前我曾研究过采用符号来表达，其主要有以下几种：

"I"字形。这种人的知识结构是单一型的专业性结构，这是在我国20世纪普遍采用的方式，将专业课划分的很细，所以培养出来的人大都是在某一个专业上非常专一，为此，用"I"来表示。有人形象地表述其为"电线杆"式的人，或"白杨树"式人才。这类人才只对自己所学专业很专一，但是，很不适应跨专业。

“X”字形。随着社会的发展，人们发现“I”字形的人适应社会有很大的问题，具有很大的缺陷性，于是，大力提倡培养具有交叉性的人才。这种人才就是具有学科交叉性，适应性比较好的，被称为“X”字形的人才。这样的人才虽然具有跨专业、交叉学科能力，但是，基础性和学科面还有缺陷。

“工”字形。相比交叉性人才社会上更喜欢具有非常雄厚基础知识的人，如数学、物理、外语、计算机等基础性的学科知识都比较好的人，这类人在单位遇到转型的适应性更强；同时还要具有非常广阔的知识面，如可以涉猎很多学科领域的人，可以更加满足单位对人才的培养和使用。人们将这样的人才知识结构，称为“工”字形人才。

“X+工”字形。虽然“工”字形的人才具有雄厚的基础知识和广阔的知识面，但是单一专业的人才还是有缺陷。社会更希望具有基础知识良好，知识面广阔，同时又是跨学科、知识交叉型的人，于是提出了“X+工”字形人才。

这种人的知识结构：首先要具有单一的专业方向，或者专业学科学习，这就是“工”字中的“I”。其次需要非常雄厚的理论基础与专业基础知识，这种人才培养在我国进入21世纪以来各个大学都十分重视。在大学生入学学习前两年，也就是大一、大二，都在学习基础知识和专业基础知识课，在大二末开始分科与专业课学习。同时加强学生的交叉、跨专业选择系别，现在还有大学联盟，可以跨校学习，相互承认学分。这样的学生知识结构的跨度与交叉更大，非常适应当今社会的需要。

除了学习与学科的跨专业与交叉外，学生的实践能力培养也很重要，要让学生的知识面、社会适应性更强，这就是“工”字形的人才。

可是，仅仅这样的结构还不够，随着科学技术的快速发展，跨专业、跨学科、跨领域研究与开发的事业越来越多。现今社会更加多元化，一个人基本干不了什么，因为一个人的时间、精力毕竟有限，可是，“领袖级”的人物还是非常需要，为此，这种交叉性、跨学科、跨领域的人才需求越来越大。这类人才不需要很多，但是，在一个群体里不能少，这种人非常强大，原因就是学习能力强、跨学科知识很多，成为交叉型、实践能力、组织能力和领导能力强的人才，可以组建一个多学科人才团队。

于是，希望更多的人才都有跨学科、跨领域工作的经历，“X”就代表了这种多个学科学习经历或跨学科毕业的、操作能力强的人。这就是目前最紧缺，也是最稀有的人才。

3）*数据人才知识结构*

尽管数据人才分为三类人才，但是对数据人才的知识结构的要求是一致的。

数据人才的知识结构，不言而喻，就是“X+工”字形人才。上述一直强调这类人才是“领袖级”人才，那就是金字塔上方的人才。数据人才在知识结构上确实需要这样的人才。

数据科学是一种不同于任何一种学科的科学，数据人才是专门研究数据、操控数据的人才，而数据和某一个专业领域的专业知识、技术是无法分开的。所以，数据人才必须是跨学科、多领域的交叉学科的人才，“X+工”字形是最符合数据科学需要的知识结构型人才。

首先，数据人才需要有确定的某一行业或专业领域的专业方向或背景，这对一个大学生来说，在考入大学前都会有自己的选择。一般来说，我们每一个人在大学所学的专业和确定的专业方向，这就是那个“工”字中的“I”。例如，我们学习的学科是岩土工程，这个领域是一个非常大的领域，它包含了很多的分支，均可作为专业方向。

其次，数据人才需要跨学科和交叉学科知识，这就是“X”。例如，一个岩土工程学科的人才，他的专业知识需要涉及很多基础学科与知识面需要的其他学科，认为他是X。其实这只是其中一个方向，如第一笔画“/”必须是数据学知识，而其他学科综合起来才是第二笔画“\”，包括岩石学、地质学、力学等，它们合起来才一个完整的“X”。

这是一种解释，也是一种需要，更是符合当前我国教育专业、课程设置及高考的要求。

所以，人们必须知道和懂得，与自己所从事的专业相平行的还有一个数据科学，相当重要。

最后，就是基础知识与知识面的问题，基础知识要非常雄厚，包括数学、物理、外语和软件工程等。

由于人们太注重学生的计算机编程语言的教学，总认为学生学会代码写作，就掌握了生存、就业的本领。其实这只是一个单一的基本技能，也是一个学生知识结构中的基础，而软件工程教给学生的本领是高端思维方式与设计的灵魂，培养的是高级人才，即架构师。

架构师就是一个跨学科、交叉型知识结构的“X+工”字形人才，他是一个软件总设计师，不仅要懂得计算机软件，更需要懂得专业技术和业务需求，同时，他也应是最懂数据与数据科学的人。为什么一些软件做得不好，尤其很多所谓管理信息系统，做出来不好用、不能用、闲置大多数功能，只用很少的功能，就是因为大多数开发者不懂数据科学。

我们研究数据，既要研究这个专业领域的专业和技术，又要研究这个领域的所有数据规律和数据链上的“采、传、存、管、用”等。有了这样一个“X+工”字形的知识结构还不行，还要具备雄厚的基础理论与交叉学科的专业基础理论和方法，同时还要具备广阔的知识面，如对5G技术、北斗、自然灾害防治、环保、生态、美丽中国等的了解。

只有这样一个比较全面的人，才能成为一个高水平的软件工程师，才能成为某一个领域的数据工程师。当然，我认为首先是最好的数据工程师，才能成为最好的软件架构师。

6.1.2 数据人才特征

根据数据人才知识结构标准，数据人才必须是跨学科、跨领域的交叉学科的多能型人才。数据人才大体应该具有以下几个特征：

第一，对数据有着特殊的热爱，将数据研究与操控作为一种业务或职业，这是一个首要的条件。一个数据人才必须对数据有着深刻的理解和认识，数据是载体，没有数据就没有信息。我们以数据工作为荣，以数据的科学研究为荣，在一切工作中只有将数据作为第一要务，才能做好各项事务和科学研究，这是数据人才最起码的态度。

第二，具有非常雄厚的基础理论与方法论的思想和功底。数据人才除了具有数、理、化等基础性的理论知识和扎实的功底外，还要具有科学的方法论思维。有了基础理论，我们在一个新的工作环境或业务领域能尽快地学好本业务内的专业知识；有了好的方法论，可以指导业务与数据工作将其做得更好。

第三，从事哪个专业领域的工作就是哪个专业领域的数据专家。我们现在之所以缺少数据人才，没有数据科学家，就是因为“隔行如隔山”，从而导致很多人可以做数据工作，却对专业一窍不通，或者可以做专业工作，却不懂数据科学。

如果不懂所从事领域内的业务和专业技术，一旦出现跨行业、跨领域、跨专业工作，这些就成为一道道大山和一个个鸿沟，阻断了这些人的道路，结果是做啥啥不通，说啥啥不懂，这就无法将数据科学做到底。

这些人就不能算作数据人才，现阶段大量的信息技术专业人才都是学习计算机科学专业人员出身，做数据库、开发软件都在行，一旦介入专业领域开发专业软件就非常困难。

以上是从数据人才最基本的要求出发，一个数据人才应该具备的特质必须是懂数据科学和专业学科的综合人才。于是，我们给数据人才一个定义：所谓数据人才，是指在某一个专业领域对数据有着深刻的理解和操作能力，同时又对专业领域业务精通，形成一种“X+工”字形人才。

6.1.3　数据人才需求

数据人才目前极其稀缺。我们用了“稀缺”一词，确实是因为在我们现实中不多见。

我们先看看现实中有哪些人员在从事着数据工作，他们是不是数据人才或数据科学家？

据了解，现实中从事着数据工作的大体上有三类人员：

第一类人员是以软件编程为主的工作人员。他们的传统专业领域是计算机科学，在现实中他们自我调侃称为“码农”，意思是这些人就是写代码，就像建筑工人“堆砖”，就像农民种地一样劳动，工作很苦很重。

这类“码农”目前也非常紧缺，主要从事软件开发、平台建设和大数据处理。他们懂得数据提取、清洗、提纯、整理和数据库建设，从事的是“十数九表”与“数据跟着代码走”的工作。他们确实从事的就是数据工作，但实质上，这类人员不能算作是真正的数据科学人才，他们只能是计算机科学领域的专业人才。

第二类人员是以数据分析挖掘为主要工作的人员，其传统专业领域多是统计科学。数理统计学是以数学为基础，严格意义上讲他们是从事数学的专业数据统计分析人员。例如，地质数学是专门研究地质数据的统计与方法，其从业人员主要为建立地质数学模型的科研人员。这类人员也很紧缺，过去有一个数学地质专业，其研究人员就是学习地质知识与数据，完成基础地质研究的数学建模。

数理统计学是以研究统计理论与方法及操作数据的科学，具体点就是研究怎样有效地收集、整理和分析带有随机性的数据。统计科学是以对所考察的问题做出推断或预测，直至为采取一定的决策和行动提供依据和建议的数学分支。所以，他们也不能完全算作数据科学家，纯数学专业的统计学专家很难对某一个领域所有专业理解，往往做起来非常困难。

第三类人员是以处理专业数据为主的工作人员。在传统的专业领域中这类人员都有各自的专业方向，如地球物理领域的地球物理勘探地震专业、地球物理测井专业等。这类人员的基本特点是学习本专业出身，对专业方法、技术有着足够的储备，然后被分配在专业领域中专门从事数据处理。

这类数据处理是一个专业化的工作，由于其复杂性，要有各种转化、变换与放大、拟制、去噪等技能，其处理人员是非常专业化的数据工作者。严格意义上讲他们大都归属于专业领域的专家，如地球物理专家或科学家。

以上三类人员在当前都非常紧缺，在很多领域和专业业务方面，这样的高级别人才少之又少。一个能称为高水平的以上三类数据人才，在大学里是培养不出来的，一般都要在实际工作中锤炼 10～15 年，才可以达到标准。所以，不但这些人员紧缺，而既懂这些专业技术，还懂数据科学研究的人员更是少之又少，极其稀缺。

在中国，目前以各种专业从事数字化、智能化、数据与信息的工作人员大约有数百万人，分布在各个行业、领域，以学习计算机科学技术的人员为多。因为，一直以来大家将从事数据与信息的工作都划分到计算机科学领域，在单位都划分到信息领域，如成立了较多的信息中心、信息管理部等。

这类人员中有很多非常优秀的人才，如在地质行业中大都是学习地球物理专业的人，一是这个专业数理学习基础比较扎实；二是这个专业最早开设了计算机课程；三是这个专业需要做大量的数据工作，所以他们既具备专业知识，同时又具备数据知识。

然而，这些优秀的人才在转行从事信息工作领域以后，失去了其本专业领域的优势，在写论文、评职称方面，尤其是在仕途上大都止步于副职，成了“千年老二”。

这主要在于国家体制将信息部门划分为支持服务部门，不是主营业务，这点非常遗憾。

在了解了以上情况后，我们再讨论数据人才的需求。目前我们需要的数据人才大体上也是三类。

第一类是研究型人才。研究数据是当前新兴的一个行业。在过去，数据还没有提出成为一个科学门类之前，数据都是“资料”，拿来就用，数据就是一个“配角”。可是现在不一样了，当数据成为一种独立科学的时候，就需要对数据做科学的研究。

目前研究数据的科学家基本没有，极其稀缺。虽然现在有很多领域或专业的人号称自己是数据科学家，如果按照数据科学的基本条件和标准去衡量，他们都不能称为数据人才，更不要说是数据科学家了。他们只是在某一个专业领域的专业人才，如数据库人才、程序员、数理统计专家等。

数据的科学研究人员像自然科学家一样，要具有科学和研究的能力与精神，将数据作为科学研究的基本对象，深入仔细地研究，研究其规律、定理和数据产业化及经济效应等，使其成为专门的职业或将其专业化。

第二类是数据技术型人才。数据技术性人才是对数据操控的数据专家型人才。在我们现实社会生活中还有很多，他们可以是某一个专业领域的专门人才，从事着某一个专业性的数据处理、数据分析、数据挖掘等工作。

但是，我们需要给这样一类人定义和定位，要确认其是数据工作者或数据人才，他们不再是某一个专业领域的工程技术人员。例如，计算机类的数据库人才，统计分析类的数学人才，专业领域的数字化、智能化技术领域的数据建设人才，数据治理专家等。

这样的工作需要社会、政府建立相应的政策与制度，承认他们的工作岗位，给予他们应有的地位和待遇。如果做不到，他们永远是某一个专业领域的工程师，或更多的人被边缘化，哪个专业他们也靠不上去，技术职称评定没有专门的学科，靠在计算机科学领域，他们的论文没有杂志接受发表，应有的待遇没有着落。

第三类是数据实践型人才。这是一个新兴的职业，在我们过去传统的职业中没有这样的岗位，更没有这样的业务与专业。这是在数字化时代产生的一个新工种：数据建设。

数据建设包括数字化工程和数据运行过程管控与数字化工程运维。

数字化工程建设是完成数据采集、传输、存储、管理和应用数据需要的数据过程，主要是为了数据极大地丰富而完成的数据建设过程。随着数字化大发展，目前形成了一种产业化的工程，如物联网、万物互联、数据传输工程、数据治理工程等都属于这类工程，有大批的工程技术员在从事这项工程，数据科学要给予他们充分的地位与待遇。

数据科学实验是在数据科学研究中对数据进行各种验证和检验，如数据采集、数据质量、数据标准等的实验室工作。过去这类工作有一部分归到专业实验中了，主要是数据采集、验证实验；还有一部分非常需要，但是，归到互联网或数据库里面了。随着数据科学地位的确立，未来数据科学的专门实验室就会出现，甚至有可能会出现大型的国家实验室，数据科学家就在这里诞生。

数据运行管理操控是指在业务现场对各种数据过程的监管与操作，这是现场数据监管工程师。目前数据中心、信息评价中心等的数据管理人员都属于这类人员，但他们都被归到计算机科学或信息技术中去了，其实这并不科学。

数据实践还有很广阔的外延。在任何一个专业的业务过程中，都存在着数据的“采、传、存、管、用”，数据工程师不单单要知道这个过程的业务，还要知道这个业务过程的数据运行，如数据的传输，与之有关联的技术和业务等。在未来，这些都是数据工程师的职业工作范畴，必须懂得。

总体来说，数据人才目前极其短缺，也非常紧俏，需求量非常大。数据人才没有被确立，相应的地位与待遇没有，人才更加短缺。所以，实施数据人才教育和人才培养迫在眉睫。

6.2　数据人才教育

关于数据人才教育，主要研究高等学校的数据科学课程设置与数据人才培养。

6.2.1　数据人才困境、生态环境及意义

数据人才培养与教育是当前大学教育和科学技术领域中一件大事，人们都在思考。据报道，仅2018～2019年之间中国就有200多所高校申报“数据科学与大数据”专业，还

有很多学校申报了“人工智能机器人”专业。按照当前人才需求和学生就业来看这是好事，但是，目前的数据人才生态环境还存在着很大的问题。

1）数据人才困境

第一个困境，是当前没有一个确认的数据专业领域。在大学中将数字化、网络等全都归在计算机科学领域，或者叫信息领域。

可是，一旦归到信息科学领域，那么就只有在计算机行业内做出的工作才算成就，如果跨到其他专业就不算了。这是什么意思？就是说你要想评职称，发表论文需要在信息科学领域的杂志上发，你必须靠近相应学科参评，可是你要在数据领域写出论文，你就没有优势了。

第二个困境，目前从事数字化、信息化技术工作的人员很尴尬，他们作为辅助岗位，不能主导专业领域的业务，没有地方发表论文，没有学科评委给评职称，有些工作人员年龄很大了也没法归口，什么职称都评不成，各种待遇和地位都很低。

第三个困境，设立的“数据科学与大数据”专业放在哪个学院比较好，给学生到底开设什么样的专业课成了一个难题。我也曾经告诉过一些老师，并提出讨论：到底开设什么样的课程？最后所拿出的一个科目表，大都还是学习编程语言、数据库和算法等课程。我想这和计算机专业有什么两样，这样的数据科学与大数据人才肯定跑偏。

2）数据人才生态环境

在中国，有一个企业家从事电器工业制造，她说：没有人才的企业，一切归零。我很赞成这个观点，我们现在的各个行业领域特别缺少数据人才，如果没有数据人才与数据科学家，就说自己的企业很强大，自己的领域很强大，我认为这只能是暂时的，走到未来就不一定了。

从国家层面上讲，我们现在必须解决数据科学领域问题，一定要独立地设立数据科学学科，在中国科学院、中国工程院学部设立数据科学学部。在国家基金、专项研究，包括评审机制中都要单独设立数据科学领域，这样让数据科学的人才地位得到确认和确立，才能有利于数据人才和数据科学的生存与发展。

从大学教育层面上说，除了设立“数据科学与大数据”专业以外，建议对于所有的专业类学科在大二都要开设一门独立的课程——“数据学”。数据一定要“从娃娃抓起”，这个“娃娃”就是大学生，让他们从大学期间就学到数据的概念、数据科学的概念、数据的作用与价值，以及数据的操作等技术。

从企业层面来说，企业必须高度地重视数据人才，特别是要将原有的信息技术思维完全改变，信息中心的职能要完全转变，实施“数据控制中心”，简称“数控中心”。给予数据人才充分的定位，他们具有其他专业技术领域同样的地位，甚至还要高于其他专业领域。因为，他们应该是一个“双料”人才，一个数据工程师不是大学 4 年能够培养出来的，至少 2 年基础科学习，2 年专业科学学习，2 年数据学习与实践，才能获得数据助理工程师资格。

从国家各个层面上高度重视数据人才的培养，才能形成良好的数据科学与人才的生态系统，创建良好的数据科学和数据人才环境与条件。

3）数据人才意义

数据里面有“黄金”，数据作为物质、事物的“语言”，需要大量的数据人才进行“翻译”，从中寻找价值。数据就是“矿产”，数据就是“黄金”，数据就是“价值”，如果没有数据人才，这些“矿产”“黄金”“价值”就不能被发现。所以，数据人才需要非常良好的生态环境，需要从国家、教育、企业不同层面全方位地培养，为下一个100年科学技术发展做好准备。

数据强国，是未来各国追逐的战略焦点，我国应大力培养数据人才与数据科学家，占领制高点，让我国不但是数据大国，还要成为数据强国。

6.2.2　数据教育课程设置

数据教育课程设置应该是两个层面上的事：一是所有专业或系别开设数据课程；二是数据科学专业方向的学生培养。前者主要是让学习其他专业方向的学生认识数据科学的一种教育，这种只要开设几门课即可；后者是一个专门培养数据科学人才与数据科学家的专业，这就要按照大学学科建设一样的设置课程。

1）普通学生数据教育

普通学生的数据教育相对简单，建议在现有课程设置上增加几门相关课程，主要包括：“数据学”“数字学”“信息学”或“数据科学与大数据”。

我想这样几门课就够了，如果专业基础课比较多，专业课时间比较紧张，只要开设一门“数据学”也就够了，主要是培养学生的数据意识和思维。

我们现在学生的数据思想与数据操作都不是由专门学习得来的，而是在专业课上的作业或跟着老师做实验与课题中学习和树立的。这样只有一知半解的数据知识是不恰当的，我们从事专业与科研的学生在校期间并不知道数据的重要性，根本不知道数据科学是什么，这对做好科学研究影响很大。

如果再能开设一门“数字学”就更好了，学生可以知道数字化工程建设与数字化的原理，这为我国的数字化转型发展可以培养更多的专业人才。

对于“信息学”的开设，特别建议对人文社科类学生一定要开设，这对学生在学习人文、社会学、哲学的大学期间，培养其知道消息、信息是如何控制的，信息的不确定性会给社会带来的不确定，以及如何治理等很重要。或者专门开设一门“数据科学与大数据”课程也不错，可以全面地认识一下数据、数据科学、大数据及大数据方法论，普及数据知识，学会应用分析。

以上是给普通专业类学生开设的课程与想法，这几个科目真的很重要。

2）数据科学专业课程设置

专业课程设置，是针对专门学习数据科学专业的学生，如为目前国家批准的“数据科学与大数据技术”专业，“人工智能”专业、“机器人”专业或“数据科学与大数据技术”专业的学生培养要求而设置的课程。

按照四年大学教育实施2：2年制，就是用2年做基础教育，这里就不做建议了，当然，数学、物理、电子技术、数字技术、外语、汉语言文学等科目开设，都应该在 2 年基础课学习中学完，这是通识教育。下面只对专业课做点讨论。

我给出如下一个内容清单，不一定适合那些具体的专业领域，只说公共专业课的通识教育课程。

(1) 专业基础课，共6门：

“地球科学概论”（数字地球）；

“系统论”（系统工程方法论）；

“信息论”（通信的数学理论）；

“控制论”（人工智能）；

“云计算”；

“区块链”（量子力学）。

(2) 专业课，共6门：

“数字学”；

“数据学”；

“信息学”；

“数学技术”；

“数据科学与大数据方法论”；

“智慧工程学”（智慧工程技术方法论）。

以上是我开列的 12 门课程，分为专业基础课与专业课。读者可能感觉到这些课程要么是很深的理论，要么就是根本还没有。开列这些课程并不是要替代某个业务工作，而是对一个数据专业课教育与人才培养的知识结构的讨论。

(1) 专业基础课说明。

专业基础课为什么要开列这样几门重要的课程？关于“地球科学概论”，无论什么专业的学生都要学习，它不仅仅是为了给地学专业学生学习的。我们生活在这个地球上，一切都来自地球，我们必须认识我们的家园，更重要的是了解数据是物质的，数据来源于物质、事物，所以，我们不能不认识地球与物质。如果不愿意开设这门课，建议开设“数字地球”，“数字地球”就是要用数据将地球“数字化”，完成“透明的地球”，让学生知道什么是数字化。

这里我非常强调“三论”，即系统论、信息论、控制论。虽然它们是 20 世纪 40 年代左右出现的一些基础理论，但是对我们现代数字化的时代、电子时代的影响非常大。例如，我们今天最先进的 5G 都还在用香农的基本思想与编码规则，即信息论仍在发挥作用。控制论其实就是最优化，我们现在的智能化就是利用数据智能分析实现最优化的反馈控制。它是一种运筹学的思想和原理，在学生的认识范畴中不能缺少。

更值得推广学习的就是系统科学。系统科学在今天的应用非常广泛，任何科学、专业、工作都不能离开它。可是，尽管人们使用广泛，但对其精华的东西没有深刻领会到。钱学森晚年为什么要极力地推广系统科学，就是我们的优化组合、有机结合、多元协同做得不好，现在仍然做得不好。所以，我们的科学还没有跟上世界最先进阵营的步伐。

这些理论目前被称为科学基础理论“最后一滴柠檬汁”，如果不学习它们，我们的数据科学思想就建立不起来，直到我们的科学基础理论的“最后一滴柠檬汁”吃干榨尽了，那问题就大了。

（2）数据科学专业课程设置的说明。

首先，需要说明的是上述专业基础课主要适用于数据科学专业学生，就是专门为数据科学专业学生设计的，同时又适用于其他学科专业的学生学习。

其次，我想告诉大家我列出的部分课程现在既没有人开设过，也没有课本，我们的大学老师要开动机器，加大马力来编写。

最后，这些课程是一个组合，是核心课程。建议不同的行业、领域的学校可以针对性地设置这些课程以外的课程，只要是为了培养数据科学人才与科学家的课程都可以开设。

需要注意的是，不要认为这些课程都偏理科，看不见技术，其实在近200年以来科学与技术融合得很好，如数字学实际加入了大量的数字技术与方法，是理工一体化。

其他课程我在多处都已提及，不再赘述，我想单说说“智慧工程学”这门课程。

人类社会走到现在，大家都称现在为信息文明时代。信息文明时代就是由信息主导一切的时代，再往后走到哪里，大家都不知道了。但是，我们换一个思维，按照数字化、智能化、智慧未来这一过程，我们思想就立即清晰了很多。

自“数字地球”提出以来，开启了数字化的时代，走到今天我们仍处于数字化的时代。现在人们都在努力建设数字城市、数字工厂、数字油田、数字企业，在中国正在实行企业数字化转型发展。

数字化之后就是智能化，目前虽然我们还在数字化的道路上，但是，在2010年人工智能出现后，智能化的时代同数字化时代叠加滚动前行。未来社会是一个智能机器人服务的社会，所有使用智能机器人的所有过程都是数据智能分析、最优化反馈控制、智能控制的过程。

智能化之后就是智慧社会，这是我们目前能够看到的人类思维、哲学、思想的最高境界。人类现在将地球上所有物质能掌握的都掌握了，模仿人与动物的技术几乎全都有了。但是，只有一样现在还做不到，这就是智慧。为此，我们说智慧是当今人类认识上的最高境界，也是未知的世界。我们的想法是，当我们的社会智能化程度非常高的时候，一定就会转型升级为智慧化的社会。

为此，我设计了一门人类未来课程“智慧工程学”或“智慧工程技术与方法”，这门课讲些什么呢？它主要是讲智慧，包括智慧的概念、理念、思想、原理与方法等。这里特别强调要将智慧当作一个工程来建设，智慧不是空无缥缈的东西，它是数据科学的结晶，是一个数据科学的最高、最先进的技术方法，人类未来一定可以将智慧当作技术工具来操作，如智慧计算、智慧决策等。

作为数据科学专业的学生，作为未来数据科学家，对这门关于智慧的技术必修课必须掌握。

除此以外，有关“物质学”“数字地球”“云计算”课程就是要学会“云数据、云服务”，“区块链技术”“量子力学”等课程能开设的尽量开设，都是非常好的课程。我们的目的是将学生培养成一个真正的具有数据科学思想的、会操作的专业技术人才，更重要的是要培养出更多的数据科学家，成为未来科学的引领者，科学家中的领袖。

6.2.3 数据科学实验

数据科学实验听起来似乎很新鲜，怎么数据还可以做实验？是的，就是关于数据的实验与实验室建设，更重要的是让学生在实验室里也能获得数据生产与数据大规模处理的学习方法。

按照我们的经验，可以在实验室里研究数据，主要的研究内容有：

（1）数据的生产；

（2）数据的运行过程与组网传输；

（3）数据治理与数据分析实验，数据大规模的处理能力培养。

除以上这些内容外还有很多。这里我们以油田某一个业务数据的采集、质量验证为例，将所建立的实验室介绍给大家。

油田生产采油现场，主要是由地面上的设施，如抽油机、储油罐、输油管线、联合站等安装的设备组成；地下主要是由井筒、油藏、油气水等组成。凡此种种，我们全部视为物质，包括孔隙度、渗透率、动液面等生产过程与参数；还有可称为事物或事件的，如运行管理，但都可认为是一种物质态。现在我们要完成一种油田生产采油过程的数字态的验证，即数字化，这样就需要让它们全部数字化。为此，需要建立一个实验室来完整地实现它，这是建立数据实验室的基本目的。

我们以一个单井井场为主要场景，首先按照一定比例尺设计抽油机，具有一定的动力系统，然后模拟一个地下空间，以水代替原油可以被抽提，同比例尺的抽油泵将地下的原油提升后进入地上的储油罐，然后再往复循环，这就是类同于实际原油生产过程。

在采油过程中有这样几个重大难题：①人们很难知道抽油机的工况，也很难知道油井大约数千米中的井况；②人们很难知道单井每天的产量，由于油水关系、储层、油藏情况非常复杂，只有油被采出来后放在罐子里，经过丈量才能知道，如果一旦进入管道输油就很难知道一口井当天的产量；③人们很难知道这口油井生产出来的原油含量是多少，一般液态的原油里含水、伴生气和杂质等，都是人工在井口取样分析化验，具有很大的危险性及劳动强度大问题；④人们很难知道一口井每时每刻的动液面高低，动液面是指一口井中原油在井中液面的位置，若动液面低而抽油泵挂得比较高，则每次下去都在空抽，如果能及时地知道动液面位置，就可做调冲次等操作；⑤人们很难做到对抽油机进行远程控制，如调冲次、调冲程、远程启停和远程平衡停机等操作，这些在传统生产中都是依靠人工判断，人工完成操作，等等。以上这些都被认为是最难的问题，人们总希望适时知道状况，适时调控，但很难做到。

于是，我们模拟一个井场的场景，在实验室内建立一个采油实验室。如同现场一样，在抽油机和井场安装各种传感器、远程终端单元（RTU）和通信技术设施与控制系统等，如图 6.1 所示。

安装的主要智能设备有：

（1）无线功图传感器与 RTU；

（2）在线单井智能计量仪或多井在线计产装置；

图6.1　井场数字化数据采集设备安装示意图

（3）单井在线智能含水率分析系统；

（4）单井在线动液面系统；

（5）单井井场智能控制柜与数据传输单元（data transfer unit，DTU）；

（6）井场多功能视频监控系统。

以上是一个井场数字化的最基本的配置，还可以安装更多、更先进的设备，只要能满足数据采集和远程调控需要即可。

这样就建成一个采油数据实验室。

数据实验室主要完成这样几个重要任务：

（1）数据采集。数据采集是数据实验的一个重要任务，主要看安装这些装置与设备或系统是否完善，能否做到高质量的数据采集。

（2）数据采集设备系统与采油设备的协同与配置验证。原来的采油设备或装置是经过几十年或上百年研究、实验、改进完善而成，在功能、安全与降耗等都是基本成熟的，现在要在这些设备或装置上再安装一套采油系统以外的系统，必须相互协调。

（3）完成数据的“采、传、存、管、用”链条上的完美高效协同，就是数据能够被高质量地采集到；建立协调的网络系统，将每一个采集点上的数据完美地、高质量地、不丢包地传输到数据中心；数据在数据中心实现完美地、高质量地存储与管理；能够快速地实现数据的应用。

（4）数据智能分析与智能操控。数据的拥有就是为了让油田采油过程、生产运行与地上地下被全面数字化，数字化后就实现了油田从一个物质（事物）态变成数字化态。只要全面实现了物质（事物）的数字化，就可以做各种智能分析与操控。例如，过去我们很难知道抽油机的工况和单井井况，现在我们可以通过示功图实现对油井井况、抽油机工况的诊断和智能分析。这也同时完成了数据的基本应用，如图6.2所示。

数据实验室中具体到数据实验方面，我们到底可以做哪些数字、数据的验证？

（1）传感器参数验证。传感器是对物质感知过程的仪器，如抽油机上的无线示功图传

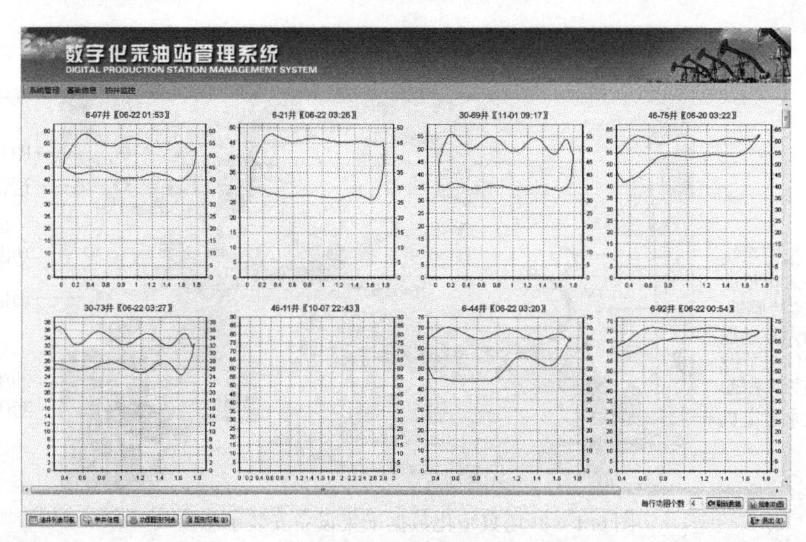

图 6.2　数据应用的示功图诊断管理系统

感器，就是安装在悬绳器上的载荷传感器。当抽油机上下运动时会有一种重量，根据这样的一种荷载力量变化可以感知采集相应的信号，然后将这些信号进行处理变成数字，再以一种通信方式传到 RTU 中。所以，传感器的载荷感知、信号采集、信号处理、数字打包等，都可以在实验室内完成验证。

（2）通信接口验证。事实上，油田采油数字化是油田物联网建设中一个重要的场景。虽然单井看起来是一个点，但是，在安装了众多设备后，它们就变成了一个复杂的集合体。除了从传感器到 RTU 的通信以外，还有单井 RTU 到井场 RTU 的通信，以及井场和整个油田组网的通信，因此形成了诸多的接口问题。通信方式还有很多种，如 Zigbbe、CDMA/GPRS、光纤等。这些都可以在实验室内完成验证。

（3）数据运行验证。采油数字化的根本目的是让各种物质、事物数字化，然后转化成数据，实现对各种工况、井况问题的判识，这就是数据的基本应用。

数据应用是通过一定的软件，即油田井场数字化管理信息系统来完成的。从数据的导入，完成各种计算，形成各种模式，如示功图，再到完成解释和辅助决策，整个过程都是数据运行的过程。所以，一个完整、流畅的管理信息系统，就是数据驱动、运行的过程。这些也都可以在实验室得到验证。

以上是针对一个油田采油数字化在数据实验室建设功能实现和数据验证等方面的描述，目的是为了说明可以构建数据实验室，我们在将来还会建设国家级的数据实验室，做数据大规模计算与处理；对数据的科学性即各种原理、定律等进行科学研究和验证等，这些都是完全可以在实验室里完成的。当然，也可以建立数据实验基地、大数据分析教学实验室等。通过这样的实验室，可以培养学生对数据采、传、存、管、用的认识与理解。

6.3　数据科学家

在我国科学家应有千千万，但是，数据科学家截至目前还没有。于是，我们必须要研究数据科学家。由于没有数据科学家榜样或样本做研究，所以我们要给数据科学家进行“画像”就比较难。但是，为了研究，能让更多的数据人才努力成为科学家，在这里关于数据科学家还是做一些探讨。

6.3.1　数据科学家培养与标准

数据科学家什么样？前面我讲过了，没有“样本”，更没有这个领域的科学家群体，所以，没法研究。但是，未来我们非常需要数据科学家。为此，我们现在给数据科学家一个“画像”，希望我们尽快教育和培养出我们自己的数据科学家来。这样可以先期建立一个标准，然后由更多人来努力。

1）数据科学家培养

数据科学家一定是从数据人才中培养成长起来的，绝不会凭空出世。大约有两条路：

一条是从学校培养，在实践中成长。这一条路主要是数据专业人才教育，在某一个领域内工作，不断研究数据，提高自己的数据研究能力和水平。

另一条是从其他行业、领域培育，经过实际工作锻炼，然后对数据具有浓厚的兴趣，进而对数据做深入地研究，成为数据科学家。

对数据科学家的需求和数据科学家培养，在我国已经是迫在眉睫了，我们需要高度重视起来，要通过各种渠道、各种方式培育和培养。国家要制定各种方针、政策予以指导，建立各种机制促使数据科学家尽快成长。

2）数据科学家基本标志

我认为，我们的数据科学家有三种类型：

第一类是某一个专业领域的数据科学家；

第二类是数据领域的专业化数据科学家；

第三类是数据大科学家，将会以数据改变世界的科学家。

以上三类数据科学家是我国目前急需的数据人才。

第一类数据科学家是某一个行业领域的科学家，其主要标志是：

(1) 具有科学家的品质和德行；

(2) 具有行业领域的专业能力与素养（全面懂得领域的专业知识与技能）；

(3) 具有全面的数据研究能力和数据科学素养；

(4) 是一个行业或领域内跨学科、交叉型的“X+工”字形人才；

(5) 具有行业、领域数据工程设计、建设指挥、组织能力；

(6) 以数据与业务研究作为自己追求的目标，在该领域成为大家。

我想，作为一个行业、领域的数据科学家具备了以上这几条，就是一个很好的科学家了。特别是一个在专业和数据两个方面结合得非常好的交叉型科学家非常重要。

第二类数据科学家是一个以数据为研究对象的科学家，他是将数据研究作为使命和担当，数据研究是其主要任务与目标。他的主要标志是：

(1) 具有科学家最基本的科学精神与品质；

（2）具有将数据研究作为使命与担当的责任；

（3）能深入地研究数据的本质、原理和理论并获得重大成就；

（4）具有雄厚的数理化、天地空基础知识能力与水平；

（5）具有广泛的政治、经济、文化、科学、技术知识。

（6）以数据科学研究为目标，在数据科学领域成为大家。

这类数据科学家是专职研究数据、数据科学、大数据的专业化数据科学家，对待数据研究如同其他科学技术类科学家一样，将数据研究进行到底。

第三类数据科学家是第一、第二类数据科学家之和，这类数据科学家在全国乃至世界范围内都会有地位，不是一般的科学家，其特征是：

（1）将数据科学作为基础理论研究并获得重大成果；

（2）基于数据科学理论引领与推动科学技术的发展；

（3）能够利用数据科学改变世界。

这是一类世界级的大科学家，我想这类数据科学家拥有以上三点足够了，他就是数据科学界的“泰斗”，尤其能够利用数据科学改变世界，这是非一般人能做到的，在全球范围内也没有几个人。但是，数据科学的未来确实需要这样的人，就像牛顿、爱因斯坦、贝塔兰菲、维纳、香农等科学家为世界科学做出理论贡献并改变整个世界，以弥补当前科学技术理论的严重不足，抹去“最后一滴柠檬汁”的说法，让世界下一个100年成为数据科学的100年。

3）培养一个数据科学家需要多少年？

一个数据人才需要横跨几个专业，有人说至少要跨越数学、计算机和所从事领域的专业，其实何止这三类，还需要懂得数据科学、大数据技术与人工智能等。所以，培养一个数据人才大约需要7年，包含大学4年，社会实践3年。

一个数据分析师需要具备的能力比其他专业人员要掌握的知识和技能要多得多，在现实生活中有很多事都是通过数据分析后给予其支持和决策的。所以，数据分析师是高于一般数据工程师的工作。

那么，一个数据科学家的培养需要多少年？有人说在7年之上再加3年，需要10年的时间。我认为这只是成为一个初级的数据科学家。我们可以算一算，大学毕业25～26岁，10年后35～36岁，这时候他的人生观、世界观初步形成，但决策能力与科学能力才刚刚开始。所以，应该在10年的基础上再加10年，才可能形成一个数据科学家。

不过这只是我的一个基本判断，希望更多人好好努力，早日成为数据科学家。

6.3.2 数据科学教育的未来

互联网+、大数据、人工智能技术的大力发展使得人们有一种强力的感觉，就是社会上很多职业走着走着就被消灭了；很多岗位一声招呼也不打就消失了；很多工作做着做着就没了，等等，原因是这些工作岗位都被机器人代替了。

从人们现在一般的、基本的判断来看，未来机器人强大无比，不但可以替代人类做一般重复性、重体力的工作，而且新一代的机器人还会加入人的思维、情感，具有创造性。

假如说未来机器人真的能做到具有思维、情感，具有创造性，且强大无比的话，有两类人还是不可少。一类人就是人工智能科学家，是研究、研发、制造带有思维、情感、创造性的具有“智慧”的机器人的科学家；另一类人就是数据科学家，未来对于大数据不仅仅是现有的数据，而更重要的是关于经验和教训的数据，还有机器人自身学习、“思维”生产的“智慧”数据，如两台AlphaGo博弈升级获得棋局棋路数据。机器人需要有一个超强的学习、训练过程，这时需要大量的数据做支持，数据科学家除了需要提供足够多的数据以外，关键需要提供足够好的数据，这就是高质量、高可靠性的数据，否则，超强的机器人不是人类的好朋友、好帮手，可能成为一个“杀手”了。

为此，数据教育和数据科学家教育在未来的大学会成为最为热门的专业，数据工程师会成为社会上最热门的职业。

据教育家们研究，人类教育先后也发生了很大的变化，在第一次科技革命时期的教育，主要是以知识学习为核心的教育；在第二次世界大战后，很多国家倡导实践性、创新性教育方式，鼓励学生自由发挥，以启发式、阅读、研习性教学为核心。但在中国，教育始终都以知识学习为核心教育，虽然做过几次教育大调整，但是，“教师教、学生记”的方式基本没有改变。

现在我们希望在我国率先确立数据人才培养目标、新大学专业体系和新学习方法体验。数据科学教育和数据科学家培养教育，不是我们以往简单的专业重整、教育元素重构，而是数据、大数据、人工智能、区块链技术等新兴教育元素的生长，让学生有更多体验的新兴教育体制出现。

人工智能会不会“打倒”教师而上岗，这在现代还是不可能，不过智慧校园的建设，会使未来教育元素更加智慧与多元，数据科学教育的出现与兴盛将会发挥巨大的作用。因此，我们的数据教育必须彻底地改变现在的状态和方式。

6.4　结　　论

数据人才教育与数据科学家培育，将是我国未来几年必须要考虑的战略性的问题。

(1) 数据人才与数据科学人才将是一个非常稀缺的人才，我们现在就要开始战略性地重视起来；

(2) 数据科学人才教育与数据科学家培育需要从大学教育做起；

(3) 数据科学家分为三个层级，最重要的是希望出现国际级的大科学家。

总之，数据人才教育和数据科学家培育是数据科学研究一个重要的组成部分。

最后，我还是想对这么多年来坚持在各个行业、领域信息部门的人们说，尤其是对从事数字化、智能化、数据与信息的人们说，大家一直以来都在从事着人类最先进、最前沿、最伟大的事业，中国互联网+、数字化、智能化发展、推进得如此之快，而奋战在该领域中的每一位都功不可没。

我相信接下来的中国在数据科学理论指引下，数字化、智能化、智慧化建设的步伐会更快。

第7章 大数据方法论及实践

研究数据与数据科学一定不能绕开大数据。这一章我们就大数据方法论开展一些讨论。

7.1 重新认识大数据

大数据是数据大爆发中第三次爆发的产物（图2.6），近年来对大数据的讨论特别热，但是，我认为人们对大数据的理解是有误区的，必须予以纠正。

7.1.1 大数据思想

人们对大数据的研究颇费心思，但几乎是一哄而起，各种媒介、各个研究机构与公司迅速推出各种书籍、论文，甚至成立了很多大数据公司，政府自建了大数据局，等等。几乎无会不提，无人不讲，先后有很多人研判大数据，从先前的“3个V、4个V”，直到后来的“6个V、1个C”，如：

容量（volume）：数据的大小决定所考虑的数据的价值和潜在的信息；

种类（variety）：数据类型的多样性；

速度（velocity）：指获得数据的速度；

可变性（variability）：妨碍了处理和有效地管理数据的过程；

真实性（veracity）：数据的质量；

复杂性（complexity）：数据量巨大，来源多渠道；

价值（value）：合理运用大数据，以低成本创造高价值。

容量、种类、速度、可变性、真实性、价值和复杂性，都成了大数据的“标签”特征。而IBM提出的volume、velocity、variety、value、veracity“5个V”被人们广泛接受。

为此，我们需要充分肯定大数据是存在的，但这些讨论大都是对大数据的表面认识，没有看到大数据的本质。

我的大数据思想是，因“数字地球”的提出开启了数字化的时代，让数据极大地丰富，出现了井喷式的数据大爆发，才出现了现代数据量剧增的局面，但是，大数据却是一个方法问题，不是技术问题。

7.1.2 重新认识大数据

重新认识大数据，我们倒不是故弄玄虚，而是对于现在的大数据我们必须要重新地认识与理解。

在讨论大数据之前，我们首先需要讨论几个重要概念，主要包括“信息技术”“数据技术”“大数据技术”等约定俗成的说法：

（1）关于信息技术，这是我们这么多年来非常流行的说法，大家都叫它“IT”。信息是一种概念，绝对不是工具，但是，在现实中“信息的技术”是存在的。所谓“信息的技术”，就是将作用在处理、管理、应用信息过程中全部技术的集合。这是一个非常重要的概念。

（2）同理，数据技术也是不存在的。因为，数据是物质、事物的“语言”，它的功能就是表达或还原物质与事物的本真，但是，数据的技术是存在的。所以，将作用在数据采集、传输、存储、管理与应用过程中的全部的技术称为数据的技术。

（3）显然，大数据不可以被叫作大数据技术。按照大数据具有“6 个 V，1 个 C”的特征说法，并没有提到大数据具有技术的特征。所以，大数据还是数据，它就是指数据量大而已，但是大数据的技术是存在的。同理，我们将作用在大数据过程中的全部技术，总称为大数据的技术。

以上是我们的讨论，我倒不是“较真”，也不是做文字游戏，而是认为作为科学研究，就应认真地对待，特别是对初学者们始终搞不懂信息技术、数据技术、大数据技术到底有哪些。

这里我们希望重新认识大数据的一个重要观点，就是大数据不是技术，而是一个方法论。

大数据除了是一个方法论外，大数据的概念主要是“多数据、强关联、高保真、合理化”，让数据聪明。

（1）多数据不是指同一类业务数据量很大，而是指围绕一个要解决的业务问题，所有与其有关联的数据的集合。所以，多数据不一定要求数据量有多大，而是需要多元数据参与，这很重要。

（2）强关联是指将围绕着要解决一个问题的与业务有关的数据进行关联，哪怕这个问题只是一件很小的事。只要将数据同业务进行关联，将与之相关的数据集合应用，将数据、业务、技术三者进行关联分析，这就是大数据强关联。

（3）高保真是指数据质量的可靠性与高质量，如果我们选用的数据不可靠，而采用的分析技术和算法却很先进，其结果是技术越先进，结果越错误。高保真的数据集合在一起，发挥正向的作用才是大数据的好结果。

（4）合理化即指科学化。在现实生活中，我们往往说合理的就是科学的，科学的就是合理。在大数据过程中，最后落到了合理化上，就是要做到业务、数据、算法、技术的科学匹配，从而解决了现实中一个很重要的事。这比现在很多书本中都在强调的算法、技术重要得多。

这就是我倡导的大数据方法论与重新认识的大数据的想法。我们现在给大数据下一个定义，即大数据是指在数字化后，数据爆发性地增长给人们利用丰富的多元数据强关联综合优化处理业务、事物而提供了高保真的数据，它的基本功能是一种方法论。

7.2　大数据方法论研究

大数据技术，已经约定俗成了。但大数据不仅仅是技术，更重要的是一种方法论。

7.2.1　大数据技术概念

在上文中已表达了大数据不是技术，而是一个方法论。但大数据技术是存在的，那么，大数据技术有哪些呢？

一般来说，大数据发展过程分为三个阶段，与之相对应的大数据技术主要有三个：大数据治理技术、大数据分析技术与大数据呈现技术。

1）大数据治理技术

在大数据治理技术中包含三个层级的技术。

大数据在开始分析之前，都要开展数据的收集和整理。在此过程中需要对数据进行大量的提取、清理、整合、提纯、去伪、建模等操作，这时的数据有下面几种可能性。

第一种是数据量巨大，包括结构化、半结构化、非结构化等各类数据。这些数据是单一专业或业务的数据体，并且全部被电子化了。对这类数据实施整理，这时需要一个强大的技术工具快速地整理数据。

第二种是多元数据的整合，这些数据大都是一种围绕业务问题需要强关联的数据，要对它们进行数据治理。这类数据属于比较复杂的数据，牵扯到的业务多、关系复杂，而且数据类型多，这时需要一个强大的数据治理工具或技术来完成对于复杂数据的治理。

第三种是数据池技术。这类数据牵扯到从源头上采集而来的原始数据，往往带有建设工程性质，如工业互联网、油田物联网等工程，还有先期建设的多个系统间进行优化集联，即从各个已建系统中提取数据，这些系统属于多期次、多厂商、多技术、多产品、多元结构的数据，数据类型多，接口多。这类数据实施起来也非常困难，需要强大的数据库技术和系统接口技术等，然后通过数据治理汇入数据池。

总体来说，这是在做大数据分析之前必须进行的工作，而且工作量比较大，有人称为“技术含量低的苦力活”。这个阶段虽然看起来是整理数据的“苦力活”，其实还是会使用一定的技术工具以减轻劳动量。但这也是数据研究的重要环节，我们不要轻视和误判。

由此可见，数据治理技术包括数据湖（数据池）技术、云计算技术和数据库技术等。

2）大数据分析技术

大数据分析过程包括计算建模与分析，是大数据过程中最重要的工作环节之一。由于数据量巨大、关系复杂，加之很多大数据分析人员对业务并不熟悉，因此对大数据分析工作造成了很大的困难。

大数据分析人员不得不借助一些技术工具来做大数据分析。大数据分析的工具有很多，一般来说数据分析工作有很多层，分别是数据存储层、数据报表层、数据分析层、数据计算层，对于不同层次使用不同的工具。对数据分析的技术主要包括以下几个方向：

（1）数据统计分析。其包含假设检验、显著性检验、差异分析、相关分析、T检验、方差分析、卡方分析、偏相关分析、距离分析、回归分析、简单回归分析、多元回归分析、逐步回归、回归预测与残差分析、岭回归、logistic回归分析、曲线估计、因子分析、聚类分析、主成分分析、因子分析、快速聚类法与聚类法、判别分析、对应分析、多元对应分析（最优尺度分析）、Bootstrap技术等。

（2）数据挖掘。其主要包括改进已有的数据挖掘和机器学习技术；开发数据网络挖掘、特异群组挖掘、图挖掘等新型数据挖掘技术；突破基于对象的数据连接、相似性连接等大数据融合技术；突破用户兴趣分析、网络行为分析、情感语义分析等面向领域的大数据挖掘技术。

（3）模型预测。其包括预测模型、机器学习、建模仿真等。除此外还有各种计算技术，包括批量计算、流式计算；迭代计算、图计算和内存计算等。

需要说明的是，以上列举的技术是可选技术，不是都要用的技术。在大数据分析中，这个环节被认为是技术含量比较高的技术阶段，其实这个阶段是建立在上一阶段的数据整理、治理和数据研究的基础上的技术环节。这个阶段确实很重要。因为它是数据研究与业务（问题）研究最重要的融合阶段，技术只是一个操作过程。

3）*大数据呈现技术*

大数据的操作过程需要很多的技术，这是一个选择技术—优化组合—再选择—再优化的过程，这时已不是一个技术问题，而是一个方法问题了。

我们以大数据结果呈现为例。大数据经过数据治理、整理、研究，然后选择了最适合的算法、技术进行分析，得出了结果，然后需要用各种图式来展示分析结果，主要是为了体现视觉效果和美感，这时也要选择最好的呈现方式，这也是一个选择与方法的问题，如图7.1所示。

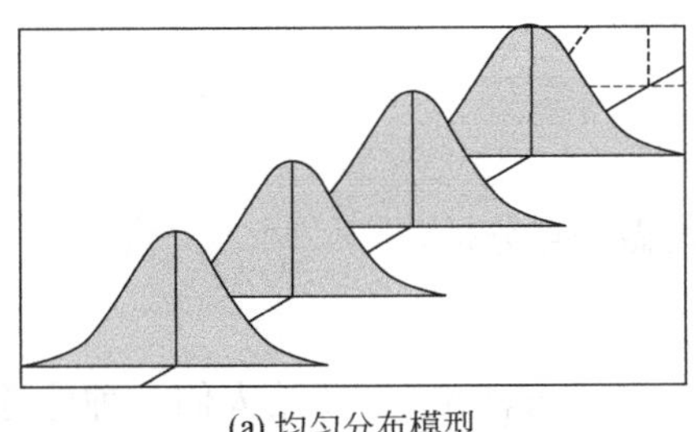

(a) 均匀分布模型

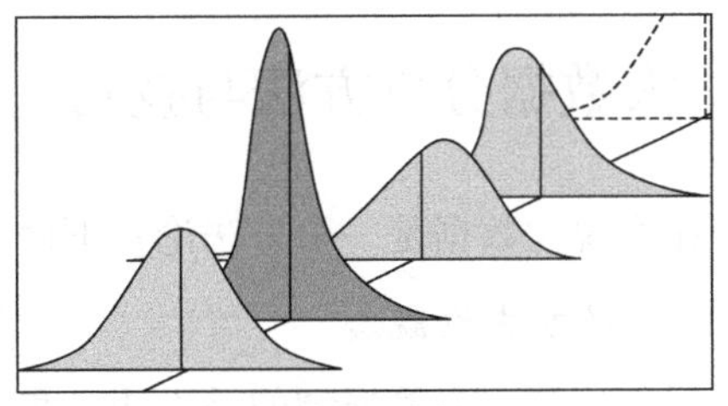

(b) 不均匀分布模型

图7.1　数据识别的基本数学模型与判识模型图

图7.1表现的是一种呈现方式，如果仅用一个数学模型说明还不够直观，那么就用一个图形来表达。图7.1表示一个环境大数据监测分析的结果，当不含变点时环境监测数据的各段分布是均匀的，如图7.1（a）所示；当含有变点时环境监测数据的各段分布是不同的，如图7.1（b）所示。在此基础之上，就可以用数据的方式来研究数据，从而解决现实中比较隐秘和难以监管的问题，如图7.2所示。

图7.2是环境数据造假分析结果呈现，是将研究的成果用图式的方式展现出来。将数据用曲线变化来表达其趋势与形态，并以此来研究疑似造假问题，会更加直观与增强分析

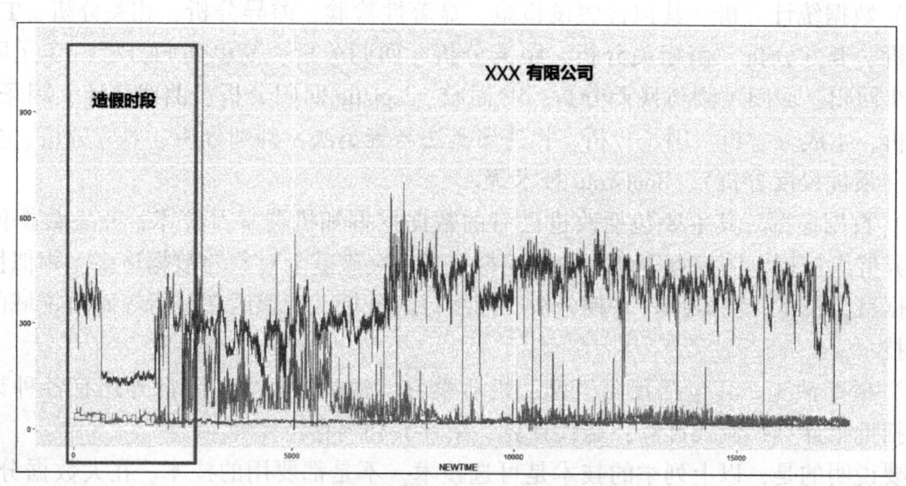

图 7.2　环保数据研究并判识甄别结果图

说明的可信度。例如，疑似度越接近于 1，其疑似造假的程度越大；疑似度越接近于 0，其疑似造假的程度就越小。“恒值”类数据直接赋值为 1，利用“疑似造假类型”进行区分。疑似度大于 0.5 的疑似造假数据，最终提交的成果数据为疑似度大于 0.5 的数据，经过验证准确率非常高。

这就是大数据研究的魅力。

以上所述，说明了大数据的技术组合的重要性。任何一个单一技术无论多么强大，都无法完成大数据的分析，给出完美的成果。所以，大数据必须要有更多的技术组合，这是一个技术集群的优化选择，从而才能完成大数据的分析。这时候就不是技术的问题了，而是更加需要一种好的方法。

7.2.2　大数据分析方法与技巧

我为什么说大数据是一个方法论？下面对此做一点分析。

1）*大数据方法论概念*

大数据方法论，主要强调的是方法。我们一说“方法论”，总给人们一种感觉是把数据当成哲学问题在讨论，其实不是这样的。

方法论是关于人们认识世界、改造世界的方法的理论。其中，方法是指一种以解决问题为目标的理论体系和系统；“论”是指观点。通常我们完成一件事情，总是按照提出问题、理解问题、分析问题、解决方案，然后实施阶段包括任务分配、使用工具和技巧，以及最后完成结果的过程顺序完成的，这是一个系统性的问题。而作为观点就不同了，如方法论具有三个重要性质：

第一是规律性，在不确定性中寻找确定性的因素；

第二是基本性，从复杂中寻找特性与共性，做最优化组合；

第三是流程性，从无序中找出节奏与有序性，获得正确结论。

大数据的过程就具备以上三个重要性质。我们所获得的数据是大数据，包含着极不确定性和复杂性，而且根本无序并且多元。大数据分析就是通过对数据研究、业务研究和技术研究，然后实施操作，做出技术、方法的最优化组合，从而找到关键因素，发现其基本特征与完成基本过程，达到有序性，获得成果。

从以上分析可知，大数据分析的过程就是一个方法论的过程。我们一定要牢牢记住，不要再到处寻找所谓的最先进“算法”和最先进的“技术”。我要告诉大家，世界上只有最合适的算法，没有最先进的算法；只有最合适的技术，没有最先进的技术。

这就是我提出的大数据方法论的基本概念。

2）大数据方法与技巧

大数据分析的操作一定不要简单粗暴，也一定不是我们传统 IT 思维的做法。

IT 思维的做法是获得一批数据后，先做各种清洗、提纯、整理，看看能不能建立所谓的“数据模型”，也就是寻找一些关系然后放在表格里，即“十数九表”。接着开始思考采用什么样的架构。完成一个业务需要的“管理信息系统”开发，就是数据跟着代码走，这是科学数据做法。而对于社会数据就是进行数理统计寻找一些特征，实施数据挖掘。

大数据的方法是以数据为核心的思维，即 DT 思维。这种思维是以数据为中心思想的思维，主要考虑业务、数据、技术的关联性，用大数据分析得出问题的“全信息”解。这种方法是一种技巧性的，不是计算机数据处理性质的，其主要包括以下几种方法技巧：

（1）科学匹配法。所谓科学匹配法是指在利用大数据分析中需要完成业务（问题）、数据、算法（技术）的科学匹配。这种方法技巧不要一味地追求算法或技术工具的先进性，而是要仔细地研究问题和数据，看看这些数据主要同问题有多大的关联性，还有哪些与此有关的数据，想办法再寻找与其关联的问题，特别要对业务问题做全面的、仔细的研究，之后再来寻找最合适的算法与技术（工具）。

前面已经叙述，世界上没有最先进的算法，只有最合适的算法。有些学者特别重视算法，认为只要世界上最先进的算法找到了，大数据分析就做好了。其实不见得如此，有些算法可能已经长期不用了。但是，它就是特别适合这个问题与数据，那它就是最好的算法。

工具或技术有很多，目前开源软件也有很多，只要掌握了基本的计算机技术都可以二次开发利用。所以，选择余地很大。

（2）小任务、多数据、强关联、场景为王法。这个技巧是指在面对要解决的问题或任务的划分时，我们往往认为大数据就是解决大问题的，而忽视了现实中很多问题其实并不是那么大，但却很关键。所以，在大数据分析过程中一定要抓住“牛鼻子”，即大问题中的核心关键问题。然后，再仔细研究与之关联度较高的数据，它可能有很多参数，是一种“全数据”影响其动态的问题，这样将他们关联在一起分析，来解决这个核心关键问题。

需要注意的是，业务、数据一定要放在一定的场景中来完成，如果脱离场景来做大数据分析，也许就会立刻失败，所以我们称为场景为王。

在这个方法技巧中有一个思想，叫“相干与不相干”，是指充分利用很多关联数据来解决一个问题。虽然有些数据看着不相干，但实际关联关系很大，存在着相干性。这种思想从某种程度上解决了一个很大的问题。由于人们往往很在意“因果关系”，当遇到一个问题时，首先想到的方法是在一堆庞大的数据中去寻找这个问题的原因是什么，这就自然而然地被引导到了“因果关系”场景中。然而，因果关系已被前人研究了很久，我们称为经典研究，即传统研究，经典研究走不下去了，所以才指望利用大数据分析来解决。

所以，切记不要落入“经典陷阱”。

(3) 全数据、全信息、全智慧分析法。大数据时代的一个显著特征就是数据极大地丰富了。前面已介绍，大数据分析就是要充分利用大数据和充分地发挥数据的作用，因此，称其为“全数据”。

“全数据”是指在一件事情上，或者在大数据分析“任务”上，围绕这件事一定会产生很多的数据（参数），即相关数据，所以一定要竭尽全力地获得与此相关联的所有数据，通过采集、收集、治理，然后采用“小任务、多数据、强关联”的方法做好大数据分析，这就是发挥与之有关联的所有数据作用的最好办法，称为“全数据”作用。

为什么如此强调“全数据”？在大数据分析中，围绕这一个事件，那些“边缘”参数或数据往往是“小概率”事件，而往往“概率”越小信息量就越大，所以，一定要注意“全数据”中的“边缘”参数的强大作用力。

“全信息”是指将数据中所有信息的作用发挥到极致，不要损失、丢失和忽略任何一点数据所承载的信息。

能做到“全数据”，必然是“全信息”。这在传统做法中是做不到的，如数值模拟法、数理统计法、最优化计算法、非线性问题线性法等，在采用传统技术方法过程中都会损失很多的信息。过去除了因为数据太少，需要采用模拟、插值、约束、有限样本等方法以外，主要还是考虑将非线性复杂事物转换成线性问题来解决，大多数会采用约束、假设条件等方式，其中很多方法都在深入挖掘问题中的因果关系，最后都会掉入“经典陷阱”里出不来。

虽然经典方法在当年都非常先进、有用，但在大数据时代，这些方法并不是最佳的办法。

“全智慧”是指要充分利用所有参与大数据分析时工作人员的聪明才智，包括大数据分析中的业务专家智慧。但是，我们现在还没有一个很好的机制，如何才能将这么多专家的智慧进行集成、挖掘，参与大数据分析，还需要做科学的研究。

据我估计，一个专家的知识被显性化了的只有50%~60%（著述、论文和成果报告，以及现场工作等），40%~50%都在专家的大脑里存留，很多都随着人的去世而消失。这些知识非常有价值，主要包括经验、教训，但无法量化保存。我们也尝试过用钱学森提出的“大成智慧”思想来开发一个专家智慧集成研讨厅系统，不过现在还未实现，尽管这样还有大量的智慧被带走。

最近我们研究了一个新的办法，即“大数据与人工智能”法。这个方法可以很好地解决我们在大数据分析中如何动态地、连续地追踪趋势分析和预警、告警的问题，部分解决了“全智慧”的问题。

“大数据与人工智能”法其实很简单，就是对一个业务问题采用大数据、强关联分析后，完成一种趋势分析和连续追踪模型，我们称为“数据工作法”。通过让数据不断地连续运行构成一种曲线态势，然后嵌入人工智能技术的学习、记忆、识别、判断与决策能力技术，将各种经验、教训及问题都作为人工智能学习、训练的样本。在大数据分析趋势追踪过程中，利用人工智能技术始终进行巡检、评估、监测，当预知以往大多数此类情况下将会发生某类问题时，数据就会给出预警提示，遇到紧急情况前会给出告警，这叫“数据聪明”法，也是一种智慧过程。

这种智慧是来自大数据分析过程的数据方法论，这种技术是来自人工智能技术的技巧，我认为它是一种让数据“聪明”的做法，比用积累的各位专家的经验智慧集成来得更快、更直接。

当然，大数据分析技巧还有很多就不一一介绍了，我以上述三个典型方法技巧为例说明，只是抛砖引玉。

3）大数据方法与技巧应注意的事项

大数据时代比传统人工时代、机械化时代及IT时代都要先进得多，主要是“数据智能分析”，即当数据极其丰富以后，我们只要充分利用大数据，发挥大数据的作用，做好数据分析，就能做好每一项研究与管理，其过程简单化和优化了，自然而然也就智能化了。

我们在利用大数据分析方法与技巧时，要十分注意这样几个问题：

（1）我们都知道，世界观可解决“是什么”的问题，而方法论可解决“怎么办”的问题，二者不要混淆。方法论是完全可操作的过程，千万不要以为方法论是一个哲学范畴或是一种概念、一种虚拟化的思想表达，如果这样认为你就错了，就不会也不可能做好大数据的事业。

（2）IT思维与DT思维是两种截然不同的思维。本书已在多处提及该问题，希望引起高度重视。思维决定判断与决策，思维是逻辑性的，逻辑是决策的基础，决策是行动的目标，人应该先有思维，后有决策。

IT思维是一种“信息技术”的思维，这在20年前甚至10年前都很先进，但是，在大数据时代它就不算先进了，它有很多的问题，我们必须加以克服。我想提醒大家注意的是大数据分析千万不能做成MIS，否则就会失败，或者说不能做大数据分析了。所以，千万不要再千辛万苦地做成MIS开发。

DT思维是一种数据思维。虽然人们用DT来表述“数据技术”不是很确切，但是，大家有点约定俗成了。数据思维是一种以数据为中心的思维方式，它有利于开展大数据分析，而大数据分析过程的方法论是建立在数据思维基础上的操作，这个非常重要。

（3）截至目前，大数据分析没有数据模型，确切点说是没有数据分析与业务模型，即大数据业务模型为0。这个很重要。数据模型决定着在计算机的计算过程中所提供数据的数据格式；数据模型关系着数据在系统中的运行，以及在数据库中的存储方式。可是，大数据是一种“全数据、全信息、全智慧”的方式，之前我们具有的“IT”时代的“数据模型”已经不适应大数据的分析操作，这是我们当前最重要，也是最大的问题。

（4）关于模型。数字化以来，模型非常流行，在大数据时代更加热门，这里对此简单作下界定。模型有很多种类，如实物模型、物理模型、理论模型，但我们这里讲的是数据模型。

数据模型有两种：一种是数据组成模型，如计算机中的“二维表格”；另一种是业务与数据融合后的数据运行模型。这两种模型完全不一样。

因此我们需要创新发展大数据分析过程中的操作，尽快建立属于大数据的数据模型，包括数据组成模型与大数据同业务融合的数据运行模型。

（5）大数据的技术创新也是大数据发展一个非常重要的事情。由于大数据是方法论，同时又是一个数据集合的过程，需要应用很多的技术支持，从而做单一的大数据的技术是很困难的，所以，大数据的技术创新关键在于对各种技术的优化组合，选其中最适用的功能与工具完成多个技术的组合将会是最好的创新。

当然，传统技术、经典技术激活也是一种创新。如人工神经网络就是一种在大数据时代人工智能被激活的技术，它构建出了“深度学习”法，这也叫创新。

还有“匹配”法也是创新，“匹配”在网络中被广泛应用。例如，我们要在网络上搜索一个人，输入关键词搜索就能列出相应的照片或文档，这在搜索过程中就是关键词与网页的匹配。一般要根据 200 ~ 300 个相关性、新鲜性、流行性等不同需求，以及建立用户模型反映用户的兴趣偏好等，再用外部雷达评估，以确保结果的客观，这就是“匹配”搜索算法，对大数据匹配也很有用。

其实，大数据分析很难做 MIS 这样的形式构成产品，这是一个问题，需要很好的研究与创新。

以上是对于大数据方法技巧使用时的注意事项提出的一点看法，供大家参考。

7.2.3 关于大数据的业务数据模型的讨论

关于大数据的业务数据模型，我们一直想要建立一个通用型模型，但是，示例需要很具体。于是，我们还是以石油企业为例来建立大数据的业务数据模型。

1）基本思想

在石油行业内油田勘探开发领域，长期执行着 IT 时代编制的一种业务数据模型，称为 POSC 模型。

POSC 模型一直作为油田数据建设和管理信息系统的业务数据模型执行，用以处理业务与数据的运行关系。在医疗行业，也有一个 XML 标准下的数据模型运行规则，可见，由于行业不同，业务数据模型也略有不同。随着大数据与人工智能的出现，数据不仅仅是一种结构化数据，还有多种类型数据同时存在参与分析与操作，所以，类似 POSC 模型这样单一的数据业务模型已不再适用了。

IT 时代的主要特征是“数据跟着代码走”“十数九表”，采用的是 IOE+C（IBM 小型机 + Oracle + EMC + Cisco）的 IT 架构。这个架构在大数据时代已经不能适应需求了，也无法在智能油气田建设和智慧油气田建设中执行大数据分析。

为此，当前急需解决的问题是在“全数据、全信息、全智慧”方式下，针对某一业务难题完成“用数据工作，让数据聪明”的操作，这样就需要建立一种适应大数据时代的、新型的业务数据模型。

2）大数据的业务数据模型研究

我们以油气田企业的业务需要和数据分析目标为前提，创建一种为油气田大数据与人工智能服务的大数据的业务数据模型，如图7.3所示。

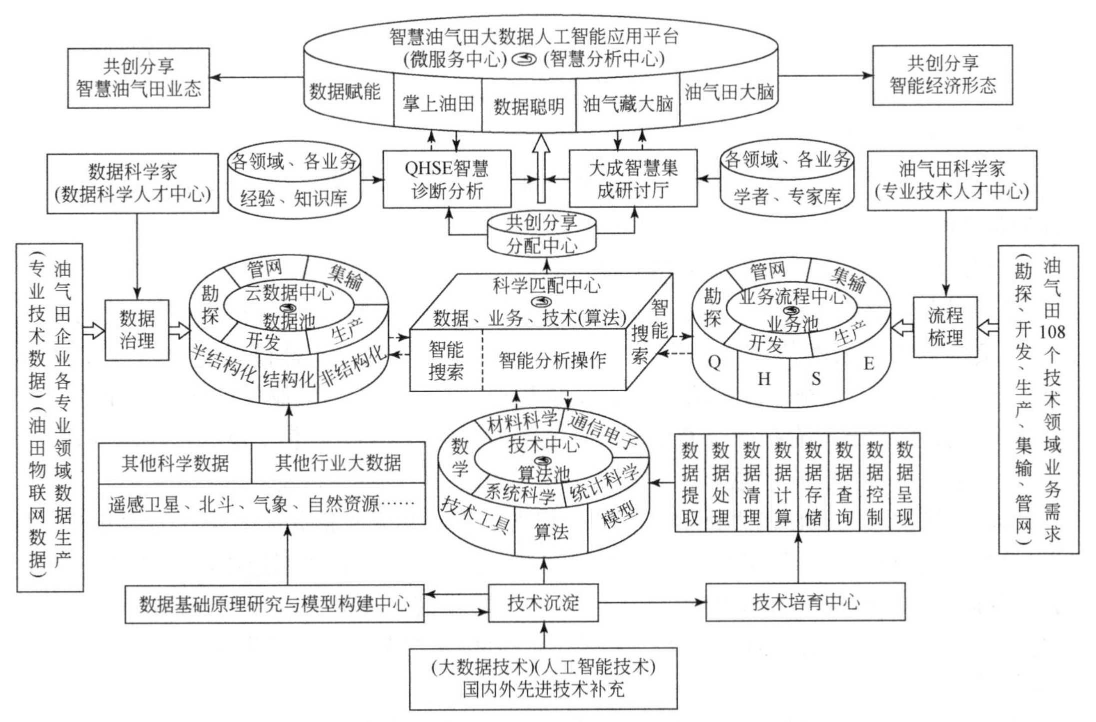

图7.3　大数据油气田企业智慧油气田业务数据模型

图7.3看起来有一点复杂，包含很多的内容，其实它很简单。这是一种“轮盘”（摩天轮式设计）式的模型，以“科学匹配中心”为中心，主要是根据“数据、业务、技术(算法)”运行和实施匹配中心的机制而设计。其中，匹配中心的主要功能是将“数据、业务、技术（算法）”进行科学匹配，并将生成的用于解决油田企业生产过程中某一问题的“匹配包”推送给“轮盘”，即数据池、算法池、业务池和“分配中心”面对的微服务中心。

首先，设想“轮盘”是智能化的。“轮盘”可以自动地转动，当它接到命令或任务时，可自动转动输入或输出。它犹如“旋转书架”和“数据抽屉”一样可放置不同的数据、软件、算法、业务、任务，匹配时为“即时取”。数据分包后采用二维码标识管理与解析方法应用。

其次，实施分布式操作。分布式操作是按专业、分领域，专项开发制作“智慧大脑”，然后将这一特定的“智慧大脑”脱离出去，推送给需求者，安装在需要安装的地方。最上方的大“轮盘”类似于一个“智慧大脑”的生产工厂或者APP生产工厂。

我们设想在未来油气田企业，大数据与人工智能技术的应用并不是安装大量的人工智能机器人，这种方式不适用于野外、沙漠、高山、大海等复杂环境中作业的石油企业，其成本高、风险大，大数据分析与人工智能学习、记忆、判识相结合的数据业务模式下的“智慧大脑”“用数据工作”“让数据聪明”将会是更好的办法。

最后，模型从整体上设计有“四大中心”。其中，科学匹配中心是核心关键中心，它接受来自业务流程中心、技术（算法）中心和云数据中心的业务问题、技术（算法）和相关数据，并在这里完成科学匹配，然后推送到“智慧大脑”的“制造工厂”里完成开发或分析。大数据的分析方法与人工智能技术目前还不能开发完成类似于“管理信息系统”等固化了的系统，只能针对具体问题灵活定制。

3）模型基本功能研究

“用数据工作”“给数据赋能”“让数据聪明”是大数据业务的核心关键思想，体现了“油田物联网”“数联网”和“智联网”这“三大中心”的主要功能。

我们设想这种业务和数据紧密结合的运转方式是一种最好的办法。但是，需要克服 IT 时代由于开发大量的管理信息系统（MIS）和巨大无比的管理平台（很多大平台成为企业巨大的负担）所带来的信息“孤岛”和数据“鸿沟”问题。这种模式充分尊重了各自“流”的自身原理与特征，数据治理后的数据更加规范和高质量，业务梳理后的业务流清晰而标准化，同时还配有技术（算法）库、知识库和各类专业专家（智慧者）库的建立，然后针对某一需要，实施“数据、业务、技术（算法）”的科学匹配。

所以，科学匹配中心和“科学匹配包”相当重要。大型“轮盘”只是作为“小型化”（即针对管理、技术、业务需要的业务事件点）“智慧大脑”的“制造中心”或“创新工场”。为此，大数据时代的油田企业急需要一种“数据流、业务流、技术（算法）流”的运行、通信与融合方式，必须创新发明一种适应大数据与人工智能时代的多元、新型的业务数据模型。

创建这样一个大数据业务模型，主要需要解决如下几个问题：

（1）需要彻底改变人们的思维方式，去掉长期以来惯用的 IT 思维，创建大数据时代的 DT 思维。目前这些正在交替中，需要一定的时间完成迭代。

（2）需要创新数据驱动模式。数据驱动是国家意志，但在实际操作中非常困难。因为使用长期惯用的“十数九表”形成的“业务驱动”或“问题驱动”形式，对实现“全数据、全信息、全智慧”是比较困难的。

（3）在技术上需要解决数据库创新性问题。IT 时代的“二维表格”数据模型和“数据跟着代码走”是唯一的办法，但确实难以适应大数据和人工智能时代的大数据方式，建立数据库成为一个难点。所以，我们提出通过数据治理将数据放在数据湖或数据池里，然后通过实施区块链技术方式智能搜索为用户主动提供服务，就像天气预报一样，随时推送数据湖中的数据消息，供使用者快速提取选用，这是一种“云数据、云服务”模式。

（4）“智慧大脑”研发、制作，是一种分专业按需求的操作，即轮盘式操作。目前很多专业软件都是单机版的，有些大型专业软件历经近 100 年的研发、完善已经非常成熟，无法开发一套适应独立平台的专业软件。所以，采用“云数据、云软件”共享的操作模式，以满足对各种专业软件的灵活应用。

（5）对模型中的各种通信协议和接口没有给出明确的办法与定义，有待在实际操作中探索。这里有很多接口需要专业开发，具有一定的难度，但还是要坚持“小型化、精准分析”“一事一个大脑”的开发、安装，即“中台技术”与“微服务”开发，这是大数据与人工智能技术最好的办法之一。

（6）再一次说明，我只是提出一个想法，正在研究中，需要进一步优化与简化。综上所述，该大数据业务数据模型具有以下优点和积极效果：

该数据模型充分利用了小任务（业务）、多元数据、强关联、混合（组合）技术、轮盘式操作、科学匹配、微服务、松耦合平台的思想，构建了一个以“科学匹配中心”智能操控，通过云数据中心、技术（算法）中心和业务流程中心将数据、业务、技术科学匹配的数据运行模式。

该数据模型给出了大数据与人工智能技术的数据流、业务流高度融合的“业务数据模型”，克服了传统 POSC 模型从数据到数据、从业务到业务系统二者融合度不高的缺陷，具有很高的优越性。特别采用了“数据、业务、技术（算法）”科学匹配方式，解决了大数据分析中数据、业务、技术选项选择与操作的难题。

该数据模型有可能开创一个崭新的大数据新时代，是大数据分析的新方法，彻底地解决了目前大家实施各种大数据时基于传统经典研究和技术模式下的业务数据操作难题，开创性地利用了“全数据、全信息、全智慧”方式，有利于实现“数据的秒级价值”，这在以往是没有的。

这就是我们创建的一种新型的大数据的业务数据模型。

7.3 大数据方法论实践

关于大数据分析的成果非常多，如最著名的“啤酒与尿布”，后来又被大家批判了说是假的。

不管假或不假，当初之所以令人们津津乐道，主要原因是其在分析上具有大数据的影子。试想炮制者可能就是对尿布商业数据进行分析后发现了这一现象。

从商业角度上来说，这是一件很聪明的事件。将尿布和啤酒放在一起，不要让顾客那么麻烦地去远处找，销售量自然会增加。

现在说这件事是假的等于开了一个玩笑，更多的是令所谓的大数据分析很尴尬。这类统计分析是一种传统的商业经典研究，应该说数据多了是可以实现的。

今天的大数据分析不是那么简单就可以做到的，这里举几个具体示例作为大数据方法论的实践案例分析。

7.3.1 教育大数据分析

教育大数据应该包含很多方面，为了能够让读者简单明了地看到大数据分析的操作过程与方法，我们以大学生精准扶贫这样一个事件为例。

1）大数据精准扶贫需求分析

在我国，全面建成小康社会是国家一项重大战略，而对在校生中的贫困生实施精准资助，是这个国家战略中的一个重要组成部分。怎样才能对在校大学生中贫困生进行精准识别，然后再做到精准资助？这既是学校领导最为关心和关注的大事，又是学校相关管理部门比较头痛的难事，还是大数据时代需要采用大数据方法与技术可做的事。

其主要解决的具体问题有：

（1）在众多学生中如何精准地识别贫困生，落实好国家政策。

（2）在精准识别后如何精准地发放资金，如何动态地掌握贫困生的生活状态，以及动态地浮动精准资助发放款项。

（3）数据量大、增长快问题。面对某大学3万多1～4年级学生的校园一卡通数据，仅一年31270名学生的校园一卡通消费数据，就达12641276条。除此外，还有其他数据存量10亿条，数据增量12万条/天，覆盖学生数量3万人/年，每年新增2000万条，每天上线人数2万+，等等。要完成大数据分析，如此巨大的工作量是难以想象的。这还不是校园大数据的全部，其他还包括教务、图书馆、公寓等数据。目前的任务是仅利用学生校园一卡通的就餐数据，做到精准识别、精准资助。

2）大数据研究过程

（1）准备阶段。面对这么大的数据量，要先进行数据提取、查看、检查、试分析，即数据准备；需要对规模化的校园大数据全面进行去重、清洗、校准、落实，即数据研究；还要做好对学校食堂菜品价格的调查、试吃等各种实践环节调研，即业务研究；并全面地对数据和学生就餐行为进行分析，制定大数据分析精准扶贫和精准资助原则，制定大数据分析与精准资助指标，即实施业务数据融合。

这些数据的复杂性出乎预料，主要是数据重复率非常高，数据清洗、去重占了很多的时间。同时在数据分析和使用过程中，应依法严格落实数据安全和个人信息保护的相关措施。

（2）技术准备阶段。技术准备是按照大数据分析的三个层面需要，包括数据治理、整理技术工具，大数据分析算法工具与大数据分析后的呈现工具的选择，需要强调的是三者必须形成一个大数据的技术组合，只依靠单一技术是不能完成大数据分析的。例如，使用数据专家（Datist）的自动运行技术自动定期（月、季、年）生成校园大数据精准资助分析报告，动态掌握学生的贫困状况，从而有针对性地调整资助金评价体系与发放办法。

通过移动端进行交互式的信息查询、推送和告警预警，可按照不同用户权限推送学生、班级、学院的贫困画像报告，对系统识别出的不安全因素（潜在失联）等信息可立即推送至相关人员。

对于失联或潜在失联的学生，利用系统给出的社交网络关系，及时联系该生的关系最紧密者，扩大搜寻范围，辅助查找失联学生。

（3）模型建立阶段。这里构造了关键的贫困单项指标8个，总贫困指数1个，建立核心大数据模型1个，基于学生基本属性（性别、年级、地域、专业等）建立了贫困识别主题模型5个，形成了集贫困指数、学生画像、异常类别学生分析于一体的校园精准资助功能与应用。

利用这8个关键贫困单项指标（如消费能力、健康指数、社交关系等）对学生进行"画像"，学生全面信息一目了然。实践表明，贫困生与非贫困生、建档立卡学生与非建档立卡生、一般贫困生与特别贫困生在学生"画像"上具有显著的差别。利用学生"画像"，可在贫困指数的基础上对学生各方面信息做进一步的了解，其更加精准和全面。

3）科学匹配与大数据操作

科学匹配主要是根据目标要求与数据的情况而进行合理配置。目标需求是"精准地寻找到贫困生”，数据是一卡通学生消费记录，但需要同算法、指标、算力等进行科学配置，这一个过程非常重要。

大数据操作就是利用建立的大数据模型可自动识别出异常学生，如在贫困生名单里的疑似非贫困生和不在贫困生名单的疑似贫困生，将这两类学生筛选出来报送相关人员，可对这两类学生做进一步关注与调查，确认异常原因，确保不漏掉贫困生，不错发奖助金。

针对学生的临时困难补助申请，快速生成学生贫困分析报告，全面反映该学生经济状况。利用大数据分析结果，结合实际调查进行贫困身份甄别，力争不遗漏一个贫困生，不错发一笔奖助金。

针对补助金帮扶效果给予评价和反馈。实时跟踪学生消费信息，灵活调整补助发放策略，如实时跟踪学生的消费数据，确保贫困补助的发放对贫困生的生活起到改善作用，并根据帮扶效果灵活调整发放形式或金额。

4）效果评价

关于效果评价，由于可能会涉及个人身份等隐私问题，就不再深入的讨论了。我只能告诉大家一种大数据的操作方法，效果还是非常不错的，所研究与分析的结果，经过主管部门的验证识别精准度可达99%以上。

5）校园大数据未来

数字校园建设中一卡通是校园大数据的基本数据源之一，若干年来积累了大量数据，这些数据覆盖了学生的学业、生活、就业、安全、思想等方面。在大数据时代的今天，大数据技术为充分挖掘校园大数据提供了可能，为基于校园大数据的精准资助工作深入开展提供了技术契机。教育大数据校园数据源分析模型如图7.4所示。

图7.4　教育大数据校园数据源分析模型

校园大数据具有来源多样性（包括学生管理系统、一卡通、证明材料）、构成复杂（包括系统自动采集数据、人工填报Excel数据、Word证明材料）、质量参差不齐（主要为数据重复、系统间学号不一致、数据缺失、人工填报错误）等特点。如何将多源数据整合到统一的平台之上，进行快速地数据清洗、整理、转换，然后自动化地分析、挖掘并生成报告，推送信息，展示界面，是校园大数据精准扶贫工作面临的第一个挑战。

尽管大数据分析技术为校园精准扶贫提供了技术契机，但是，技术要与具体的学生管理教育相结合才能实现目标与价值。校园精准扶贫的难点在于如何提高识别精准度，如果将非贫困生识别为贫困生，则浪费了国家资金；如果将贫困生识别为非贫困生，则无法改善贫困生的生活和落实国家政策。设计合理的贫困指标、选择合适的算法模型、制定科学的大数据与实际关联的原则和准则，是校园精准扶贫面临的第二个挑战。

精准学业引导：通过分析学生的兴趣偏好、学习能力、生活规律、行为习惯等若干数据，对学生进行个体“画像”，对学生成绩排名进行预测，对学生挂科进行预警，在学生的整个校园学习过程中进行精准的学业引导，帮助学生顺利完成学业。

精准安全定位：利用学生在校产生的动态数据，精准识别学生当天是否在校，是否返校。将存在安全隐患的学生信息，及时推送给辅导员或相关管理人员查核，确保学生的安全。如学生关系圈识别可以这样做到，如图 7.5 所示。

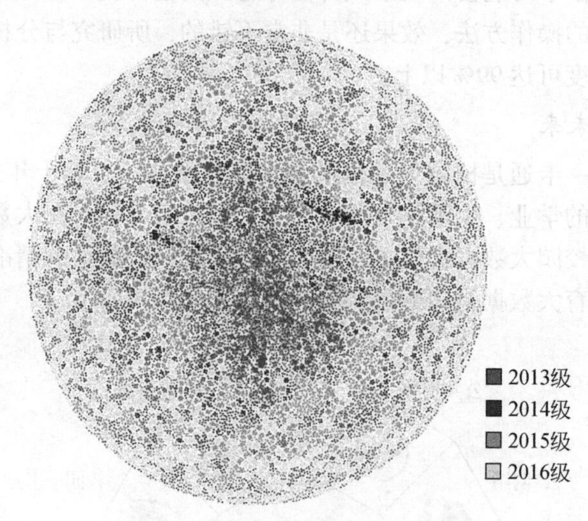

图 7.5　教育大数据分析学生关系圈

图 7.5 显示出 2013 级（即大四）学生间的关联关系非常密切，处于图中中间部分，反映了大四学生的人际关系关联情况相对集中。而越到边界越稀疏，这部分就是 2016 级（即大一）学生，因为此时学生之间还没有建立起广泛的联系。

上述案例是校园大数据分析方法中的其中一个方面，是一个真实的案例，也是得到国家相关部门和高校高度重视的案例，具有可操作性，实际效果好。如果同学生学籍、教学、教务、实习、实验、思想品行考核等数据关联分析，还可以做很多的事。

7.3.2　电梯大数据分析

下面选择一个“相干与不相干”案例来讨论大数据分析方法。

1）背景分析

电梯是一种解决垂直运输的重要交通工具，与人们的日常生活紧密联系，同时它还是使用极其频繁的技术产品设备。特别是在现代大都市里，高楼云集，商场密布，到处都有电梯。然而，有一个重要问题就是有关电梯的安全事故不断发生。于是，如何实现有效监管与分析预警安全成了亟须解决的难题。

由于电梯事故很多，于是人们都在关注电梯质量问题，关注电梯在什么情况下会发生事故。国家、各地质检部门都希望对电梯质量进行监控监测，从而对安全事故预警，这时候人们想到了大数据。

但是，目前还没有办法在电梯各个部位安装传感器，也没有数据采集系统，如何对运行中的电梯做质量监控，如何应用大数据技术对每部电梯在每天运行中进行质量监控？成为很重要的课题之一。

2）电梯构成与需求分析

一般来说，电梯主要由曳引电动机、控制柜、轿厢、厅门、轿厢导轨、限速器、轿厢缓冲器、对重装置、随行电缆和曳引机钢丝绳等部件组成。按照其所在的位置分为四部分：机房部分、井道及底坑部分、轿厢部分和电梯层站部分，如图 7.6 所示。

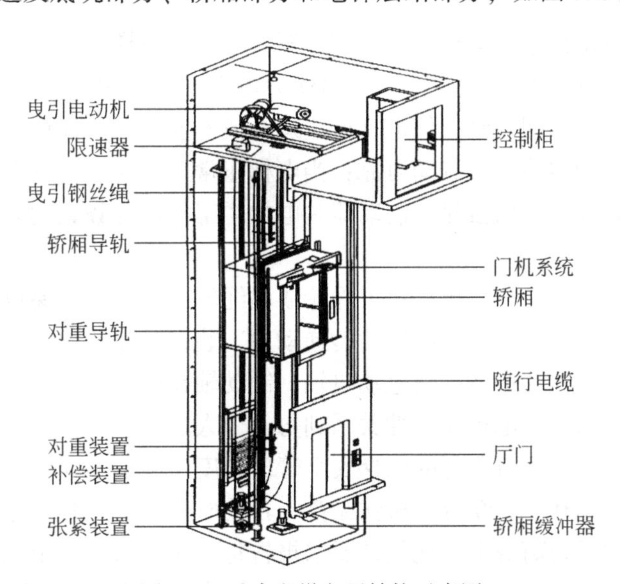

图 7.6　垂直电梯主要结构示意图

来源：http://tushuo.jk51.com/tushuo/6792766.html［2020-9-17］

电梯制动器能使电梯的电动机在没有电源供应的情况下停止转动，并使轿厢有效制停，电梯能否安全运行与制动器的工作状况密切相关。

但是，目前除了给电梯的很多点位安装视频监控以外，并没有在构件上安装传感器来采集各种数据以分析工况和单一构件状况的，这是一个很大的难题。而要采用大数据分析来监管必须拥有足够的数据量，这些数据从哪来？

3）数据研究

我们引入这一案例就是要告诉大家，有一种大数据分析叫作“看似不相干，其实相干”法。这种方法的好处就是可以借助综合、多元数据，来实施强关联分析。

这里的大数据主要包括以下几点。

（1）电梯各种构件的出厂参数与国家认定的标准指数。

（2）电梯用电量与用电变化参数及载荷。

（3）各种构件的疲劳度指数与健康诊断指标。

（4）电梯电脑设计、开发、运行质量指数。

（5）电梯维护记录问题最多指数，如制动器常见问题，包括：①长期使用造成制动闸瓦脱落，粘接开胶；②密封橡胶老化破裂，掉进异物造成制动器卡阻；③电磁铁芯生锈，造成制动器卡阻；④电磁铁芯导向机构设计不合理，铜棒与铁芯连接处发生多处断裂，造成制动器卡阻。

这些间接数据、关联数据，以及各种参数指数，特别是某一类电梯维修记录数据，都是我们用作大数据分析的数据。

4）业务分析

这里的业务分析是指电梯运行工作状态分析。例如，电梯曳引电动机制动器必须是在通电时解除制动，使电梯得以运行；当电梯动力电源、控制电源断电时，或电梯运行超载、超速、出现故障时立即制动，使电梯停止运行或不能启动，保证了电梯在停电及各种非常事故发生时，制动器能实现制动可靠；当电梯正常运行时，制动器必须完全释放，制动闸瓦不得与制动轮发生任何接触。制动器是电梯中工作最为频繁的装置之一，也是对安全运行作用最大的装置。

曳引轮是曳引机上的绳轮，也称曳引绳轮或驱绳轮，是电梯传递曳引动力的装置。利用曳引钢丝绳与曳引轮缘绳槽上的摩擦力传递动力，装在减速器中的涡轮轴上。如果是无齿轮曳引机，装在制动器的旁侧，与电动机轴、制动轴在同一轴线上。还有很多，这里不一一地阐述了。总体来说，电梯安全性关系到每一个人。

在美国各州都有一套各自可行的电梯安全管理制度，和由不同的管理机构负责监管电梯的安全管理。如每500～1000台电梯就配备一名政府检查员，其工作量巨大，不得不使更多的责任落到电梯承包商身上，他们被要求报告每一年的书面安全检查，以表明有关安全装置处于正常运行状态，使得检查员能够将重心放在那些有质量问题的电梯上去。

日本在对电梯质量监管方面，他们的工匠精神吸引全世界都在向他们学习。在电梯安全上他们秉承“软硬兼施”的原则，如在《建筑标准法规》中要求新安装的电梯必须加装安全抗震设备。设备可以确保电梯感应到地震后，自动停靠在最近的楼层。这样就大大减少了地震中的电梯事故。

英国作为标准化工作起步最早的国家之一，在电梯安全方面的规章也较为健全和严苛。规章要求对客梯至少每6个月检查一次，货梯至少每1年检查一次，检查员应第一时间书面报告所发现的任何可能导致危险的缺陷，若可能导致人身伤害风险，则应立即报告执法机构。

安全是电梯最重要的“命门”，是其第一大课题，如何使用大数据方法解决问题？这是大数据方法论应该研究带有着普遍性的“相干与不相干”问题的典型代表。

5）大数据分析方法与操作

大数据分析自然需要大量的数据来做支持。前面对数据已经做过分析研究了，接下来我们采用的办法是大数据的“全数据”模式。除上述分析研究的数据外，我们还可以获得以下几种关键、重要的数据：

（1）采集电梯工作过程中的平衡数据，以此作为依据，判断导靴的工作是否故障。

（2）采集轿厢本身重量及载客后重量，标明最大载重值，并在超载后做出具体应对措施。

（3）采集曳引电动机散热电阻附近的温度数值，监控温度高低变化情况，从而根据温度的变化情况判断出轿厢负载的大小。

（4）采集信号强度。大部分电梯内具有语音报警功能，信号强度是决定语音通话状态的重要因素。

（5）采集电梯负载时的耗电量。一般来说，负载越高，功率越高。所以，耗电量与负载成正比。

其实，最关键的是某一厂家某一类产品中的某一系统性问题，即要对维护中经常出现的问题特别注意，可以建立相应的指标或阈值，这就是经验库、知识库建设的重要性。

这里没有给出大数据结果，主要原因是牵扯到一些具体品牌与厂家，但是，我们根据数据、运行与技术（算法）的科学匹配，主要突破口在于对质量监控与构件疲劳度的预警、告警，效果还是很好的。

对于关键技术与综合分析方法这里就不再论述了，它们也是一个技术集合，发挥组合技术的群体技术力量。由于具体分析结果带有电梯信息，这里就不再呈现与展示了。总之，这种方法是大数据区别于其他任何技术方法的最大优势。

举这个案例的主要目的是告诉大家，在智能分析与大数据分析中维护与维修记录数据的重要性，各种事故、问题参数有时是至关重要的。

7.3.3　大数据分析中的智慧大脑

智慧大脑是大数据与人工智能技术最重要的技术之一，也是一个产品，在未来智慧建设中将会发挥非常重要的作用。这里我也将其作为大数据分析方法的一个案例做一点简单的介绍。

“智慧大脑”是指类似于人的大脑一样的“用数据工作”“让数据聪明”的“软体机器人”，会被安装在很多工作过程或环节中，以替代人来工作。她非常聪明，非常勤奋，非常守时。人类需要休息、睡觉、吃饭，她不需要。

她是大数据与人工智能技术有机结合的一个结晶。

我以“智慧采油”中的一个智慧大脑为例。油田单井产量是一口油井每天工作结果的最终指标，多少年来，人们试图用产量来衡量油井的“劳动量”，更想知道油井工作状态，但是，没有很好的解决办法。即使近年来通过实施数字化建设，安装了无线传感器等设备，但也只能做些检测和监控，做不了大数据的“全数据”分析。

我们采用油田大数据分析方法，就可以实现“用数据工作”“让数据聪明”。假设在一个采油区里有100口油井，每到24点时，当天所有油井的生产产量就截止统计了，从0点起往后要记作第二天的产量了。这时我们的智慧大脑就会自动开启，开始工作了。

第一个智慧大脑被开启，她将对100口油井进行初步检查。她根据针对每口采油井已制定的生产方针与政策，特别是数据库中关于每口井的各类数据，对这100口井进行遍历（计算机术语，就是对每一口井都要分析一遍），看有多少口井有问题，多少口井没有问题。假设遍历以后发现有20口井有问题，80口井正常，那么，80口井就不用管了，把有问题的20口油井选出，然后交给下一个智慧大脑。

第二个智慧的大脑接到指令后开启，她的工作任务是对由上一个智慧大脑提交的20口问题井进行诊断，看每一口井到底得了什么“病”。她拥有强大的数据库和各项指标，并且需要经常接入“知识库”“专家库”和“经验库”来进行查找、比对和请教。然后，对每口问题井生成“一井一策”报告，相当于我们在医院里的“诊断书”或“药方子”。例如，有的井可能是结垢了，智慧大脑给出一个对策；有些井是长时间动液面不足，智慧大脑给出一个方案；有些井是结蜡了需要加药，智慧大脑也给予提示，等等。

进行完这些工作，时间就到了早上6：00～6：30时候，这时油田的工作人员开始起床、洗漱，而智慧大脑已经将所有的“一井一策”报告提交、推送给下一个智慧大脑。

第三个智慧大脑收到上一个智慧大脑的“一井一策”报告后，开启对上一个智慧大脑诊断结果的“复诊”，也就是检查、核对。这个过程大约需要30分钟，检查并确认没有问题以后，就可以开始发布“一井一策”了，主要是将报告推送到有关领导和专家的手机上。这时大约7：00，人们吃完早餐开始准备上班了。

当领导接收到这些报告后，这个智慧的大脑的“会商系统”会被开启，接收来自各个领导、专家的征询与质问并给予答复，对于仍存在问题的井，将会启动返回模式，将仍存的疑问反馈给第一个智慧大脑，直到完成重新修正。待确认没有问题后，由领导电子签字批准开始作业。

接着第四个智慧大脑开启，这是一个“抢单”作业调动中心，是针对油井作业队伍的业务质量管理的大脑。当主管厂长电子签字后，第四个智慧大脑开始接入，并给所有的油井作业队伍发布油井作业情报单。

所有的作业队伍在8：00准时开始“抢单”。当一个作业队伍有信誉、技术能力强、修井业务业绩排位靠前时会优先选择该队伍。但是，如果这个队伍截至当天还剩余3口井的工作任务，这时智慧大脑会自动拒绝该队伍，并会仍然选择信誉比较好，业务能力强，目前没有任务或当天可以完成任务的作业队伍发包，以此来保障快速作业而不会直接影响到油井的生产时速。“抢单”智慧大脑直至将所有的作业任务都分配完，就会自动关闭系统。

这个“抢单”大脑没有人情世故，她只选择评估信誉好、能快速完成作业任务的队伍并给活，以确保用最短的工作时间将作业完成，不耽误油田的生产任务。

以上虽然看起来只有4台电脑，但是这4台电脑是一个以大数据分析、操作、人工智能技术参与的强大的智慧大脑。它是一个大数据分布式的工作方式，可以错点并行工作，效率非常高。当然，要完成以上 4 个智慧大脑的有效运行，还需要强大的“云数据、云服务”支持和实时数据供给与动态补给。

显然，大数据方法论在这里发挥了巨大的作用，将大数据的数据业务模型应用得非常自如，成为智慧油气田建设中最大的亮点，更是“智慧采油”建设的主打技术。它可以适用于任一个行业、领域和项目。

我们如果给一个模型，就是

“让数据工作”=(4PC·智慧大脑)=“无人”油田　(7.1)

总体来说，通过以上的应用案例分析可以看出大数据是如何操作的。由于篇幅限制，我们没有给出很多的技术过程与成果，但是大数据方法基本得到了体现。

7.4 结　论

大数据是数据的延续，即大数据也是数据，简单一点说就是多一个“大”字；大数据方法论是数据科学的延续，简单一点说就是多一个“论”字。可是，未来大数据将会发挥无法估量的作用，必须引起高度重视。这里对本章做几点总结：

(1) 大数据不是技术，大数据是个方法论。大数据方法论不是哲学，而是可操作的一种“技巧”。我们必须要树立起科学、完整的大数据方法论思想才能有所作为。

(2) 大数据分析的“全数据、全信息、全智慧”研究是大数据分析的核心内容，大数据的“业务、数据、技术、算法”科学匹配是方法论的关键思想与操作。为此，需要一个强大的业务数据的大数据分析模型，这里给出了一个模型供大家研究、批评。

(3) 大数据实践要完全摒弃管理信息系统的思维与做法。大数据分析是一个适用于业务数据的多元数据、多技术组合的模式，即“中台技术”+“微服务”开发，单一数据体、单一技术是无法完成真正的大数据分析的。

总之，大数据需要研究的问题还有很多，需要好好地去探索。

第8章 数字决定数据

整部书都在研究数据与数据科学，但是，研究数据前不能缺数字，更不能少信息，数字、数据、信息就是“三兄弟”。本章就来讨论一下数字和数据的关系，而要讨论数字就不能不提数字地球。

8.1 重提数字地球

数字地球的提出让人类社会进入了一个崭新的时代，这个时代的重大标志之一就是完成了数字化建设，促使了数字化转型发展。

8.1.1 数字地球

数字地球，是指采用数字技术将我们生活的整个地球完全数字化并装在电脑里，形成一个地球的数字模型，也有人称为“虚拟化地球”。

1）数字地球的提出

数字地球的提出，起源于1998年1月时任美国副总统的艾伯特·戈尔在加利福尼亚科学中心开幕典礼上发表的一个讲话，题目为《数字地球：认识二十一世纪我们所居住的星球》。

艾伯特·戈尔，1948年3月31日出生于华盛顿。曾于1993～2001年担任美国副总统，之后更多的身份是一名国际上著名的环境学家。由于他在全球气候变化与环境问题上所做的贡献受到国际肯定，因而他与联合国政府间气候变化专门委员会共同分享了2007年度的诺贝尔和平奖。

但是，渐渐地人们忘记了他曾经是提出过数字地球概念的人，他成了一位坚定的环保主义者。有人认为艾伯特·戈尔算作一个政治家，因其在议会时担任过科技委员会委员，曾大力提倡发展高科技成为新经济的动力。从效果看来，艾伯特·戈尔的主张不可谓没有成果，在1996年开始，信息科技产业就成为美国经济的新动力，为美国创造了长时间的经济繁荣。因此，由艾伯特·戈尔提出数字地球的概念也就不足为奇了。

数字地球思想与概念的形成及提出，主要与当时兴起的GIS、网络、虚拟现实等高新技术密切相关，艾伯特·戈尔将数字地球看成是对地球的三维多分辨率表示，它能够放入大量的地理数据。他认为数字地球就是对整个地球全方位的GIS与虚拟，然后充分地利用互联网实现数据的共享。

数字地球提出以后，人们很快发现，一个数字化的地球就是数据化的地球，一个数据化了的地球不就是一个透明的地球吗？

关于“透明地球”有很多学者提出了大胆的想法，认为将4000m以上的地壳全部数字化后做成三维可视化，这样呈现出来的地球就是一个“透明地球”了。

于是，有很多国家实施了行动。例如，有学者在海岸线上做起全面的数据采集，有专家提出将海洋变成“透明”的海洋，这样开采油气就不那么费劲了。我国也有科学家提出了通过安装大量的传感器来采集数据，以实现地震预报等。还有 2008 年来自 79 个国家的 15000 名科学家就“one geology”这一全球项目进行了合作，将地球矿产分布制作成了一个数字化的地球，如图 8.1 所示。

图 8.1　首幅地球数字地质图

来源：http://www.ce.cn/xwzx/gjss/gdxw/200808/03/t20080803_16374019.shtml [2020-9-17]

总体来说，大家还是比较感兴趣的。但是，要全面地让地球“透明”太难了，于是慢慢地大家的热情减少了。然而，我希望今天重提数字地球，以焕发大家的热情，继续让地球数字化，来完成这样一个人类最伟大的梦想。

2）数字地球的贡献

1998 年数字地球的提出轰动了全球，这时人们正从 20 世纪将要步入 21 世纪，对于未来充满了期待。互联网的快速发展让人们的想象空间充满活力，而数字地球的提出给这个活力注入了激情，让大家更加兴奋。所以，当年数字建设与其发展非常快。

随着时间的推移，数字地球理念结出丰硕的成果，在各行各业爆发式地出现了各种数字式行业应用，如数字城市、数字农业、数字油田，等等，一时百花齐放。

由此可以看出，数字地球的贡献主要有这样几点：

（1）数字思维的形成。数字思维就是数字化思想，在数字地球提出之前是没有的，人们并不知道什么是数字地球，就更不知道数字化了。

数字化同信息化一样也是一种状态。在数字地球提出以来，人们对数字化的认识更加深入，于是，人们在做什么事时总在想办法将它数字化了，实质上就是利用数字的技术采集更多的数据，让数据极大地丰富。这是一个重要的思想行为，然后升华便形成一种逻辑思维，固化便就成了数字地球的思维。

数字地球思想就是数字化了的地球，是将地球构建成一个数字的装在电脑里的地球模式，可以扩展到各种行业领域，如矿山、矿产、森林等在高速网络上快速流通，这样就可以使人们快速、直观、完整地了解我们所在的这颗星球了。这种思想与思维深入人心，这是数字地球最大的一个贡献。

（2）数字的技术。在数字化时代，人们开发、研制、创新出了一大批数字的技术与产品，主要是围绕数字化的需要，数字的技术呈爆发式地增长，这是数字地球的第二个贡献。当然，不是由数字地球直接完成的，而是在数字地球提出以后，因数字化建设需要而形成的一个技术集合。

这里需要再次强调，数字本身不可能是技术，它就是一种符号与数字，但是，数字的技术是存在的，即将作用在数字化建设过程中的所有技术之和称为数字的技术，通常称“数字技术”。

数字化建设的过程需要数字的技术作支撑，如果没有数字的技术我们就无法完成数字化。那么，到底有哪些数字的技术呢？

林林总总该有很多，其中还包括一些辅助技术，但是，主要技术有这样几类：

传感器、仪表、数字摄像机等；

计算机、小型电脑、芯片；

数据存储技术、数据管理技术；

网络、WiFi、电子通信技术及其辅助；

控制技术与系统集成技术及管理信息系统（MIS）。

大体上就这些，最重要的和标志性的技术有三个：传感器、芯片和电子通信技术。

传感器就像我们的眼睛、鼻子、耳朵、舌头、皮肤，它是为模仿人的感官而设计制造的一种能够感知物质、事物的设备。所以，传感器是一个重要的设备，一定要做到全面感知、采集数字。

芯片或小型电脑是另外一个非常重要的数字的技术，它可以让传统技术数字化提升一个档次，如数控机床等。

电子通信技术就是以传感器为节点采集数据后，需要将数据远程传回数据中心，电子通信技术也是非常重要的。

这些是在数字地球提出以后，人类进入数字化时代的科学技术重要成果，促进了相关技术研制攻关与其大发展。

（3）数字化模式。创建数字化建设模式、管理运行模式、生产运行模式等都是在数字化时代形成的，这种模式对人类的贡献很大。

传统的生产方式都是机械化、电气化和自动化过程，在很大程度上还是一种离不开人的工作状态，只是将人的劳动强度降低了，风险降低了。而数字化的模式是利用数字方式加网络方式，完成了远程管理与控制，这样的生产方式特别适用于野外、城市、交通、工程一类的工作，代替了长期以来人海战术和人盯人的管理方式，形成扁平化管理，彻底地改变了企业的生产运行方式。

这就是数字地球提出后，实施数字化建设以来人类创造性建立的一种新型的数字化模式。

其实，数字地球的贡献远不止于此，现在我国还在大力倡导数字化转型发展，实施数字经济战略等，未来的发展将会更加久远。

8.1.2　数字化建设

数字地球提出以后，各行各业都在积极推行数字化建设，这是一个全新的领域，大家都不知道怎么做，经过多年的努力，人们终于摸索出来了一些办法，其中一个最重要的办法就是数字技术“植入”法。

什么是数字技术“植入”法？简单地说就是将数字技术同传统的技术与方法结合在一起，我们称为“植入”。

“植入”具有非常重要的含义，具有嫁接、渗入、嵌入等方式，其实，往往由于生产过程复杂与传统设备已成型，“植入”还做不到完全融合、融化在里面，只有嵌入或“嫁接”在其中，形成一种创新技术或模式。

数字技术“植入”法，大体上有三种，我们以数字油田建设为例。

(1) 低端做法，或叫初级做法。就是在传统设备上安装传感器或仪表、摄像头，连接在一个电脑上显示出来。由一个嵌入式的软件呈现一些数字或指示性效果，如 SCADA 系统。这是一种最简便的数字化方式，比较低级，但比人工要先进许多，可以在工作室里管理与监管，简称“数据采集不带控”。

(2) 中端做法，或叫低端集成。这种做法是一种“企业物联网”，为什么叫“企业物联网”？因为它完整地利用传感器、网络、小型计算机、数据库做了一个系统集成，形成了数据“采、传、存、管、用”的完整过程，主要技术是“传感器+网络+数据库+数据管理系统软件+部分自动控制+视频监控”，这就是目前很多企业建设完成的数字化系统工程，比低端做法高级了许多，形成了一个完整的系统。但是，还不够先进和完美，简称“数据采集+控制”。

(3) 高端做法，或叫高级别集成。这种做法是针对企业生产过程中传统技术无法解决的重大难题而完成的数字化工程。以油田企业为例，称为“世界级难题”的有：单井日产量的精准计量；单井动液面（就是油在井里面液体的高度位置）监测；单井液体含水率在线分析；抽油机生产过程工作状态（简称工况）分析与自动控制；油井单井实时井中状态（简称井况）分析。这是油田企业所有人关注但很难解决的“痛点”，而数字化工程最大的荣耀就在于解决了这些“世界级难题”。为此，在所有公司和油田数字化人不懈的努力下，中国数字油田经过近 20 年建设，分别研制出了相应的技术与产品，现在被称为“油田数字化的五大法宝”。

所以，高端做法就是建成一个完美的高级别的企业油田物联网集成，要将这“五大法宝”全部安装，实施在线分析，完整地实现“采、传、存、管、用”的数据链建设，利用一个高级别的数据分析平台，将数据、业务关联分析以指导采油生产与管理过程，把采油过程现场人员要做的 80% 的工作基本上都做了，这样就很先进了，基本跨入了智能化的程度，简称“数据采集+智能分析”。

这就是目前数字化工程中的三种做法，也体现了数字化三个层次的基本能力。前两种在企业中运用比较多，属于常规做法，其技术、方法基本成熟，很多公司都可以做。但是，第三种就不是了，它投资比较大，尤其同业务需求、生产过程十分紧密地结合，如在油田单井精准计产，精准分析单井油水、硫化物，精准掌控实时动液面技术等都是非常困难的。

需要说明的是，现在的数字化建设已经成为智能化、智慧化建设的“基础设施”建设了，因为它承担着数据的全面采集与完整管理，是一个数字化企业必须“建好、管好、用好”的基础性建设工作。对于其他行业也一样，数字化建设都要做好以传感器为节点，以通信技术为网络，然后完成数据的“采、传、存、管、用”，这是一个必然过程。

需要特别强调的是，未来数字化建设不再采用“植入”法了，而是采用大量的数字化的设备或装备，实施数据采集，让数据极大地丰富，这是一个必然的趋势。

8.1.3　数字化建设的功绩

从数字地球提出以来就开启了数字化的时代，正在形成数字化的状态。

虽然时间很短，但是数字化促使整个世界发生了巨大的变化，与全球化、现代化一并让世界变成平的了。而在这个过程中，几乎每两年就会出现一个新的与数字化有关的理念，如云计算、大数据、互联网+、区块链、人工智能等，这些都是数字化时代催生的丰功伟绩。

以此，我总结了数字化对人类目前最大的几点贡献：

第一，让数据极大地丰富。数字化就是让整个地球、各行业、各领域的物质、事物、生产运行过程用数字的方式表达，构建数字化的状态。而实际上就是使数据极大地丰富，每时每刻、每个人都是数据的生产者。因为数字化让我们在很多方面做到了，如油田物联网、数字城市、数字水资源等建设，特别是我们每一个人的手机，人人发微信，个个用导航，这些都是数据生产过程。

第二，初步形成了数字化的状态。首先是“数字地球”思维的形成，包括三点：①数字化思想和意识，我们每要做一件事情，都要主动地建立在数字化的思想基础上；②数字化的逻辑与方法，对于每一个工作、技术研发都要有将数字的技术植入在其中使其提高一个级别的思想意识与能力，而且在逻辑、操作上是可行的；③数字化的实践，我们每一个行动都要在数字化思想指引下，实施数字化的操作，取得数字化的成果，做到提高效率，减轻劳动强度，降低成本，即数字化工程建设，这个不能少。其次，经过20多年的数字化建设，我们的地球、工业、农业、企业、教育基本上都实现了数字化的表达，完成了数据共享。

第三，构建起了数字化的经济模式。这种模式前所未有，是传统企业、行业、社会所没有的一种创新。首先，数字化产业集群形成。大量的数字化技术产品的生产，带动了一大批辅助技术的创新和产品的升级改造与发明，使得数字经济快速增长。其次，数字化的平台经济形成。平台经济（platform economics）是一种基于数字技术，由数据驱动、平台支撑、网络协同的经济活动单元所构成的新的经济系统，是基于数字平台的各种经济关系的总称。在数字化以来非常活跃，创造了无数个就业岗位，拉动无数个行业，创造了无数的经济价值。最后，数字化转型发展。数字化转型发展有两种可能性：一种是在传统企业形态上加快建设数字化，形成创新型企业；另一种是在数字化形态的企业基础上转型升级，构建智能化企业。因为，数字化的快速反应可大量地节约时间，缩短过程，减员增效，降低成本。

目前，国家倡导“数字化转型发展”的意义就在于此。只是各个行业、领域的落脚点不一样，但核心都是“让数字说话，用数据工作”，做数字化产业，形成数字化经济，未来还要大发展。

但是，我要肯定地说数字化的程度还很不够，我们还有很多的问题没有得到解决，我们需要一个新的“发动机”构成数字化的“引擎”，但是，还没有更好的办法。所以，我们呼吁和倡导重提数字地球，形成数字化的新型活力。

8.2　数字地球中的一个假说

地球上的万事万物还有很多科学问题无法解释，如地球上的地震带与油气带相邻为伴，到底说明了什么？为此，我们姑且用一个假说，如果当我们数字地球完成了“透明地球”，那么，是否就不用假说来证明它。

8.2.1　问题的提出

化石能源时代已经走过了一段漫长的路程，在新能源还没有担当重任的时候，化石能源依然发挥着主力军的作用。油气资源作为化石能源中的一支重要力量，煤炭慢慢退居后方，油气将会成为主力。然而，近年来随着新能源的快速发展，很多人在“唱衰”油气资源，忽然一个“朝阳工业”变成了“夕阳工业”。更重要的是他们经常将“油气不可再生”挂在嘴边，认为随着油气生产递减，很多油气资源将逐渐枯竭并给予证明。

人们发现，任何一个油气田开发都是“青年期”（产量快速上升）—“壮年期”（产量相对稳定）—“老年期”（产量急剧下降）——“衰亡期”（低产且缓慢下降）—“枯竭期”（完全被废弃）的过程。这样就形成了一个油气田的生命周期，从而证明油气是“不可再生”的。美国地质学者哈伯特（Hubbert M. K.）最早将这种现象比喻为钟形曲线，如图8.2所示。

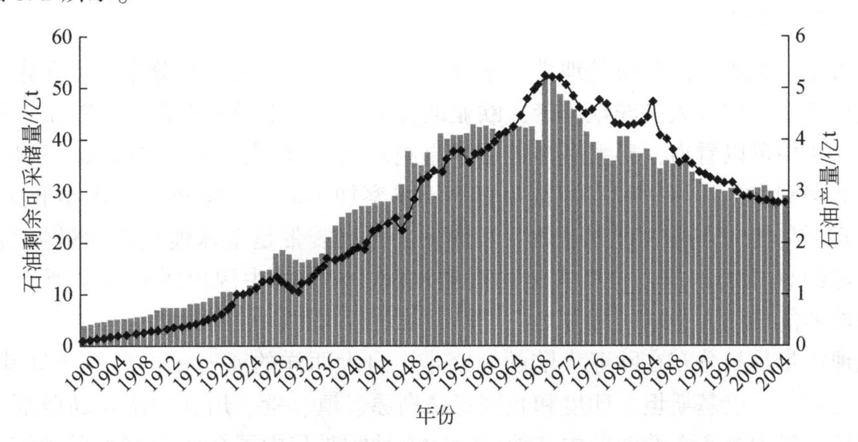

图8.2　1900～2007年美国石油剩余可采储量、石油产量变化

柱状图表示石油剩余可采储量，方块点连线表示石油产量

图 8. 2 是 Hubbert 根据 1953 年以前美国石油产量数据推测出美国石油生产速率将于 1969 ~ 1971 年达到顶峰，之后就会一直下降的变化图，称为“哈伯特顶点”或“石油顶峰”。后经事实证明，Hubbert 的确言中了。1970 年美国石油产量确实达到 53084×10^4t 的峰值，甚至我们可以看出在 1964 ~ 1976 年间可采储量曲线确实呈现出近乎完美的钟形。

继第一次峰值预测成功之后，Hubbert 又发布了一个大胆的论说，即世界最迟在 20 世纪 80 年代中期达到石油生产高峰，接着石油产量会暴跌。与此同时，英国石油公司在 1980 年首次公布关于全球石油储量评估报告，预测当时探明的世界石油储量只够开采 29 年。事实上，2009 年世界石油剩余探明储量为 18550443. 77 万吨，同比增长 0. 89%，产油井数为 883691 口，估算产量为 352513. 0 万吨，这一时间刚好就是英国石油公司发表枯竭言论的第 29 年，并且在 2010 年，2011 年探明储量和产量平稳持续走高。

对此，也有学者研究后认为原油产量的增长不是因为油气在生长，而是科学技术在不断提高，从而使得勘探找油技术、油气发现、开发、生产技术的提高。确实，这是不容置疑的事实，通过三次采油技术可以延长油气田的生命周期；随着非常规油气田的发现，油气资源量显著增加。根据中石油勘探开发研究院发布的《全球油气勘探开发形势及油公司动态（2020 年）》显示，全球油气开发稳中有升。2019 年全球油气年产量 79. 76 亿 t 油当量，其中原油产量 46. 35 亿 t，天然气产量 35996. 12 亿 m^3。2019 年全球油气产量增长 1. 82 亿 t 油当量，同比增长 2. 34%。2019 年中国储产量实现了双丰收，近年来在我国先后发现的 10 亿吨级大油田就有好几个。

这意味着什么？意味着油气资源不会“枯竭”，虽然科学技术发展为油气资源发现、开采增强了可行性，但是，油气在不断地增长是个事实。

8. 2. 2　地震带与油气带伴生现象

我在研究数字地球中发现了一个有趣的现象，即油气资源带总是伴随着天然地震带，或者说地震构造带总有油气资源带相伴随，这是一种什么样的现象？

1）关于地震带

地震带是指地震集中分布的地带，常以一定的规律集中成带状分布。据测定，目前全球有三大地震带，即环太平洋地震带，欧亚地震带和大洋中脊地震带，如图 8. 3 所示。

从图 8. 3 中可以看出，环太平洋地震带是指环太平洋周围的地震区域，呈带状分布，包括南、北美洲太平洋沿岸和自阿留申群岛、堪察加半岛、日本列岛，南至我国台湾省，再经菲律宾群岛转向东南，直到新西兰。环太平洋地震带是全球地震活动最强烈的地带，集中了全球约 80% 的地震，包括大量的浅源地震、90% 的中源地震和几乎所有的深源地震，所释放的能量约占全球的四分之三。

欧亚地震带是指分布在欧亚大陆的地震带，自大西洋的亚速尔群岛经土耳其、伊朗、阿富汗、尼泊尔、巴基斯坦、印度和我国青藏高原、滇、贵、川和中南半岛西部与太平洋地震带相接，集中分布在欧亚的内陆地区。欧亚地震带集中了全球约 15% 的地震，以浅源地震和中源地震为主。

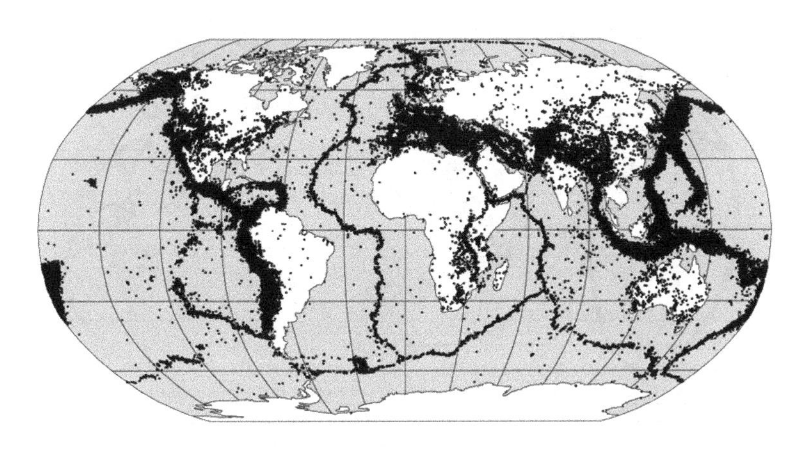

图8.3　1963～1998年全球发生的358214次地震的震中分布
来源：http://www.qing5.com/2017/0809/249189.shtml［2020-9-17］

大洋中脊地震带起自北冰洋，纵贯大西洋，东插印度洋，西连太平洋，背上直达北美洲沿岸，集中了全球约5%的地震，主要与大洋中脊扩张有着密切联系。

除此之外，还有俄罗斯的贝加尔湖地震带和东非高原地区的东非裂谷地带等都属于三大地震带的分支地震带。

我国位于世界两大地震带——环太平洋地震带与欧亚地震带之间，因此受太平洋板块、印度板块和菲律宾海板块的挤压，地震断裂带十分活跃。我国主要地震带有四条，第一条在西北的新疆、甘肃和宁夏；第二条在西南青藏高原及其边缘的四川、云南两省西部；第三条在华北太行山沿线和京津唐地区；第四条在东南部的台湾和福建沿海地带。

研究地震的人们认为，地震是地球的一种自然现象，是地球肌体内部的一种机制，无法让它不地震。地震给人类带来了巨大的灾难，每当大地震发生时就会使当地人民遭受毁灭性的打击并造成巨大的损失，如我国2008年的“5·12”汶川大地震就是一个灾难。

2）关于油气资源带

油气资源带是指油气资源在被发现与开采区域内呈带状分布的现象，这是根据目前在全球范围内油气资源开发形成的油气田连接后以带状呈现的状态。

地球上有大大小小无数个油气田，它们分布在不同的国家和地区，但是，将这些油气田连起来就构成了一个个油气资源带，目前在全球范围内就有环太平洋油气资源带、欧亚大陆油气资源带，如图8.4所示。

从图8.4中，人们发现，在大西洋两岸边缘的海盆中构成两个油气带，即东大西洋带和西大西洋带。在大西洋，有委内瑞拉北部的马拉开波湖海底油田、委内瑞拉和特立尼达岛之间的帕里亚湾油田，还有墨西哥湾海底油田，主要分布在西南部的坎佩切湾、美国得克萨斯州和路易斯安那州沿海，这两个油田都拥有20亿～40亿t的石油和上千亿立方米的天然气。同样在东大西洋油气带内有北海油田和几内亚湾一带以尼日利亚为主的海洋油区，其油气资源储量都超过数亿吨。

在我国也有大大小小的油气田，都以一定的形态展布，将其连片也就构成了油气资源带。

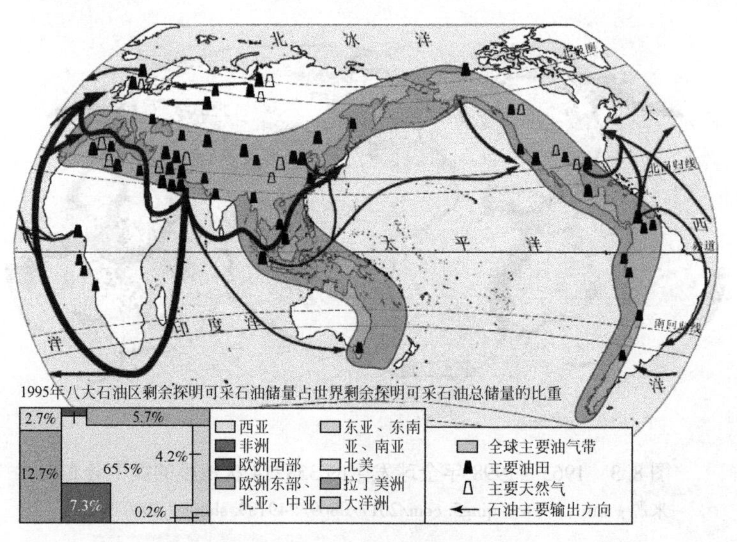

图 8.4 全球油气资源带

来源：http://news.cri.cn/gb/3821/2004/08/11/107@262793.htm#%EF%BC%88%E5%9B%BD%E9%99%85%E5%9C%A8%E7%BA%BF%EF%BC%89［2020-9-17］

据国家公布，我国2017年的油气产量为1.92亿t（当量），但是仍然不能满足我国经济发展和人们生活的需要，我国油气对外依存度已超过50%。不过，我国油气资源的探明储量还在增长。

可见，油气资源在地球上也能够以带状分布。

8.2.3 地震带与油气资源带的关系

在研究中我们发现，地震带和油气资源带相伴相生。一个给人类带来灾难，一个给人类带来资源，这两个截然不同的地球现象，二者之间有着什么样的关系？

从图8.3和图8.4中可以看出，在全球范围内，地震带和油气资源带基本重合在一个范围内，它们的形态与走向惊人的相似，这样我们可以看出二者相伴的基本关系及特征。

（1）地震带与油气资源带相伴应该是必然的关系，从一般机理上分析应该先有地震带，后有油气资源带。地震学家和构造学家研究的结果证明，造山运动是伴随着大大小小的地震与板块运动而生成的，各种大山湖泊及海沟都是在造山运动与地震火山后形成的。

（2）按照油气成藏理论与机理，油气成藏需要具备相应的条件，即“生、储、盖、圈、运、保”。油气资源都存储在盆地中，而地震和造山运动形成了盆地。因此，含油气盆地往往都在地震带之中（McColough的“圈闭学说”，早在1934年他便提出油气成藏模式为“生、储、盖、圈、运、保”）或边缘相伴生。

（3）全球地震带与油气资源带相伴生，二者的必然联系是地震给油气生成、运移、成藏提供了动力条件。

在我国，油气资源区域往往分布着地震带，或地震带包围着油气资源盆地，也就是说在我国油气田盆地的周边布满了地震点，由此形成了地震带，也证明了这一点。

8.2.4　几个问题的讨论

现在有几个数据问题需要进一步讨论：

第一，假说问题。之所以用假说，是因为没有办法实验和模拟，更没有数据来进行分析与验证。地震带与油气带分布在全球，是一个巨大的范围，而这种现象是实际存在的，因此只能用假说来猜想。

第二，数据问题。数据是研究和验证这种现象最好的办法。但是，目前我们只能在网络上寻找到相关的地震带和油气资源带的图件，这是一种社会数据。这些图件是由有关科学家根据收集的相关数据完成的，这些数据量还是很少的，不足以分析与验证。

第三，按照大数据分析，则需要大量的数据做支撑，主要需要获得全球地震带上的所有地震数据和沿地震带上出现的每一个与地震有关的地质储量数据或者地震勘探数据，然后构建一个数字化的地球地震带与数字化的油气藏油气资源带，同时还要建立三维可视化数字化的各类物质、矿山带，完成数字化三维可视化模型。目前显然不可能，我们没有办法获得更多的数据。

为此，我们就想起了“数字地球”与“透明地球”，这是一个伟大的构想，按照“数字地球”最初的构想是将地表的所有物质、资源，包括人文地理全都数字化。“透明地球”的构想是将地表以下 5000m 以上的地层、岩石、矿产全部三维可视化，如油田实施“透明的油田”、矿产实现“透明的矿产”、地震实现“透明的地震”，这样将地震带透明化链接，将油气资源带透明化链接，当数据量极大地丰富以后，我们会将假说变成现实，便可以将各种分子、原子、生物质、有机质生成运聚都搞清楚了。

总之，这是一个“无”数据，或者说是一个少数据的假说。之所以是假说，就是因为没有数据支持，但似乎这件事还存在，我们又无法证明油气资源不会“枯竭”，以及油气资源在地震动力作用下有机质的自组织过程。为此，将这一假说留给后人们来实现。

现在我们在研究数据与数据科学时，将上述作为一个问题加以讨论，只能呼吁：重提数字地球，让数字地球来完成上述还有其他未知问题的研究。

8.3　数字化未来

以上我们讨论了一个很专业的问题，而且是一个争论了几十年的问题——油气到底是怎样生成的，并形成了有机生油说和无机生油说。

不过我们的落脚点不在于澄清有机生油还是无机生油，而在于数字化研究其过程的可行性，就是呼吁全世界人们继续完成数字地球的伟大构想与工程，采用“透明地球”的做法，完成包括生油猜想之外的世界上更多未知事物的研究。

那么，数字化怎么做？我们需要给未来勾画一幅蓝图。

8.3.1 数据需要数字

数据需要数字，这是一个非常重要的命题。

前面我们论述过，数字、数据与信息的“三兄弟”关系。数字是基态，数据是激发态，信息是通过数据的激发后释放出认识，构建社会信息化的状态。数字是如此重要，它处于基础地位作用，我称它为基态。这是借助物理化学的一个概念来描述数字的重要作用。

基态是基于能层原理、能级概念、能量最低原理而来的，在物理化学中能层原理是指一种解释原子核外电子运动轨道的一种理论。它认为电子只能在特定的、分立的轨道上运动，各个轨道上的电子具有分立的能量，这些能量值即能级。数字、数据、信息的关系，在很大的程度上取决于数字的能级。

我们很想知道数字的能级有多大，在物理化学中低能量级就是基态，高能量级就是激发态。但是，在基态中原子核能级的性质决定于核子间的相互作用，后者主要包括强相互作用（即核力）及电磁相互作用。在一个多体系统中，粒子间的相互作用所具有的不变性能为这个多体系统提供了好的量子数。我们研究数字这个基态，其能级主要表现在数字间的组合关系与数量上，这是我的一种看法。

一般来说，数字的量越多，组合关系越复杂，其作用量也会越大，基态的能级也就越强。我们将数字能级可以分成多级，如 K 级、千 K 级、兆级等，能级越高，其能量就越大。

能量是守恒的，如果能量的一部分升高，另一部分就会下降，所谓下降的一部分就是能量降低的一部分，能量为了保持平衡会自动降低，自然变化进行的方向都是使能量降低，因此能量最低的状态比较稳定，这就叫能量最低原理。所谓能量最低就是能势最低，相反，就对周围的引力最大，也叫引力最高原理。

但数字的能量刚好与其相反，数字的能力是数字能级越高则能量越大。为此，对于数据来说最希望数字的能级高，能量大。这就要求必须大力实施数字化建设，大量地利用数字化采集数据，提供大能量级的数字，让数据极大地丰富，其能量就会更大，数字“供给”能力更高。

所以，从整个数字、数据、信息的关系来看，数据需要数字，数字决定数据。

8.3.2 社会需要数字化

除了地球需要数字化，整个人类社会也需要数字化。

社会分为两种，一种是传统的社会，一种是现代化的社会。它们的关系是前者在实施了数字化建设以后变成了后者，形成了现代化、数字化的社会。因此，我们的社会非常需要数字化。

数字化的社会就是指社会的数字化状态，人们生活、学习、工作都处于或属于数字状态，数字为人们的生活、学习、工作提供了方便，其速度、效率都在大大提高，使社会更加现代化。

举一个示例，在 2020 年 COVID-19 疫情暴发期间，出现了一个群体，这个群体是在国外学习、工作的中国年轻人，人民网以“温州：‘人肉带货’开展城市救背后的故事”报道了他们的事迹。

报道中说：上万名志愿者参与，从 100 多个国家人肉带货，直接与间接落地战“疫”物资价值超过 5000 万元……，这些天，由温州民间一群“高温青年”自主发起的“驰援温州行动”走红网络。

这个群体分布在 100 多个国家和地区，只用几天时间完成了这样大的一件事，怎么做到的呢？他们充分利用了数字化时代的便利和数字化的技术手段，如一个微信群就是一个作战单元；一个在线协作文档就是一份作战地图；一次语音会议就是一次前线指挥。还有机器人助理协助做好志愿者社群管理，这些“高能”而又“温暖”的青年们线上协同合作，成功点起疫情防控“第一把火”，成为民间力量补充政府治理的创新尝试，这确实值得我们人人点赞。

“高温青年社区”微信群里是温州各个青年社团的主要负责人和核心成员，有一百多人。他们纷纷响应，带领自己的社团一起参与到行动中来。很快，一个百人的大群之下又生长出一个个小群，有人负责线上收集整理各类物资、渠道对接，有人负责捐助物资落地分发等工作，线上线下通力合作，助力温州渡过疫情“空窗期”。这个群体在线上迅速开展工作，效率之高，能量之大，热情炽烈，爱国之浓，令人赞叹。他们的数字化社群，如图 8.5 所示。

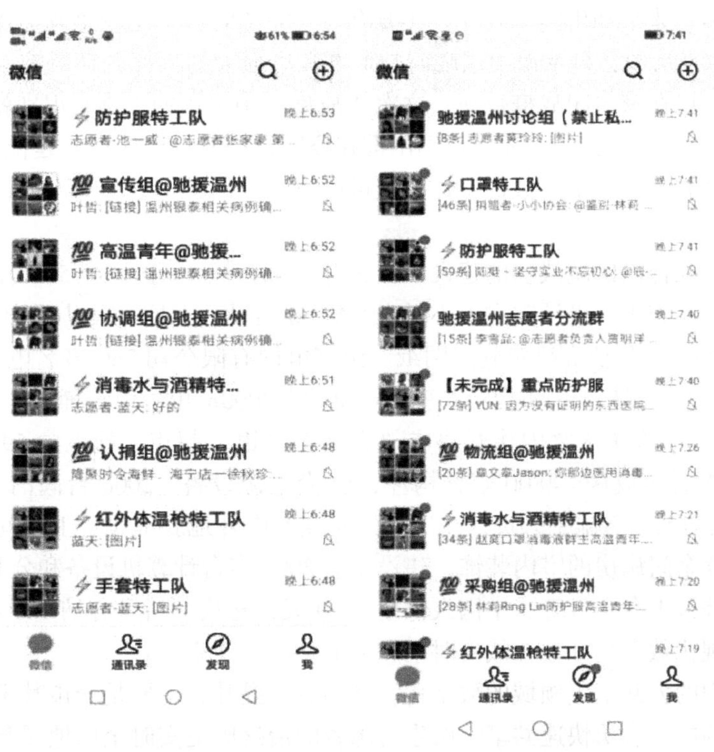

图 8.5　志愿者们在线上建立多个群组分工协作

来源：http://zj.people.com.cn/n2/2020/0218/c228592-33805053-6.html [2020-9-18]

这就是数字化时代社会数字化的威力。这只有在数字化状态的社会才能完成，在传统社会中是不可能完成这样一个创举和行动的。

无疑，现代社会非常需要数字化，数字化为现代社会成就了无数的创举。所以，数字化的状态可发挥巨大的作用。

然而，我们现在的数字化的程度还不够高；我们的数字生产方式还不够完美；我们的数字化技术还有很大的差距，如高端芯片、小型化精准感知的传感器还不够好；我们的工业软件与数字化的操作系统还很落后；数据确权不够使得行业、领域、部门之间数据共享还很困难。更重要的是我们的数字化建设工程被一些商家、厂家追逐利润市场给搞乱了，没有扎扎实实地按照数字化建设规律发展，比较遗憾。

数字化是一个广泛的概念，对于任何一个行业、领域都需要去做，要千方百计地做好数字化建设，让数据极大地丰富，构建起行业领域的数字化的状态。数字化不仅为国民经济建设、社会服务提供支持，更重要的是为实发情况提供保障，如战时、疫情等。

一个社会最大的战事就是被入侵，需要作战，数字化社会最好的保障就是“信息化作战”，实质上就是数字化部队作战，实施军事链的陆海空联合数字化战斗。在国民经济建设中最大的战事就是应对自然灾害，也叫“应急”。一个重大的自然灾害来临需要快速调动各方力量迅速作战，做好资源快速配置是数字化最大的功能，为此，现代社会需要构建一个巨大的数字化指挥调动和预警系统，做到快速反应。

还有就是重大疫情，这也是一个战时状态，需要一个数字化社会状态作保障。除了社会制度、社会治理体系和机制不同外，还要有一个完备的数字化应急调动体系。例如，在这次 COVID-19 疫情中，显示出中国政府与地方政府强大的指挥调动及响应能力，在一周之内就完成了全民在家封闭战疫行动。这次“战疫”中采用的二维码识别就是一个数字化过程。全国有 14 亿人口，如何才能识别出谁在疫区，谁来自疫区，就是依靠一个二维码：绿码、黄码和红码，形成了大数据，让我们可以快速找到被接触人与人群，这是数字化的一个壮举。

又如，武汉火神山医院战疫的建设，在 5 万 m^2 的滩涂坡地上，7500 名建设者和 1000 余台机械设备参与施工。设计院在 1 小时内召集 60 名设计人员，24 小时内拿出设计方案，60 个小时内与施工单位协商敲定施工图纸。国家电网有限公司 260 多名电力职工 24 小时完成两条 10 千伏线路迁改，24 台箱式变压器落位，8000m 电力电缆铺设，在 36 小时迅速完成 5G 信号覆盖，在 1 天之内建好建成“无接触收银”超市，施工中 5931 件马桶和龙头、3500 套装配式集成房、4800 套钢构件、50 套电源设备、2000 台阀门一次配置完成。100 名管理人员与 500 名施工人员，在 3 天内完成室内外地胶铺设、卫生间和缓冲间地砖铺设，以及 200 余间病房的室内装饰，建设全套 2000 多台计算机设备和公共 LCD 显示屏，全部互联成医院云平台，等等，中国人仅用了 10 天，建成一所可容纳 1000 张床位的救命医院。这就是现代数字化社会在战疫时期完成的又一个壮举。

当然，我们的公共卫生领域的数字化程度还有待提升，主要是全市甚至全省、全国的患者数字医疗的电子病历快速共享，医生对患者的治疗历史实时全面地了解，将大大提升战疫反应与治疗效果，保障患者在一个城市内快速、全程掌控；保证一个重度患者从一个方舱医院转移到高级别医院治疗时，人未到，病历提前到，当患者到了医院时，治疗方案已经确定。目前我们的数字化程度在各个医院都做得很不错，但在全城医疗系统应急快速响应与互联互通、数据共享还做得不够，特别是战疫的数据链做得还不够。所以，这个数字化的社会状态还须再努力。

未来社会需要数字化，数字化需要完成行业领域在战时应急快速反应的联动机制，都要做好。数字化建设就需要引进先进的技术来完成战时保障，如区块链技术就有着天然的优势，去中心化的点对点分布特性可促进数据实时共享且高可用，不可篡改、可验证、可追溯的特点可提升数据安全性且高可信。在区块链的加持下，更透明、更安全、更可信，促进了公共利益最大化，对行业领域数字化建设起到技术保障作用。

数字化建设作为智能化、智慧化建设的基础设施建设，我们主张要完成“三网”建设，即“物联网”“数联网”和“智联网”。现分别简介如下：

（1）物联网是以传感器为节点，以各种通信方式如北斗、5G等，形成“万物互联”构建的数据采集系统，其主要功能是数据采集与供给，而且需要完整、完美与质量可靠地供给。

（2）数联网是指以多元数据为节点，以业务分析智能化需要，由智能搜索构建起的多元数据形成的数据运行系统，其主要功能是让数据快速发挥作用，为“微服务”开发提供数据保障，以实现数据“秒级”价值。

（3）智联网是指以智力、智商、智慧为节点，包括“让数据聪明”的智慧，利用“大成智慧研讨厅”模式，将所有的智慧挖掘、集联、汇聚在一起形成一个巨大的智慧网络体系，其主要功能就是构建“电脑+人脑”机制的“智慧的大脑”，形成“软体智能机器人”，实现“让数据聪明，用数据工作”的模式。

在未来数字化建设中，形成的“三网”将会发挥巨大的作用，所以，我们一定要以“三网”建设为目标，坚定信念，坚定不移地做好数字化建设，永不放弃。

8.3.3　人类发展需要数字地球

人人都知道美丽的地球是我们人类共同的家园，宇航员在宇宙飞船上照的地球照片，可以看到地球的全景，非常美丽，如图8.6所示。

这是一幅非常美丽的地球全景照，是由宇航员在太空中拍摄的。在地球上，生存着70多亿的人，各种自然灾害不断发生，人类为了生存而开发利用资源，使得地球承载遇到了很大的困难。气候变暖、冰雪消融、环境污染，促使人们思考保护地球与可持续发展。

但是，我认为只做环境保护还远远不够，我们需要更加重视数字地球，因为有了数字地球就能做到最优化与科学地利用地球资源，把可持续发展做得更好。最近有学者研究认为地球变暖并不是人类活动惹的祸，而是由地球内部发热造成的，所以我们更加需要通过数字地球来证明、研究和治理地球。

为此，我要再次呼吁：重提数字地球。

（1）牢固树立数字地球的底线思维。人们普遍认为现在数字化做得很好了，又都开启了智能化、智慧化建设，数字化的任务已经完成了。其实，是我们的思维在数字化的启发下走得比建设快得多，商业行为导致各种理念提前出笼，而各种先进理念又必须建

图 8.6　地球全景图由阿波罗 17 号宇航员于 1972 年 12 月 7 日拍摄

来源：https://www.nasa.gov/content/blue-marble-image-of-the-earth-from-apollo-17［2020-9-18］

立在数字化的技术基础上来完成，但是，我们的数字化建设还差得很远，这样就会导致基础不牢。

2018 年 12 月，中央经济工作会议首次提出“新基建”，即新型基础设施建设，主要包括 5G 基建、特高压、新能源汽车充电桩、城际高速铁路和城市轨道交通、大数据中心、人工智能和工业互联网等七大领域，这是促进数字化社会发展的大事。同时，我希望国家将整个数字化都定为新一代基础建设，会更加有利于数字社会的发展。

智能化建设必须建立在数字化建设基础上，在数据生产并极大地丰富以后，实施数据的智能分析，如果没有数据，仅靠几个智能产品，不做系统最优化和智能分析，那就不是智能化。

所以，我们必须重提数字地球，建立牢固的数字化底线思维，把这个数据的基础工程扎扎实实地做好。

（2）“透明地球”需要数字地球。数字化目前仅限于地面的一些行业、领域建设，未来的数字化必须做到“天、地、深”立体化的数字地球。

“天”是指天空、太空。目前主要做了关于大气、气象和天气预报数字化。当然，宇宙、星际也在做，但难度比较大，而目前的遥感卫星、定位导航与气象数据关联应用才刚刚起步。不过总算我们已经有了天空数字化了，并积累了一定的数据量，而且气象、卫星数据量巨大，必须尽快地开发利用。

“地”主要包括地面、地表和人类生活、实践的一切区域及人文地理与事业。例如，2020 年 5 月 27 日，中国 2020 珠峰高程测量登山队为世界屋脊珠穆朗玛峰测高就是一个数字化的过程，它包括依托北斗卫星导航定位，开展测量工作；航空重力测量；利用实景三维技术，直观展示珠穆朗玛峰自然资源；登顶观测获取可靠测量数据等。我们人类利用数字地球理念和思想，20 多年来还是做了大量的工作，基本摸清了数字化建设的具体做法，就是数字的技术植入法。但是，我们现在做得还不够好，目前我们的传感器“小精尖与高端”，以及无线通信“5G全覆盖”，以及各种数字化设备供电“续航降耗”等做得都还不够好。

更重要的是重大军事、疫情战疫、自然灾害应急这种横向立体化、数字化做得还不够好。什么时候能将这样的领域横切成为一个全立体化的数据链总成，纵向数据如行云流水，指挥瞬间到底，秒级做到全方位关联回应，纲举目张，不打折扣，我们的数字化才算做好。

“深”是指地球深部数字化，即地面以下的部分，包括海洋、深海和地壳4000m以浅的岩石、矿产和自然物质的数字化。在数字地球提出以后有很多人提出了一些想法，由于难度大，投资多，慢慢就没有热情了。但是，人类要保护我们的地球，就要采用更先进的数字化可持续发展思维，动员各个国家和有责任的企业共同完成“透明地球”的建设。

通过数字地球与“透明地球”，人们可以发现和解决地球上很多难以解释的秘密，如类似于油气生成与成藏，以及地震带与含油气带的假说；科学、精准地预报地震；稀缺资源发现等，给这样的科学奥秘一个交代。还有地下10000～5000m是否还有油气与矿产资源等，人们已经开始探索了，如果数字地球做好了就会帮助人类快速发现与实现。

未来一定会出现一种“地球扫描仪”，只要在地球表面一扫，就会将地下深部数百米，甚至数千米的物质、岩性、物性、矿产等告诉你，这就会加速数字地球的完成。

在中国，国家正在大力倡导“数字化转型发展”，这是一个正确的决策与战略，即不要急于求成，也不要放弃不做，一定要将数字化先期做好，做扎实，数字化后的一切建设就会更加成功。

总体来说，数字地球给人类带来了很好的发展机遇，我们现在还要继续为数字地球建设而努力。

8.4　结　　论

数字地球将人类带入了一个数字化的时代，数字地球还将人类带入一个可持续发展的时代，人类必须高度地重视数字地球建设与发展。

（1）重提数字地球不是因为怀念，而是因为需要。数字地球是数字化的一个“发动机”“播种机”，人们就是在数字地球思想的引导下，启迪、开发、实施了数字化建设，走到今天取得了很大的成就。数据需要数字，数字决定数据。

（2）数字化需要发挥其巨大的作用来揭示地球上乃至宇宙中解不开的谜底，其中如关乎人类生存与发展的油气资源生成与成藏的秘密。我们发现在地球范围内地震带和油气资源带二者惊人的相似与相伴，需要证明二者之间有着必然的联系和深层次的关系，只有依靠地球数字化，没有别的路可走。

（3）只有重提数字地球，固守数字地球的思维底线，努力建设“天、地、深”数字化，只有完成了“天、地、深”数字化这样一个基础建设工程，才能让人类社会走得更远。

最后，我要再次呼吁全世界都要重视数字地球。

第 9 章　数据与信息

“物质定义数据”“数据定义信息”几乎是本书的主题，要研究数据，数字、数据、信息“三兄弟”中一个也不能缺少。因此，本章主要对信息“批判”式地加以探讨，重点讨论数据与信息的关系。

9.1　对香农、“信息论”和信息的“批判”

为什么又要对信息进行“批判”呢？根据数据的第二个基础问题，信息 N 级问题在此必须要说清楚并予以交代。

这里的信息是指当今所有关于信息的一切，包括信息化、信息技术、信息文明等。我对“批判”二字加了引号，主要为表达不是真的批判，而是一种探索性商榷的意思，因此用了引号。

9.1.1　对香农的“批判”

首先我要申明一下，我没有资格批判香农，所以，我们得用一个引号“批判”，这个引号代表一种特别意义的表述，和上文中带引号的“批判”意思还不同，更多的是表示一种敬重。

既然提出了“批判”，我们对他的“批判”就需要有一定的理由。

香农（1916～2001 年）是美国数学家、信息论的创始人。1936 年获得密歇根大学学士学位。1940 年在麻省理工学院获得硕士和博士学位，1941 年进入贝尔实验室工作。香农提出了信息熵的概念，为信息论和数字通信奠定了基础。他的主要论文有：1938 年的硕士论文“继电器与开关电路的符号分析”，1948 年的《通讯的数学理论》和 1949 年的《噪声下的通信》。

从以上记载中我们可以看出，香农是一位数学家，但他偏偏对通信技术感兴趣，发表的《通讯的数学理论》成为人类社会信息与信息科学发展的奠基之作，他被称为“信息论”的创始人。

我认为，香农的贡献在于他从消息的观点出发，撇开了物质流和能量流而获得一定量的信息流，即消息。他找到了有关“信源—信道—信宿”的通信的基本原理，从而为今天的通信技术发展，如 5G 技术，奠定了理论基础。

香农的“信息论”对人类的贡献巨大，那么，为什么还要提出“批判”呢？

原因在于对“信息论”的质疑。多少年来，人们普遍认为“信息论”出自于香农，即自他发表《通信的数学理论》以后就出现了“信息论”的说法，一直延续到现在。人们将这近一个世纪的时代称为“信息文明”；将现代社会称为“信息社会”；将技术称为

"信息技术"；发一条数据叫"信息"，等等，这些统统归功于香农"信息论"的功劳。因此，香农一词已经不属于他个人，而是属于一个科学，属于一种社会性范畴，更属于全世界。

请注意，我这里对"信息论"没有用书名号而是用了引号表达，因为香农并没有发表名为"信息论"的专著或论文，而是发表了《通信的数学理论》这篇论文。

图9.1 《通信的数学理论》（中文翻译版）

在写作之前，我再次仔细地阅读了香农的这部著作。我阅读的主要目的在于寻找，寻找为什么称它为"信息论"。下面我们来看看，香农的"信息论"到底是怎么流传起来的。《通信的数学理论》（中文翻译版）如图9.1所示。

在《通信的数学理论》（中文翻译版）中，关于本书特色是这样介绍的："香农于1948年发表的经典论文A Mathematicai Theory of Communication为信息论奠定了基础，值得通信专业的每位研究生研读"。

同时，在内容简介里是这样介绍的："信息论的奠基性论文，由美国数学家C. E. 香农所著""香农在这篇论文中把通信的数学理论建立在概率论的基础上，把通信的基本问题归结为通信的一方能以一定的概率复现另一方发出的消息，并针对这一基本问题对信息做了定量描述""这篇论文的发表标志一门新的学科——信息论的诞生"。

由此可见：

第一，它研究的对象是通信。仅从论文的题目上看，《通信的数学理论》完全是以对"通信"研究为前提而写作的，其定位在通信领域，是一个有关通信专业的技术问题研究。

通信专业研究的主要问题之一是电子信号问题。信号是电子技术中一个重要的研究内容，通常认为"信号是运载消息的工具，是消息的载体"，即"消息"从一端到另一端的传递是通过信号运载的，信号就是一种运载工具。这篇论文的中心议题是企图利用数学的方式讨论信号在运行过程中出现的"噪声"问题，包括离散无噪声信道、离散信源、信源的熵、有噪声离散信道等。

第二，他研究问题的方法是数学方法。有学者认为，香农最大的贡献是发现了"通信的基本问题就是在一点重新准确地或近似地再现另一点所选择的消息"，这是数学家香农在他的惊世之作《通信的数学理论》中的一句名言，他正是沿着这一思路应用数理统计的方法来研究通信系统，从而创立了影响深远的关于消息运移的学说。

我们这里先不管"信息论"一说，单说通信中的数学。这是香农研究通信技术所采用的方法，这个方法是一种数学中的技术，叫数理统计，其实，是马尔可夫分析法。

马尔可夫分析法的主要优点是能够计算出具有多重降级状态的、系统的概率，这也是当时香农为什么会采用这一算法的原因。但是，马尔科夫分析法还具有一定的局限性，包括：①在计算过程中要假设状态变化的概率是固定的；②所有事项在统计上都具有独立性，因此未来的状态独立于一切过去的状态，除非两个状态紧密相接；③需要了解状态变化的各种概率，这也许就是同所有经典研究一样存在的通病，需要假设与约束。但不管怎么说，香农在当初通信过程的噪声研究中采用数学分析的方法是正确的，具有很大的突破性，其数学功底非一般人能及。

第三，不是信息的专题研究。在《通信的数学理论》中很少看到有关信息的研究，虽然在附件中提到了"信息产生速率的计算"，但也没有专门来研究信息。虽然"消息"也可以理解为"信息"，但可以证明该论文通篇都在研究"噪声"的。

关于"噪声"的含义至少有两种：一种是专业术语；另一种是生活中经常被提到的说法。前者主要来自通信行业，是指在数据采集过程中，传感器在接收物质的正常信号时还会一并采集到其他信号，于是将这种在有效信号中混杂的其他信号称为噪声。往往需要采取措施来保护有效信号，同时最大限度地消除或减弱噪声的影响，以精确记录物质的信息。

对于后者，简单点说就是不规律、不和谐、嘈杂的声音。城市中的噪声有建筑噪声、交通噪声、生活噪声。噪声是有强弱之分的，经过检测达到一定量单位的声音才叫噪声，这个单位就是分贝。

分贝是声压级（sound pressure level，SPL）单位，记为 dB，是计量和描述声音强度相对大小的单位。当声音压力每增加一倍，声压量级增加 6dB。1dB 是人类耳朵刚刚能听到的声音；20dB 以下的声音，一般来说我们认为它是安静的；20～40dB 大约是耳边的喃喃细语；40～60dB 属于正常的交谈声音；60dB 以上就属于吵闹范围了；70～80dB 就难以接受了，而且开始损害听力神经；90dB 以上就更加严重了。但是，通信中的噪声往往是各种奇奇怪怪的信号夹杂在我们需要的有效信号当中，难以辨别。

对于香农是如何研究噪声的，我们不作详细介绍，有兴趣的读者可以自己学习。我要说的是香农是否研究了"信息"的问题。所以，我没有找到依据。

可是，他在论文中指出：通信的基本问题就是在一个地方复现另一个地方选定的消息，这一复现可能是准确的，也可能是近似的。论文为进一步说清楚通信过程中的噪声问题，先给出了很多预备知识，如"信源""发送器""信道""接收器""信宿"，并给出了一般通信系统示意图等，还有人们说到的所谓"信息论"的模型，如图 2.5 所示。

由此看出，香农的本意并不是讨论、研究信息问题，而是讨论通信过程中电子信号与噪声的问题。这里"信源、信道、信宿"中"信"主要是指信号。所以，我们没有理由批判他，有关"信息论"是后人强加给他的。

本节虽然是"批判"香农，其实是为了进一步肯定他的伟大，因为他发现了通信的基本原理。不过当年香农并没有发现信号作为载运工具时，传输的不是"消息"而是"数字"，无论其是声音还是电报。由于他对"消息"概念的不确定性，导致了人们一直以来误以为数字就是信息，数据等同于信息，所以直到今天还都在模糊的关系之中。如果要说"批判"的依据，那就是他并没有发现信号、数字与数据的关系。

9.1.2 对"信息论"的"批判"

有关"信息论"的出处，除了上述提到《通信的数学理论》翻译者在摘要中的介绍外，我想知道是否还真的有一部"信息论"。

香农指出，我们可以将通信系统粗略地分为三大类：离散系统、连续系统、混合系统，离散系统是指其中的消息和信号都是离散符号序列。为了说明，他进一步举例：电报是这样系统的一个典型例子，其中的消息是一个字符序列，信号是一个由点、划和空组成的序列。

显然，作者在这里对“消息”和“信号”用一个示例做了区别与说明，如果说我们能够看到一点点“信息”的影子，那就是香农这里提到的电报中的字符序列，但严格意义上讲，其应该是数字。

他又在连续系统中对消息和信号做了进一步的说明：连续系统是指其中的消息和信号都可以看作是连续函数，如无线广播或电视。在这里他没有提到类似电报这样具有字符的“消息”，说明他在全力解决信号传输中的噪声问题，“消息”只是为论述而提及，并不是专门为“信息”而为之。

所以，对“信息论”的“批判”主要基于以下几点：

第一，《信息论》是后人为了同贝塔兰菲的“系统论”、维纳的“控制论”关联，从而演化、衍生了“信息论”，并将以上三者并称为“三论”。

第二，“信息论”是大众的作品，不是一个人的论述，导致人们将一切“数字”“消息”“数据”“信息”混为一谈，或一股脑地全部记录为“信息”，致使数据科学的缺失和信息科学的混乱。

第三，从现代社会的发展来看，虽然信息的影响力远远超过了系统论和控制论，且信息无处不在，无事不提，但是实际上信息所起到的作用并没有系统论和控制论具体和有用。

这就是我为什么要对“信息论”批判的原因，也许不是很对，请大家批评指正。

9.1.3　对信息的“批判”

信息是当今最普遍的“语言”或“用语”，它无处不在，无人不说。信息化、信息中心、管理信息系统等都具有实际的操作。

那么，为什么还要对信息进行“批判”呢？主要基于以下几点。

第一，信息的不确定性导致社会的不确定性。

毫无疑问信息是存在的，但是，信息有真假。一个假信息会诱导整个人类社会乃至整个世界都误入歧途。因信息错误而出现的各种暴力、战争和信任危机，比比皆是。

可见信息存在真假，虚假信息是具有误导性和欺骗性的，以虚假信息为依据将会导致事件的偏差，也会让整个社会出现不确定性或悲剧。

第二，信息在不该到来时却先到了，跨越了人类认知世界的阶段。

一般来说，人类认知的过程是认识—实践—再认识，就是将物质作为基础，通过实践改造再上升到逻辑、科学的最高境界。物质的世界决定世界的一切事物都是对物质的认知，以及认知的源头或信息的本源。

而人类如何更好地来认识物质、理解物质世界呢？唯一的办法就是对物质进行数字化，将物质世界通过测量、检测、数字化后成为数据的物质世界，用数据来还原物质以进一步地认识物质。

例如，中国“天眼”，于2016年9月25日落成启用，是由中国科学院国家天文台主导建设，是具有我国自主知识产权的，世界最大单口径、最灵敏的射电望远镜。据报道，截至2018年9月12日，射电望远镜已发现59颗优质的脉冲星候选体，其中有44颗已被确认为新发现的脉冲星。

这就是利用FAST技术，通过采集宇宙中“脉冲星”数据（信号），对人类未知的太空或宇宙中物质、事物的发现过程。

由此证明，人类的认知是从认识物质世界开始的，然而由于物质的复杂性，所以必须要经过数据的世界，再还原物质的世界，让人类对物质世界认识得更加清楚。虽然整个过程都伴随着信息，但是，在物质世界与数据世界之后才具有一个信息的世界。

这样我们可以得出一个道理：物质、数据、信息是三个不同的阶段，也是人类认识世界的认识过程。其基本模型为

物质世界—数据世界—信息世界

但是，在20世纪30年代以后，随着电子通信技术的快速发展，人类跨越了时代，超越了数据世界，提前来到了信息的世界。

因此，信息科学体系没有建立起来的原因就是信息的物质基础没有找到，信息的根基数据被忽略掉了。

第三，数据与信息的区别。

如果按照“物质世界—数据世界—信息世界”这样的认识世界的过程与规律的话，每一阶段都是不可跨越的，然而人类跨越了数据世界直接进入了信息世界。那么，跨越后会带来什么样的后果呢？

首先，我们看看数据与信息的区别。

（1）数据是有形的，信息是无形的。无论是科学数据，还是社会数据，都是具有形态的，如科学数据中的数字1、200，还有数据表格（数据模型），都是有形的。而社会数据中的文档、图片、音频、视频，尽管计算机学界将其划分为半结构化和非结构化，但是它们也都是有形的。

然而，信息是离散的，人们没有办法将信息定型化。即使说信息可以表达出一定的形态，那也是还原人们记忆中或者记录在案时物质、事物的模样，只是个人理解、记忆中信息给出的样子，而不是信息本身的形态。

（2）数据是有痕的，信息是无痕的。当数据在一定的介质中或在一定的渠道中传播时都会留下痕迹。例如，我们用手机发一条短信或微信，你的手机上可以留下你发短信或微信的所有原样文字或图片，倘若你写错了一个字，当你再看它时还是错别字，不会被更改也不会被取消，这就是数据的痕迹。

同时，当你发出的短信或微信到达对方手机上时，对方阅读的是你发来的数据而不是信息。假设你的短信或微信中有一个错别字，对方收到你的短信或微信中也有一个错别字，不会被改变和纠正，甚至你也无法修改它，这就是痕迹。

恰恰相反，信息是没有痕迹的。当对方收到的短信或微信后，需要阅读、理解后变成自己大脑中的反映，这是数据映射在大脑后解读的结果，于是形成一种结果或结论，这时

不是数据而是信息。而结果与结论，立场不同信息不同，角度不同解读也不同，结论也就不同。有意思的是，尽管微信中有错别字，但有时还是不影响信息的表达，这就是数据转换信息的奥妙。

所以，现在人们对于双方都觉得很重要的问题，在沟通时不是发邮件、微信，而是找一个安全的地方打电话。打电话是一种语音的传播，尽管有可能被监听，但是它不会在双方的手机或电子产品上留下任何数据的痕迹。

这就是当代数据与信息的一个最重要的区别。

（3）数据是确定的，信息是不唯一的。数据是确定的，它能被看见，是实实在在的“数据物质”，它可以在介质中存储，有形有痕，还有量纲。

信息是不确定的，信息无法存储，更重要的是它具有多种可能性和不唯一性，无量纲。例如，我们都在一个房子或会议室里，这时有一个人进来说：“告诉大家，今天发生一件事，出车祸了”。

对于这一条“消息”，会议室里的所有人会有不同的反应。有人想：这与我有什么关系？有人想：他告诉我们这件事是什么意思，难道是我们单位的事吗？而主管车辆或安全的领导会头脑发麻，立即问什么情况，等等。这就是信息的奇妙之处。

以上三点区别，清晰地告诉我们数据与信息具有很大的不同，人们应该高度重视数据而不是信息。可是，现在人们偏偏更重视信息。如关于以上车祸“消息”，人们会立即重视“消息源在哪里”“是谁传播的”“怎么传播的”，等等。

为此，基于以上，我们需要对信息进行“批判”。信息存在着不确定性，在不该到来时却提前到来了；信息的离散性导致信息无法监管。可以看出，信息既有存在的必要性，又有存在的烦恼。我们“批判”信息是为了进一步理清信息的本质内涵与外延，建立起信息科学的体系。尽管它提前到了，而且在现实社会中存在了这么多年，发挥了很大的作用，从而不是为了“批判”而“批判”，而是要在“批判”中推进发展，主要是做好对信息和数据的功能界定，以发挥各自的作用。

9.2　数据定义信息

数据定义信息是本章讨论的核心议题。上述对信息做了“批判”，确定了人类认识的“三个世界”。然而，既然信息世界跨越数据世界提前来了，那么，现在我们就要将数据与信息的功能界定好。

9.2.1　“数据定义信息”的意义

关于“数据定义信息”的观点，虽然在数据科学中已提出，但没有给出解释，即为什么是“数据定义信息”？这里我们来专门论述一下其意义所在。

（1）信息到底是什么？在维纳的《控制论》中有这样一段话，他说：信息是我们在适应外部世界，并且使这种适应为外部世界所感到的过程中，同外部世界进行交换内容的“名称”。

信息是个“名称”？这是我们在寻找信息是什么的过程中，显然是直接给出信息定义的一个人，是在很多之前的著作和原创中基本未能找到的、唯一论述信息的著名论断。在维纳这句话中，他是站在控制论系统的角度上提出的。

他认为信息在一个系统中起着内外部交换的作用。我们在后来很多著作论述中都见到过这个思想，即一个稳定的系统，如果一旦有信息参与，这个系统就会出现“扰动”。也就是说信息是个“狡猾”的家伙，一旦有它的参与，一个稳定的系统就会被“扰局”。但是反过来说，一个长期稳定的系统是不会有进步的，或者不会有快速的进步，每当系统需要进步时，就得接受外部新鲜的东西进来，这就是信息。当信息从外部进来做内外交换时，它就成了一个积极的“角色”。那么，信息到底是什么？维纳说：同外部世界进行交换内容的名称。

这个“名称”到底是什么现在已经不得而知了，但从表象上来说就是指信息。其实很简单，信息就是物质、事物的“灵魂”，它是从数据中提炼出来的精华。更重要的是信息的作用分为“正能量”与“负能量”，当其是“正能量”时，就会让系统变得更加有序与进步；当是“负能量”时，就会让系统变得无序，直至摧毁。

这里我需要说明一下，物理学家认为能量不存在“正”与“负”，这是一个错误的概念。然而，在现实生活中人们已约定俗成了，认为它是一种行为“能级”，当传播积极向上，鼓励人们奋进的信息时，就是正能量的行为；当散布低级趣味和消极的信息时，使人颓废，就是负能量行为。所以，这个似乎与物理学原理没有多少关系，倒是与信息和行为有很大的关系。我在数据的第二个基础问题中也提出了这一思想，即信息存在着由正到负的变化，也存在着由负到正的可能（见第 3.3.3 节），更重要的是具有正与负之分。

在此，我们举一个示例，那就是蝴蝶效应。

在蝴蝶效应中有一个描述，是由美国气象学家爱德华 · 洛伦茨提出的：一只南美洲亚马孙河流域热带雨林中的蝴蝶，偶尔扇动几下翅膀，可以在两周以后引起美国得克萨斯州的一场龙卷风。

这是一个著名论断，意思是指在一个动力系统中，初始条件下微小的变化能带动整个系统长期的、巨大的连锁反应。它是一种混沌现象，说明任何事物发展均存在定数与变数，这个变数的动力作用就是信息导致的，如小数点后的很小的数，就会让计算结果大不一样。其证实了事物的发展具有复杂性、可变性，而信息的传导会让事态发生根本性的改变。

蝴蝶效应似乎在印证维纳的“名称”，爱德华 · 洛伦茨认为这是信息作用的结果。因为，信息在一个系统中始终处于内外交换中，它让系统发生扰动，让系统出现变化，改变系统进而使其变革与进步。

其实，蝴蝶效应从操作上看是数据作用，即在计算中只要将小数点后几位的数稍稍地变动一下，就会引起系统巨大的扰动；从效果上来看，是数据的传导作用，导致计算结果发生巨大的差异；从现象上看，似乎正像人们所说那样，误差是信息传导发生偏差或错误而导致的结果；从现实中看，信息的作用与威力巨大，很多政治事件、国体改变、政体毁灭大都是起于信息，优先者首先占领舆论制高点，其次以各种手段抢占发言权，先声夺人，让民众不明真相地追随自己，取得最后的胜利。所以，这是一种“消息”的传递作用，后果很严重。

从上述论述来看，数据是确定的，信息是不唯一的，信息在系统中会引起“扰动”，导致系统的变化。所以，需要用确定的数据来定义一个不确定的信息。由此，我们得出这样几点结论：

第一，从操作上看，信息不可管，只能管数据。例如，关于舆情监管我们怎么做？主要是监管了数据，在后台对所有终端进行扫描、识别、搜索、实名制，等等，这是一种数据管理的操作。当数据被发送出去并在社会上广泛传播时，已经很难监管了，对其只有“消除”影响，而没有管理行为。

第二，从组织建制上来说，当前的“信息中心”等组织机构来管信息，肯定是管不住的，只能对信息技术管理，做相关信息方面的服务与支持，不可能发挥主要作用。如果转变成数据控制中心，那就大不一样了，同业务关联会非常紧密。

第三，从信息的特征上看，它既没有形也不会留痕。因此，信息中心之类的机构很难发挥作用，因此也常被“诟病”。这么多年来，信息管理部、信息中心的人们很努力，但是，地位不高。信息管理单位大都被认为是一种服务与支持单位，为二级单位，为此，信息中心的人们很“郁闷”。这是一个“错位”的时代，这是他们从事了一项错位的工作所导致的。

(2) 信息的根基。上面我们论述了信息是什么，虽然最后也没有找到一个确定的词，主要认为信息是一种“缥缈”的东西。其实，信息还是有根有源的。

信息的根基就是数据，缺少了数据的信息基本不存在。这里再讲一个故事，就是关于量子力学的“世纪之争”。

牛顿的经典力学被爱因斯坦的相对论补充与发展后成为经典中的经典，其先后统治物理学界达400年之久，这一经典却偏偏被一个非经典——量子力学打破了，于是，出现了一个世纪之争：上帝到底会不会掷骰子？

当年，以牛顿为代表的粒子说占据主流，这是电磁波第一次波粒之争的开始，先后进行了三次，也有人说五次，直到“薛定谔的猫”理论出现，似乎也没有争论清楚。

关于量子力学的解释之争持续了百年，现在仍在继续。其中，以爱因斯坦与玻尔的争论最为亮眼。这场争论使波粒二象性的定义不断得到澄清，一步步逐渐深入揭示了量子力学的本质含义。这场著名的争论，发轫于1927年在布鲁塞尔召开的第五届索尔维会议上。激烈的争论很快变成了爱因斯坦与玻尔之间的大辩论。这场辩论在三年后的第六届索尔维会议上战火再续，这次辩论就是著名的“爱因斯坦与玻尔的论战”，有人称为是物理学史上的“巅峰对决”。其实在这两位科学巨人的背后，是现代物理学的两大基础理论——相对论和量子力学之争。

这里需要简单介绍一下索尔维与索尔维会议。

索尔维是比肩诺贝尔的科学传播者，他创立了物理、化学领域讨论的会议——索尔维会议，将大量的钱用在支持科学家的讨论、辩证、争论各种科学问题上。图9.2就是一张汇聚当时全球物理学界智慧大脑的索尔维会议参会者照片。

现在再说著名的“上帝到底会不会掷骰子”。在大众的心中会认为，爱因斯坦拒绝接受这样一个事实，他认为，一些事情是非决定论的——它们发生就是发生了，人们永远找

图 9.2　世界上最智慧的人们的全家福

来源：http://news. sciencenet. cn/htmlnews/2015/10/329209. shtm［2020-9-18］

不出原因。他坚信宇宙是经典物理式的，像钟表那样机械地滴答滴答地运转，每个瞬间都决定着下个瞬间。也就是说宇宙究竟是像发条装置还是掷骰子的桌子，这一问题触及了物理学的核心。在我们看来，物理学就是在缤纷繁复的大自然中寻找隐藏的简单原理，如果一件事情会无缘无故地发生，那么就意味着我们的理性探寻在这里达到了极限。

那么，爱因斯坦到底反对的是什么？爱因斯坦怎样被贴上了反对量子学的标签？

其实，爱因斯坦并不反对量子力学，也不反对随机性。但爱因斯坦和他同时代的人都面临着一个严峻的问题，即量子现象是随机的，但量子理论不是。薛定谔方程百分之百地遵从决定论。这个方程使用所谓的“波函数”来描述一个粒子或是系统，这体现了粒子的波动本质，也解释了粒子群可能表现出的波动形状。方程可以完全确定地预言波函数的每个时刻，在许多方面，薛定谔方程比牛顿运动定律还要确定：它不会造成混乱。

而另外一位早期量子力学的先驱者维尔纳·海森堡（Werner Heisenberg）引出了一个新的发现：坍缩现象。如果靠波函数不能精确地找出某个粒子的位置，实际上是因为它并不位于任何地方。只有当你观察粒子时，它才会存在于某处。波函数或许本来散开在巨大的空间中，但在进行观测的那个瞬间它在某处突然坍缩成一个尖峰，于是粒子在此处出现。当你观察一个粒子时，它就不再表现出确定性，而是会“嘣”的一下突然跳到某个结果，就像是抢椅子游戏中一个孩子抢到了一个座位一样。没有什么定律可以支配坍缩，没有什么方程可以描述坍缩，它就那样发生了，仅此而已。

爱因斯坦与波尔的争论，其实是数据与信息之争。

首先，量子力学是一个物理学问题，物理学是一种实验、观察的科学，现实中所有的物质、事物都是通过实验、观察和测量获得数据，计算后得出结果，证明原理，寻找规律。

量子力学是研究物质中最小粒子的运动规律与特性，由于其是微观物理学问题，带有很大的难度，人们至今还在探索之中。而粒子是载体，粒子所传播的到底是什么？

其次，爱因斯坦与玻尔之争，不是量子力学之争，而是测量与数据之争。他们对物质、粒子的看法一致。但是，他们实在无法拥有量子数据测量的技术与方法，就观察的一个现象无法做出解释，从而让科学家都跑到形而上学那里去争来争去，认为是一个“意识”问题，这就有所偏颇，不是一个科学的态度了。试想如果有了大量的实验测试数据，推导出经典的波函数，计算结果就可以很清楚了。但是，当时科学家的争论对今天量子力学的研究非常有意义，在我看来数据必须要生产，粒子一定带有信息，然而，它不可以用掷骰子概率来解决。

最后，他们争论的焦点被后来人引申就构成了量子力学的数据与信息问题。

量子力学是一个概率问题，如果没有大量的数据做统计分析，那就只有掷骰子了。数据来源于物质，又还原于物质。量子是一个物理学微观问题，就需要利用相应的技术与方法获得数据，用数据来还原粒子的状态和特征。这一问题直到现在也没有得到解决，因为这是一个物理实验所观察到的一个现象和概率问题。

我想，今天的物理科学家是否可以转换一下思维，从研究数据与信息的关系中找到答案？假如说具有一定的数据采集技术，大量地采集粒子数据和计算运行轨迹和状态，从而解决了“上帝掷骰子”的概率问题。

目前的关键是还存在量子力学的各种问题与迷局，这些不是“上帝”能解决的，却是可以依靠数据来解决的。

目前存在的、被认为是量子力学诡异现象的问题，有叠加态与坍缩问题。单体的叠加态问题：薛定谔的猫；多体的叠加态问题：量子纠缠问题，等等。

显然，量子力学中的现象已经被发现，问题都也被提出，波函数都已具备，目前就是很多现象无法解释，问号无法打开，原因就是缺少了数据科学的参与。

我想如果数据科学在那个时代就确立，信息没有在那个时代超越数据世界先来到世界，是不是“上帝之争”也就不需要现代科学家研究而在那时就解决了。

为此，我们给出一个简单的结论：量子力学中的信息需要数据做根基。从而也证明研究数据决定信息意义非常重大。

9.2.2 “数据定义信息”的研究

数据与信息的关系越来越明了，就是“数据定义信息”。这是我们本节需要讨论的一个最重要的问题。

1）定义

先看看什么是定义。《现代汉语词典》（中国社会科学院语言研究所词典编辑室编，第 7 版，2019，商务印书馆）中关于定义的解释是：“对于一种事物的本质特征或一个概念的内涵和外延的确切而简要的说明”。

根据我的理解，大体上有这样几层意思：

（1）定义是用来描述事物本质特征的。

（2）定义是用来界定一个概念的内涵和外延，以区别于其他事物的，被定义的事物可被当作“标准”，具有一定的规定性。

(3) 定义是一种人为的对事物的广泛、通用的注释。

目前在网上还有各种新的说法，如软件定义卫星，是指以计算为中心，以软件为手段，通过软件定义无线电、软件定义载荷、软件定义数据处理计算机、软件定义网络等手段，将传统上由分系统实现的通信、载荷等功能以软件方式实现，总体上将各类敏感器和执行机构通过软件连接为一个整体，最终实现大部分卫星功能的软件化。显然，这里除了定义，还有确定与定位的意思。

我们提出的“数据定义信息”，既有价值描述和注释，还有强力规定性的意思。规定什么呢？就是规定信息是不可以、也不可能脱离数据而存在的一种特殊的“物质”；什么样的数据会派生什么样的信息，信息虽然万变，但不离其宗。

我们需要再次确定“数据定义信息”的根本原因是数据具有载体信息的功能。

2) 数据是信息的载体

数据是信息之基，数据是信息的载体。无论科学数据还是社会数据，所有信息都来源于数据的释放；在所有的网络传输中，信息都是由数据承载而来的。

我们再以量子力学为例。量子力学是物理学中的理论与技术问题，但目前有一种说法，认为量子力学中还存在一种量子隐形传输，按照现代科学家的说法，即瞬间传输信息。我们不妨对此做一些讨论。

首先，需要说明的是，我们不是要研究量子力学，而是要借助物理学家发现的量子力学中的一个有趣现象，即纠缠一方得到任何“信息”，另一方也会马上感到，不需要“信息”的传递。作为数据科学研究，我显然对此现象很感兴趣，但不怎么同意这样一个说法。

其次，关于“纠缠”，有人简单地将其比喻为“双胞胎效应”，就是说一个发多少力，另一个在另外地方也发同样的力。在物质世界中存在量子纠缠，原因是量子力学发现了微观世界的事物，在还未被观察之前没有明确的状态。而量子纠缠就是对于多个微观物体，在被观察之后，它们的状态会从不确定到确定，作一个有关联的突变。

按照量子力学原理，这个世界什么东西都是一份一份的，简单地说所有东西都是有“码”的。但这个“码”是什么？还有一种说法，是量子力学打破了一种确定性，它的基础就是概率论和线性代数。

而关于量子力学有种种阐述，我们的目的是用数据科学的思维来解释量子力学中的一些现象，如说量子纠缠，现在已经变成一个重要技术了，这个技术可以用来传输“信息”。显然，量子力学中的“码”就是一种“载运工具”。

其实，在香农的《通信的数学理论》里就能找到答案。那时人们发现了电子，电子具有信号，信号是载运“消息”的“载体”。现在量子力学提出的“信息”问题，并不是爱因斯坦、玻尔、薛定谔等那个时代科学家的发现，因为他们所处的时代要比香农早的多，显然，这是现代物理学家的发现。所以，这一概念应该是建立在香农“信息论”基础之上的，没有太多的新意。

可是，作为数据科学研究，我们认为“纠缠”与“信息”就是数据与信息的说法。对于这种思想的说法有两种：一种是非量子学的经典物理学的“信息”传输；一种是量子力学的“信息”传输。

我们先来看非量子力学的经典物理学对“信息”传输的解说，他们说：假如一位女士有一本书或者任何“信息”，她想传输到一位男士手上去，而这个男士在异地，两个人根本看不见。

经典物理学的传输方式是女士先用扫描仪扫描这本书，之后通过网络系统把信号传到男士那边，男士再把它打印出来，这就是经典信号传输。

但是，经典信号传输有个大缺点就是不完全。一本书在被扫描时候只能得到它的部分信息，如这本书的颜色、纸张的厚度、纸张的原子分子结构是传不过去的，能传送的只是扫描到的图像与文字。

而量子信号传输就完全不同了。量子信号的传输是利用量子纠缠态，如果这位女士与男士离得很远，哪怕一个在火星上一个在地球上，他们也可以用量子纠缠来传输“信息”。如果女士在A点，她有光子A；男士在B点，他有光子B。光子A和B处于纠缠态，对A光子施加的任何作用或给她的任何“信息”，B光子都能马上得到。如果把这本书的全部“信息”作用于A光子，那么B光子也就马上得到了。最终，B点得到的是和原来A点完全一样的“信息”。也就是说经典物理传输后复制出来的只是纸上图像的“信息”，没有复制任何“实体”本身。而通过量子信号传输却是从“实体”得到完整的“信息”，从而复制出了“实体”本身，尽管其只是一个小小的量子态！

对此，我们以数据科学研究的理论来看，有以下几点值得商榷。

第一点，在概念上数据与“信息”概念不清。按照我们数据科学的观点来说，数据就是数据，信息就是信息。

第二点，无论是非量子学经典物理学电子，还是量子力学的“纠缠”，它们都是一种“载运”工具；无论其状态什么样，距离有多远，这本书都是数据态，而不是“信息”态。

量子力学在描述上看起来很先进，也很迷人，但在概念上似乎是错误的。至少香农时代是依靠信号，就是电子信号作为载体，带上“消息”（实质是数字符号），从信源沿着信道传输到信宿。那个时代是一个电子技术的时代，而现在人们虽然超越了电子技术的时代，被认为进入了“信息”时代，更重要的是竭尽全力地发挥量子技术的能力，利用量子，也就是将粒子作为载体，以更加高效、快捷和安全的方式传输和显示数据。

只不过量子研究具有一个极具诱惑力的特征，即量子纠缠，让人们理解为当你利用粒子作为载体传输数据时是非常安全的，因为它有一个“隐形的另一半”，既快又安全。据说这一工作在全世界做得最领先的是欧洲国家，其次就是中国。如果量子隐性传输能够实现，将使人类有这样一种可能：可以把地球上某个东西的全部“信息”传到火星上去，而且是瞬间就完成了传播。

现在又开始探索量子意识了。有个叫康特的人做了一系列实验，他证明了人的精神也就是意识状态存在着量子纠缠的现象。加利福尼亚大学伯克利分校的物理学家认为他们发现了生物系统量子相干现象的证据，相干是纠缠的一种。他们认为绿色植物在光合作用中表现出了量子计算的能力，量子计算就是量子纠缠的一种运用，所以，量子纠缠在大脑中是存在的。

2010年，一位英国牛津大学的科学家在《物理评论快报》上发表了一篇论文，他们发现在欧洲有种欧洲知更鸟（European robins），这种鸟是候鸟，它们飞得很高，但是每次找路都找得很准确。他们发现在这种鸟的眼睛中有一个基于量子纠缠态的指南针，所以它们能用量子纠缠态的指南针来感知地球磁场很微弱的变化来指导它们飞行。因此，如果鸟的感知系统使用了量子纠缠，那么人的系统中自然就有可能存在量子纠缠。

对此，我们只能说它是一种科学可以加以探索，但是，我们必须纠正一个说法，就是量子数据不是量子信息。并且，量子安全在今天如果同区块链数据安全相比，我倒觉得目前区块链数据安全技术更靠谱。更重要的是我们认为纠缠是一种模态，传输永远都是数据做载体，信息不可能被纠缠。

3）“数据定义信息”的依据

综上所述，20 世纪 20 年代量子力学革命在爱因斯坦和玻尔的研究方向上展开了，而革命开始后爱因斯坦和玻尔的争论就是关于如何理解这些改变的。这场革命对爱因斯坦的第一个冲击是 1925 年维尔纳·海森堡提出了矩阵力学，因此彻底地废除了牛顿力学中的经典元素。第二个冲击是 1926 年玻恩提出量子力学应该被理解为没有任何因果联系的概率。第三个冲击是在 1927 年底，维尔纳·海森堡和玻恩在索尔维会议中宣布革命结束，量子力学已经不需要更多东西了。

在最后关头，爱因斯坦的态度从怀疑变成了沮丧，他相信量子力学已经完成了，但是力学为什么是这样的，这仍然需要理解。爱因斯坦拒绝接受量子力学的革命成果反映出他不能接受不确定性原理：粒子在时空中的位置永远不能被准确地测量，因为量子不确定性的概率不会产生任何确定的结果。他并不是排斥统计和概率本身，而是因为量子力学的理论缺乏足够的理由。而玻尔当时并没有被这些问题所困扰，他强调了观察者观察的重要性，提出了互补原理来解决这个矛盾。

我们用了这么长的篇幅讲了很多的量子力学故事，就是为“数据定义信息”寻找依据，同时，研究引入数据科学来解决量子力学今天的问题，是否会做得更好？为此，得出以下几点：

（1）数据定义信息是数据科学研究的一个重要命题，根据论述得出什么样的物质就生产什么样的数据，生产什么样的数据就生成什么样的信息。信息之根就是数据。

（2）数据是载体。通过大量地论述给信息做了明确的解释，信息的传输离不开数据这个载体。我们发现粒子、量子纠缠的功能不是蕴藏信息，而是可以安全地传输数据，也是一种载体。

（3）量子力学是伟大的，但总觉得它缺少点什么，就是缺少数据科学的参与。由于信息不对称，信息需要信任达成共识问题、量子纠缠与量子坍缩问题等，未来科学是否能参与给出答案，让我们期待。

这就是我对信息研究中给“数据定义信息”进一步的认定，也是从数据科学研究的角度给量子力学研究的一个建议。

9.2.3　信息安全与地位

“数据定义信息”研究中的两个关键对象是数据与信息。信息安全取决于数据的安全，数据、信息的安全决定信息的地位，而最重要的还是数据的安全。

但是，现代社会中信息不安全，导致信息地位非常高。也就是人们越重视信息安全，信息被叫得越响，反而其地位越高，这其实不是一个正常的现象。

对于信息安全，其实是做好数据安全。目前认为最先进的做好数据安全的方法有两种：一种是量子技术；一种是区块链技术。在这里我们仅讨论一下区块链技术。

1）区块链技术

什么是区块链？一提起区块链，人们会马上想到比特币“挖矿”等。的确，区块链正是来源于比特币，但是，区块链是一种技术，称作区块链技术。

区块链（blockchain）本质上是一个去中心化的数据库，同时作为比特币的底层技术，是一串使用密码学方法相关联产生的数据块，每一个数据块中包含一批次比特币网络交易的“信息”（数据），用于验证其“信息”（数据）的有效性（防伪）和生成下一个区块，然后将它们连接在一起，这就是区块链，而将作用在区块链上的所有技术集合称为区块链技术。

这里有几个概念非常重要。

（1）比特币。严格意义上讲，比特币不是钱，而是一种算法特解。就是说从比特币的本质上讲，其实就是一堆复杂算法所生成的特解。特解是指方程组所能得到的有限个解中的一组，而每一个特解都能解开方程并且是唯一的。举一个例子，比特币就是钞票上的冠字号码，你拿出一张100元钱，就知道这张钞票上的冠字号码是什么。因为只有你拥有这张钱上的冠名号，所以，你就拥有了这张钞票，道理是一样的。

（2）“挖矿”。“挖矿”不是真的去“采矿”，而是需要大量地计算获得这个冠名号。“挖矿”的过程是通过庞大的计算量不断地去寻求这个方程组的特解，这个方程组被设计成了只有2100万个特解，所以比特币的上限就是2100万个。人们利用这样一个机制，通过在网络上寻找和计算某个区块的特解。当你获得了这个特解，就像获得一个冠名号，你就拥有了在区块链上这一区块的“记账权”。

（3）去中心化。去中心化解决的是数据库的数据存储方式问题。主要是采用网络模式P2P，即一种点对点数据对接。从科技层面来看，区块链涉及数学、密码学、互联网和计算机编程等多种科学技术。从应用视角来看，简单来说，区块链是一个分布式的共享账本和数据库，具有去中心化、不可篡改、全程留痕、可以追溯、集体维护、公开透明等特点。

这些特点保证了区块链数据的“诚实”与“透明”，为区块链创造信任奠定基础。而区块链丰富的应用场景，基本上都是基于区块链技术能够解决“信息”（数据）不对称问题，实现了多个主体之间的协作信任与一致行动。

（4）交易信息。交易信息不是“信息”，而是数据交换。“信息”是区块链技术的一种通用说法，意思是在数据传输中“信息”（区块链叫信息）是会留下痕迹的，这个过程叫“信息”交易，实际上是数据过程。

（5）区块链。现在再来理解区块链就比较容易了。区块是一个数据存储单元，记录了一定时间内该区块节点全部的交流“信息”（数据）。各区块之间通过随机散列（也称哈希算法）实现链接，后一个区块包含前一个区块的哈希值，随着“信息”（数据）交流的扩大，一个区块与另一个区块相继接续，形成的结果就叫区块链。

2）区块链的本质与数据安全原理

区块链，起源于比特币。2008 年 11 月 1 日，一位自称中本聪（Satoshi Nakamoto）的人发表了《比特币：一种点对点的电子现金系统》论文，他阐述了基于 P2P 网络技术、加密技术、时间戳技术、区块链技术等的电子现金系统的构架理念，这标志着比特币的诞生。

近年来，世界对比特币的态度起起落落，但作为比特币底层技术之一的区块链技术日益受到重视，主要原因是区块链是一种分布式数据存储、点对点传输、共识机制、加密算法等计算机技术的新型应用模式。

区块链被认为是一个“信息技术”领域的术语。从本质上讲，它是一个共享数据库，存储于其中的“信息”（数据）具有不可伪造、全程留痕、可以追溯、公开透明、集体维护等特征。基于这些特征，区块链技术奠定了坚实的“信任”基础，创造了可靠的“合作”机制，具有广阔的运用前景。

区块链的数据安全主要依靠技术实现建立起一种数据运行中的信任机制与透明化的记录，从而完成数据保密的过程，这是区块链数据安全的基本原理。

3）区块链技术的数据问题

虽然区块链不是我们研究的对象，但是区块链技术是我们需要的技术，在现阶段看起来，在数据安全问题上，区块链做得很好，所以，我们需要研究区块链的数据问题。那么，区块链中自身还有哪些数据呢？初步梳理有以下内容。

（1）账本数据。区块链中的分布式账本，是指交易记账由分布在不同地方的多个节点共同完成，并且每一个节点都记录的是完整的账目，因此它们都可以参与监督交易合法性，同时也可以共同为其作证。

与传统的分布式数据存储所不同，区块链数据分布式存储的独特性主要体现在两个方面：一是区块链中每个节点都按照链式结构存储完整的数据，而传统分布式存储一般是将数据按照一定的规则分成多份进行存储；二是区块链中的每个节点存储都是独立的，地位相等，依靠共识机制保证存储的一致性，而传统分布式存储一般是通过中心节点往其他备份节点同步数据。

区块链中没有任何一个节点可以单独记录账本数据，从而避免了单一记账人被控制或者被贿赂而记假账的可能性。同时，由于记账节点足够多，从理论上说除非所有的节点都被破坏，否则账目就不会丢失，从而保证了账目数据的安全性。

（2）数据块。比特币钱包初次安装时，会消耗大量时间下载历史交易数据块，而在比特币交易时，为了确认数据的准确性，会消耗一些时间与 P2P 网络进行交互，得到全网确认后，交易才算完成。

数据块包含比特币的类似电子邮件的电子现金数据，交易双方需要类似电子邮箱的比特币钱包和类似电邮地址的比特币地址，像收发电子邮件一样，汇款方通过电脑或智能手机，按收款方地址将比特币直接付给对方。

比特币地址大约 33 位长，是由字母和数字构成的一串字符，总是由 1 或者 3 开头，如“3GZlQrPCGYrnTMqY7NFhdWUrScyadRdz8WJD”（作者注：该地址为虚拟的，如与哪位拥有者相同，纯属巧合）。比特币软件可以自动生成地址，生成地址时也不需要联网交换“信息”（数据），可用的比特币地址非常多，也就是说数据量巨大。

数据块还包含私钥、公钥数据。比特币地址和私钥是成对出现的，他们的关系就像银行卡号和密码。比特币地址就像银行卡号一样用来记录你在该地址上存有多少比特币。你可以随意生成比特币地址来存放比特币。每个比特币地址在生成时，都会有一个与该地址相对应的私钥被生成出来。这个私钥可以证明你对该地址上的比特币具有所有权。

当然，可以简单地把比特币地址理解为银行卡号，把该地址的私钥理解为对应银行卡号的密码。只有当你知道银行密码的情况下才能使用银行卡号上的钱。所以，在使用比特币钱包时请保存好你的地址和私钥。

比特币的交易数据被打包到一个“数据块”或区块中后，交易就算初步确认了。当区块链接到前一个区块之后，交易会得到进一步确认。在连续得到6个区块确认之后，这笔交易基本上就不可逆转地得到确认了。

比特币对等网络，将所有的交易历史都储存在区块链中。区块链在持续延长，新区块一旦加入到区块链中就不会再被移走。区块链实际上是一群分散的用户端节点，并由所有参与者组成的分布式数据库，是对所有比特币交易历史数据的记录。

当数据量持续增大之后，用户端希望这些数据并不全部储存在自己的节点中。为了实现这一目标，技术上采用了引入散列函数机制。这样用户端将能够自动剔除掉那些自己永远用不到的数据部分，如极为早期的一些比特币交易记录数据。

（3）哈希值。哈希值其实也是一种数据，需要记录。它是在一个一个区块链接过程中形成的，这类数据也是非常重要的数据。

总之，区块链数据是利用网络P2P模式的数据方式、加密技术和比特币技术，使得数据在被“信任”中，安全性更高。数据传输中的载体功能主要表现在比特币数据的高效与透明。

4）区块链数据安全操作

其主要是通过建立互相信任，达成共识机制，账本记账透明，密钥等多种操作方式，以保障数据的安全。这里简要总结一下：①区块链是一个技术；②区块链技术是以信任机制构建的一种“共识”操作；③这种操作在区块链中以比特币地址、哈希值、记账、数据块作为数据，从而保证数据操作的安全与透明；④数据存储“去中心化”思想、共识机制、点对点传输、分布式数据存储模式，让数据可追溯和不可篡改；⑤区块链技术的加密算法、公钥、私钥让数据运行更加安全。

由于区块链技术具有以上这些优点，它对于数据安全运行具有很大的帮助，有利于提高数据的地位、质量和可靠性。例如，在国家公共资源交易平台上，交易中包含大量交易相关数据，这些数据资源都蕴含着巨大的价值，所以这对管理信息系统自身的安全防护性能提出了非常高的要求。下面举例说明。

区块链技术将会更加广泛地应用到远程办公、远程项目评审等新型工作方式中。例如，利用公共交易平台远程招评标，这是一个几方都高度关注又相互保密的事情，这时采用区块链技术数据操作电子招投标是最好的方法。招投标活动全流程形式主要分为五个重要环节：招标环节、投标环节、开标环节、评标环节与定标环节。

其中在电子招投标活动期间，需要对招标人、投标人进行严格的身份确认，还要对潜在投标人相关信息及资料做好保密工作，评标委员会实际组成信息等也要加强保密，并防止投标文件被篡改或者被窃取，避免开标环节出现解锁解密失败等问题，整个评标过程的评委信息与评判资料、评标结果等都要防止泄密或者被篡改，这些安全问题都可以通过区块链技术来解决与防范。

在电子招投标活动开展期间，通过电子交易系统，标书以明文形式被保存在中央服务器当中。防范标书数据被篡改与被盗的唯一手段就是权限管理。而一些人为了利益，可以利用技术手段或者权限查看标书、篡改标书，导致标书内容泄密或者招标作弊。

在电子招投标系统中应用区块链技术，需要投标人封标之后，对标书进行加密并在区块链上传特征值，具体上传时间就是该时间戳数据，对存证区块加以构建。由于区块链对非对称加密技术实现了有效应用，所以会通过加密形式保存标书文件，并针对文件进行投标人私钥设置，而投标人只有在开标前夕利用私钥才能进行解锁解密。所以，在之前的管理期间，即便有人入侵服务器也不会得到标书任何明文信息。同时，由于区块链有分布式账本进行记账，标书被篡改部分对应节点都会有备份，当系统对相关节点实现定时对账后，若有区块数据和其他大多数区块实际记账不一致，则该节点将被直接废除，属于无效节点，以此保证标书不被篡改。

另外，关于评标阶段专家泄密问题，也可以通过区块链技术，将专家库中所有专家数据实现加密处理，并在区块链中完整记录随机筛选的结果和操作行为。在分布存储基础上，以加密文件形式，在系统当中流转专家消息。还有，数据库被入侵之后发生的数据读取、篡改及盗取等问题，也可以通过区块链技术加以解决，保证所有系统操作产生的操作私钥、操作时间、行为、设备及结果等都记录在区块链当中，并不可销毁痕迹，确保所有非法行为可以被追溯，为监管部门提供参考和证据。

需要说明的是，这是我引入一个学者对区块链应用论述的一个案例，并认为其实在我们评审项目、科研申报等都可以采用这样的模式，体现公平。

5）区块链数据安全应用创新

由于现在人们广泛地认为区块链技术是“信息”安全技术，为此，将区块链技术采用大幅论述的方式放在研究信息的章节里，目的是：

（1）纠正一种不正确的看法或认识，让大家知道区块链技术的安全是对数据的操作，不是对信息的操作，如在区块链中总说“信息”交换，实质上是一种数据交换。

（2）区块链在数据安全上会有更大的作为，因为“去中心化”思想是大数据时代的必然趋势；信任机制是大数据时代的必然结果；以数据安全与信息安全保障是必然的需求。

（3）区块链技术应用需要大力创新，不一定就落在当前的几种，如数字货币、数据安全，而“去中心化”与区块链模式在数据治理与数据池操作上都可以发挥很好的作用。

总之，就现在的认识水平和目前的技术操作来看，区块链技术的数据安全性要比量子纠缠更靠谱。数据的安全性越高，信息的地位就越高。

不过，最后我想告诉研究区块链的人们，不要过分地夸大区块链技术，它只对数据安全有作用，在各行各业的应用只是一个场景，不要将其刻画成万能的技术。

我们需要给出一点结论是：信息安全源于数据的安全。

9.2.4　数据与信息之道

数据与信息是什么样的关系？根据数据的第二个基础问题，就像数学中的对数关系，数据为底，信息为真数；又像数学中的指数关系，数据为底，信息为幂。因为有时候仅一条社会数据，经演绎后信息里的内容就呈指数式增长。但不管怎么说，数据与信息的根本关系是数据为基。

信息一定是根植于数据之上的，信息如果离开了数据，就是无源的信息。而如果无源，它要么不存在，要么就是无中生有。之所以信息如此之多，如此之乱，就是无中生有的信息太多。但是，其实无中生有还是有源信息，只不过是正能量与负能量的问题。

数据是信息之基，主要表现在这样几个方面：

1）显根基与隐根基

社会数据除了来自网络、自媒体外，还有谣言。谣言是一种典型的“消息”，它很蛊惑人，也不容易管理与处理，这种信息不是没有源而是很难找到。这个源就是散布谣言的那个人，他说出来的话就是数据，但一般很难查到。

“消息”大部分不是文件，而是一两句话的传递。现在有了自媒体等各种渠道，往往就更难判断消息的真假。

2）数据可验证，信息难说明

我们经常会听到一些无法知道其对错的事，如说苹果皮到底要不要吃、蔬菜残留农药通过水泡能否清除、微波对人体有无伤害，等等，这些都已有科普，但当第一次听说的时候，正确与错误如何来判断？如果是消息，就多打听几个人，特别是多听听专家的意见。如果是一个数据以文本形式发布在公众信息平台上的，这样的信任度就比个人小道“消息”要可靠的多。尽管如此，还会有不同的立场、观点与态度，解释与讲解出来的“信息”还是会有差异。所以，信息是有选择性的。

如果对此进行实验验证或科学解释，那就更加可靠了。举一个例子，传言微波炉对人不好，只要用科学原理做出解释，大家就会消除传言了。

传说或传言，也是一个消息或信息。其实，微波加热的原理很简单。食品中总是含有一定量的水分的，而水是由极性分子（分子的正负电荷中心即使在外电场不存在时也是不重合的）组成的。当微波辐射到食品上时，这种极性分子的取向将随微波场而变动。由于食品中水的极性分子的这种运动，以及相邻分子间的相互作用，产生了类似摩擦的现象，使水温升高，从而食品的温度也就上升了。用微波加热的食品，因其内部同时被加热，使整个物体受热均匀，升温速度也快。它以每秒24.5亿次的频率，深入食物5cm进行加热，加速分子运转。

通俗点讲，微波是一种高频率的电磁波，其本身并不产生热。在宇宙、自然界中到处都有微波，但存在自然界的微波因为分散不集中，故不能加热食品。微波炉是利用其内部的磁控管，将电能转变成微波，以2450MHz的振荡频率穿透食物。当微波被食物吸收时，食物内的极性分子（如水、脂肪、蛋白质、糖等）即被吸引以每秒24.5亿次的速度快速振荡，这种震荡的宏观表现就是食物被加热了。所以，微波炉对人身没有影响，只是为了加热。

所以，信息用科学原理作解释就可以消除人们的传说，消息变成科学知识，信息的真实性也就显现了。

3）信息的计算

信息的计算是数据与信息科学研究中一个重要的课题。我们经常会听到有人说“信息量很大”，到底是怎么个大法？一般来说，它是指“信息很多”的意思，但是，我们如何来计算即量化，确实是一个问题。

我们这里主要探讨“全数据”与“全信息”的求解。

（1）背景分析。

“全数据”必然追求“全信息”。

在传统经典研究中，“全数据”和“全信息”是做不到的。例如，科学数据中的“数学计算法”，是在求解过程中大量采用将非线性问题转换成线性问题方法，这种计算将原始信息基本上折损了1/2；还有如“数值模拟法”，它在求解过程中有大量的条件限制，于是，有了各种假设和约束之后就是调参、试算，这种求解方法中数据信息将近折损了2/3；再如“概率计算”和“样本学习”最优化法，这种计算获得的信息采用样本法，在样本选择、样本训练、学习中更不是全数据参与，特别是“小样本”求解大信息，其信息折损也可能达到1/2。

当然，也许我的折损率有点夸张，但并没有批判的意思，只是为求解“全信息”做点背景交代，我的目的是尽可能地让数据在转化为信息时折损最少或没有损失。

（2）计算分析。

数字、数据与信息研究中的计算分析是非常重要的一环，必不可少。

目前对数据信息的计算主要有三种：

第一种，是香农提出的消息计算法。他引入熵对信息的量化，公式为

$$H(x)=-\log_2[p(x)] \tag{9.1}$$

式中，H为信息熵；P为语言文字出现的概率。

这表明，如果信源中某一消息的不确定性越大，一旦发出后收信人收到消息，消息的不确定性就越大，获得信息也就越大。如果按照式（9.2）求解：

$$I(x)=f[p(x)] \tag{9.2}$$

式中，I代表信息量；$P(\mathrm{x})$代表一种概率问题。

这样就需要满足很多的条件，如对称性、非负性、确定性等。其实，熵表示一条消息中真正需要编码的信息量，而熵在系统科学研究中有点被概念化了，人们在大量地讨论“熵增”与“熵减”、“有序”和“无序”等，对香农的消息计算法研究并不多。今天，在大数据时代，其是否适合“全信息”求解还得深入研究。

第二种，是流量（带宽）计算法。这种计算一般是以KB或MB为单位的计算过程，如1KB表示1024个字节；1MB表示1024个KB；1GB表示1024个MB；1TB表示1024个

GB等。

一秒钟视频数据流量有多大？这就可以计算了，有一个算法为

一秒钟视频数据流量(MB)=图像分辨率(像素)×彩色深度(位)×帧率÷8×1024×1024　(9.3)

同样，假设一秒钟音频数据流量的计算为

一秒钟音频数据流量(MB)=采样频率(Hz)×量化位数(位)×声道数÷8×1024×1024　(9.4)

举一个很现实的例子，一个人一生中阅读过的所有文字，加起来不会超过几个GB。因为，1GB可以储存5亿多个汉字，相当于700多部一百二十回的《红楼梦》。也就是说，文字的存储量在1TB中只占了不到0.5%。还有假定一生中一共拍过10万张照片，每张平均是4MB，一共约有400个GB，约占1TB的40%。

这是数据量的计算，也是信息量计算的一种。

第三种，是黄金分割法。这是我的想法，因为，我很想知道一个信息到你跟前，你如何判断它是有用的、正确的或是没用的？

社会数据主要是依靠网络传播的，如一个讲话、一条微信、一个微博，一篇报道等，数据（文字）是确定的，但由于信息是依靠不同人来完成接受与分析，然后再传播出去的，这时要加入“读者”与“解读者”的立场、观点与思想，便会从不同角度得出不同的结果。一时间对的、错的难以分辨。

为此，我想到神奇的黄金分割法。大体上即一个正能量的解读为0.618，而其中0.382是加入了再传播者的立场、观点与情绪，也许是负能量的部分。反之，一个负能量的信息也是0.618，即错的部分，但还有0.382是具有可参考价值的。这一计算适合于所有社会数据生成的所有正、负能量信息。

以上三种只是当前对于信息计算的最基本的办法，各有用处，各有缺陷。我们的问题仍然需要关注“全数据”与“全信息”的计算。

(3)“全信息”计算法。

对于“全数据”生成“全信息”的计算，应该先知道有多少个数据项的参与和有多少的数据量，并生成多少信息。

根据数据的第二个基础问题，即当一切数据转化为信息之时应该是一个信息的集合。其基本模型为

$$D_x=\{x_1,x_2,\cdots,x_n\}$$

式中，D为数据；D_x为数据转化后的信息态；$\{x_1, x_2, \cdots, x_n\}$为多个信息的集合。

这里表示的是当一组数据出现后，无论是科学数据还是社会数据，不同的人来处理就会得到不同的结果，其形式就是$\{x_1, x_2, \cdots, x_n\}$，这里的$\{x_1, x_2, \cdots, x_n\}$代表不同人“解读”得到的信息结果。这不仅适合科学数据，也适合社会数据。

但是，对于“全数据”中所参与的大数据分析，是由多个单项数据所生成的信息，可能会有很多，即使最终计算只有一个结果，也是由多个数据所贡献的结果。

原因是它也许是一个数据的组合，也许与分析人员有关，是一个集合，其余以此类推。

例如，我们计算油井中的动液面就是一个多项数据参与的计算结果，大约需要17～23项数据参与。这些数据都是科学数据，即对于单井通过油田物联网测试获得的数据，包括

功图数据、电参数据、井深、原油参数等，也即 x_1，x_2，…，x_n，根据数据的第二个基础问题，它只是一个信息的集合，是围绕动液面计算获得这个事件中的“全信息”。

总体来说，“全信息”的作用非常大。

最近在新闻报道中出现了一款“黑科技”，就是当记者远程采访客人时，记者身边只有一把空椅子，并没有被采访者坐在旁边。但是，通过“全息”效果后，画面上出现的被采访者就坐在记者旁边的座位上并在接受着采访，当记者站在被采访对象的前面时可以遮挡住他，当记者走到被采访对象身边时并没有影响他。这就是一种“全息”效果，实质上是一种“全数据”的结果。

最后，还是希望所有的数据科学家来研究，此处学问非常大。

9.3　信息科学与信息化

本章我们一直在以研究数据科学的角度来研究信息，假设前面一直在“批判”信息，那么，现在就要正面地肯定信息。

前面论述过，信息是由数据产生的，数据又来源于物质、事物，所以，毫无疑问信息也是物质。下面我们在“批判”中来看看关于信息的几个重要的问题。

9.3.1　信息科学

信息是一门独立的科学，这是毫无疑问的事实。在学习、研究信息科学之前，我的印象中信息科学研究应该是一派繁荣，研究者众多、成果多，研究很成熟。但是，在网上一查还是吃了一惊，其实，研究信息科学的人很少，相关著作也很少。结合目前我国的信息科学，我认为现今主要存在以下几个问题。

(1) 概念模糊，研究程度低。首先，信息肯定是一门科学，尽管我在本章开头对信息做了“批判”，但那是为了信息进步与发展的需要。而我们看到的对信息科学的定义是：信息科学是指以信息为主要研究对象，以信息的运动规律和应用方法为主要研究内容，以计算机等技术为主要研究工具，以扩展人类的信息功能为主要目标的一门新兴的综合性学科。这个定义着实还是不能令人满意。

首先，信息科学“以信息为研究对象”是对的，其实信息科学就是关于信息的科学，应该有一个非常完善、准确的定义，构建起完整的概念。

其次，信息作为科学，同自然科学、社会科学等科学一样，要具有科学研究的标志，至少应有信息理论、规律、定理，构建一套关于信息的科学体系不能少；研究信息的科学方法不能少；信息科学的实验与实践也不能少。

第三，信息科学应是一门独立的科学。在研究信息过程中特别要注意其内涵、外延，全方位的研究，实现创新与突破。

因此，可以这样说，信息科学还不是一个很成熟的科学，研究的人太少，成果太少，概念不完整，全部依靠在香农理论的基础之上，没有重大突破。

(2) 信息科学教育偏颇，信息操作却很活跃。现在的学校教育特别重视学生的就业，都是一种技能型的教育方式，为了让学生好找工作。信息科学教育基本也是走了这条路，培养学生掌握一门手艺，毕业了好就业。

当然培养操作型人才没错，可是，我们现在除了要培养操作型人才外，更需要培养对理论研究和基础理论进行突破的人才，信息科学最缺少能从事信息科学理论研究和方法创新的人才。

令我们不可理解的是，现在社会信息科学理论如此贫乏，没有一个完整的信息科学理论做指导，但是，信息技术、信息产业、信息经济却能蓬勃发展；人们对信息还没有形成深刻的认识与理解，但是信息技术发展如此之快，信息系统开发多、信息中心部门设置齐全，这也是个奇迹。由此可以看出，香农的“信息论”和系统论、控制论的威力确实很大。

(3) 信息科学在现代更需要加快发展，尤其是在今天，整个人类社会被认为进入了信息文明的时代。但是，我们的信息科学的理论研究与信息科学还不够完善和完整，这样如何能够更好地指导实践。

总之，信息科学需要加快发展，会有更大的作为。

9.3.2　信息化

信息化中的“化”指的是一种状态，是指信息建设达到一定程度后所呈现出来的一种社会状态。例如，信息产业高度发达，可以生产各种信息技术与产品，信息技术不断创新发展，从而推动信息社会不断进步，信息产品日益更新，人们使用信息技术与产品异常活跃，信息经济指数不断刷新，社会与信息非常繁荣，这就是信息化。

当前社会就是一个高度发达、信息化的社会。在中国，“十一五”期间就编制了信息化发展指数（information development index，IDI），从信息化基础设施建设、信息化应用水平和制约环境，以及居民信息消费等方面综合性地测量和反映一个国家或地区信息化发展总体水平。由此让国家信息化的状态保持良性循环和良好的姿态。而且信息化建设抓得还是比较好的，主要表现为以下几个方面。

(1) 以国家“两化”融合为战略，积极倡导推进和蓬勃发展。“两化”融合是信息化和工业化的高层次深度结合，实施办法是以信息化带动工业化、以工业化促进信息化，走新型工业化道路。“两化”融合的核心就是信息化作支撑，追求可持续发展模式。这也是国家为保持国家信息化状态和良好姿态的一个战略，不能偏离，可促进国家发展。

国家在实施推进“两化”融合方面很下功夫，就是要将信息技术作为内生要素植入传统产业技术与业务之中，形成创新技术与产品，这一点在中国取得了非常大的成就。

(2) 以技术融合、产品融合、业务融合等多方面并行发展，实施互联网+，并在多行业、多领域推进，取得了很大的成绩，特别是在将信息技术应用到企业研发设计、生产制造、经营管理、市场营销等各个环节与业务方面。例如，通过计算机管理改变了传统手工台账方式，极大地提高了管理效率；通过信息技术应用提高了生产自动化、智能化程度，生产效率大大提高；网络营销成为一种新的市场营销方式，受众大量增加，营销成本大幅降低，等等。支付宝、微信支付等方便了百姓，电子货币方式促进了社会进步与发展。

(3)“两化”融合研究需要新思维、新理念。自从国家提出“两化”融合以来，现在走到了最艰难的时候，下一步能不能走下去不是取决于信息技术的进步，而是取决于正确的思维与理念。

根据数据科学理论的研究，信息存在很大的不确定性，建立在信息思想上的信息技术已经发展到了瓶颈期。因此，我主张我们国家要重新认识与定义信息、信息科学和“两化”融合。

重新认识“两化”融合是一个重大的科学问题，也是重大的国家战略问题。数字、数据、大数据、人工智能技术都是非常确定而具体到物质、事物的，它们都开始慢慢地从后台走向前台。根据数据科学研究的结果，它们要比信息更具有优势。在国家层面上仍然可以提倡信息化与工业化融合，但在行动上要开始进行数据、大数据和人工智能与工业化的融合，而数据与工业融合的优势将会更大。

9.3.3　信息未来

关于信息未来，是我们研究数据科学所牵扯到的信息问题中的最后思考，即未来信息是什么样？信息科学将走向哪里？

1) 现代信息科学说

未来，信息科学应该会有一个质的变化，这就是从现在起将之前的信息科学称作传统信息科学，将现在的信息科学称作现代信息科学。

现代信息科学具有非常鲜明的特色，它需要进行信息革命，彻底地改变传统信息科学的内涵与外延。

(1) 传统信息科学是以信息论作为指导思想和理论基础的，它解决了信源—信道—新宿模式的“消息”问题，但没有处理清楚信息与数据问题。而现代信息科学建立在数据科学理论与思想基础上，明确了“数据定义信息”的逻辑关系。数据做其应该做的事，信息做其应该做的事，二者相互关联。

(2) 传统信息科学理论严重地、过分地依赖信息论、系统论和控制论，使其没有完整的概念和定义，没有形成完整的、独立的理论体系，没有完整地进行内涵、外延的研究而构建信息科学的模式，没有完整信息科学作指导而形成的信息科学的实践。过度地依赖计算机技术而又受制于计算机技术，导致计算机的“十数九表”“数据跟着代码走”思想和僵化了的“管理信息系统”应用模式，使信息成为一种先进生产力的障碍。

(3) 传统信息科学要同现代新兴崛起的数据学、数据科学、大数据、数字化、智能化、智慧化、人工智能技术等处理好关系。以计算机与管理信息系统为代表的传统信息技术，已经不适应大数据分析的方法与方式，而新的信息计算机技术没有创新发展，已经成为信息科学的障碍。即使有量子计算机出现，也只是算力上的提升，而无法满足数据智能分析模式的需要。

以上这些问题其实还是非常严峻的。

2）信息科学教育必须改革

目前软件开发人员、计算机专业毕业生就业都很火，从而刺激了计算机科学教育也很火。但是，我们国家的软件开发大都停留在低端、简单应用上的开发，而在高端的工业化软件操作系统和数据的智能分析、大数据与人工智能技术联合开发系统方面都很落后。

怎么才能改变现状？大学教育一定要彻底改革，不能一味地培养大量低端编程人员和学习编程语言的“机器人”，而智慧工程系统中的操作系统开发工程师、大数据分析架构师、数据工程师与数据科学家才是非常紧缺的。

要尽快编写适合所有专业领域大学生学习的《信息学》或《信息科学》教材，从大二起就要给学生灌输现代信息科学思想，要培养能在国际前沿上顶天立地的大师级人物。

3）国家“两化”融合要继续推进

在信息化与工业化结合上要高度地重视数字、数据与数据科学，以及智慧工程的关系。国家在制定战略、编制计划、机构设置、重大项目与课题立项评奖中，不要忘记了数据科学。

总之，我们坚信未来的信息与现代信息科学，一定会随着科学技术的发展与社会的进步而发展地更好。

9.4　结　　论

研究数据和数据科学不能与数字、信息无关。数字、数据、信息三者具有非常紧密的关联，而本章重点研究了信息。

(1) 对信息的“批判”不是为贬低信息，而是为了进一步地提升信息。信息作为数字化后的“产品”至关重要，但是，信息自身存在着非常明显的缺陷，如无形、无痕、不确定性，这些就增加了信息研究与管控的难度。

(2)“数据定义信息”主要研究了信息与数据的关联，二者关系其实很奇妙，也很复杂。数据的主要功能，就是承载信息，保障信息安全。信息的使命是充分地表达数据，使其尽可能地还原物质、事物。

(3) 信息未来研究是信息科学研究的最终课题。如果不能进行新的信息革命，信息发展就会成为社会、科学技术的障碍。信息科学必须要完成重大提升，才能适应数据与大数据的时代。

总体来说，用一章内容很难完美地诠释信息科学。本书中信息虽不是主角，但对信息科学至关重要。

第10章　数据、数据科学和数据智慧的未来

人类要学会控制数据，不要企图去控制信息。这是我在研究数字、数据和信息中得出的基本结论之一。本章我们讨论一下数据的未来，我想数据理论应该是下一个100年内科学技术的基本理论。

10.1　数据未来

我们经常听到人们说："未来已来，唯变不变"。"未来已来"是时间方面问题，"唯变不变"是事物方面问题。时间是按照序列递进的，日月更迭，年代轮回，时代变迁，这是一个历史规律，谁也更改不了。然而，时代与事物搭到一起就会变样，它会打破了时间的节奏与亘古不变的规律，很多事情应该是未来的事，但却提前的到来了，这就是"未来已来"。

10.1.1　未来已来

人们生活在这个时代与社会中，永远都不会满足于现状，总是享受着现在，展望着未来。

在过去，人们主要追求温饱、健康和安全，这是一种基本需求或需要。因为那时人们多处于饥荒、瘟疫、战争发生的年代，生活在这样时代里的人，一定是渴望不要发生饥荒、瘟疫与战争，希望保证能够吃饱、穿暖，孩子们健康成长，大人们健康活着，这是一种最低要求，也是那样的时代里最高的期望。

然而数千年以来，人类从未停止过面对饥荒、瘟疫和战争，每每都是同它们进行坚决抗争。有历史记载的事件就有很多，如中国在公元前108年到1911年间就发生了至少1828件主要饥荒事件，在1347～1352年的欧洲就发生了黑死病，共夺去了2500万人的生命，而最难让人忘记的还是第二次世界大战，战争让8500多万人丧生，其中最残忍的中国南京大屠杀就有30多万人被杀害。

人类在追求消除饥荒、瘟疫与战争的过程中做了不懈的努力，但始终在为温饱、健康和安全而追求与奋斗着。随着时代的变迁，科学技术的进步，以及人类社会的文明发展，人们所追求的温饱、健康与安全问题基本解决以后，又开始了新的追求，这就是对幸福、健康等的追求。

幸福主要体现在人对物质、精神上的快乐和愉悦，不再单是温饱的感觉，而是还有享受的感觉，于是人们便利用高科技来满足这种愉悦的需求。在1949年左右的中国，人们追求楼上楼下、电灯电话，这个早已实现了，现在人们追求智慧城市、智能交通、共享服务。甚至通过蓝牙电子秤可以实现对每餐食品的科学配重及营养搭配，还有APP翻译软件能让不会外语的人走遍天下，游历全球。AR/VR提供的享受，让你足不出户而亲近自然，

亲临比赛现场。手机购物、支付订餐、坐等美食，这就是今天人们的新追求和高向往。

快乐、愉悦的幸福生活已经来到，但是，人们并不满足，人们希望健康长寿甚至永生，于是，高科技就开始探索实现这些的办法，以满足人们的愿望，如对干细胞的修复与填补能使人不生病而长寿等。

干细胞是21世纪最大的突破。人体细胞时刻处于新生细胞替代老细胞的过程中，随着年龄的增长，人体干细胞的数量和质量也在逐渐下降，细胞更新不足就无法按照肌体的需求而新生，没有年轻、健康的细胞来替换组织中衰老的细胞，最终反映就是人体系统功能下降，代谢缓慢，衰老状态出现。

基因编辑可以改善或逆转相关疾病并延长寿命，这是可以实现的，已不再只是期望。

然而，这样还是不能满足人们的愿望，人类还有更高的欲望和需要，如不希望强体力劳动，长时间操作与工作，忙来忙去地奔波着生活，那怎么办？不要紧，智能机器人来帮你。

军事上有战场智能机器人；生活上有智能机器人服务人员与保姆；工作上有智能机器人播音员，以及机器人程序员；安全方面具巡检智能机器人，可预警预报与抢险，等等，如图10.1所示。

(a) 双足人形机器人

(b) 太空智能机器人

图10.1 智能机器人

来源：(a) https://tech.qq.com/a/20140709/006469.htm;

(b) https://new.qq.com/omn/20190821/20190821A0QL9C00.html [2020-9-18]

目前，人工智能机器人在社会上非常活跃，各种无人驾驶汽车亮相街头，各类工作智能机器人开始上岗，如医院外科手术医生精准操作，油田联合站智能机器人安全巡检，等等。凡此种种都是在未来应该才有的，结果现在都来了，这就是我们今天所面临的“未来已来”。幸福、超能等需求一个个全部得以提前实现与解决。

10.1.2 唯变不变

上面我们讨论了“未来已来”，这是一个令人振奋与幸福的时代，但是，人类的追求在今天求幸福、求超能之后并没有停止下来。如何才能满足人们更大的欲望？那就是“唯变不变”。

事实上人类有各种追求，有了追求以后就化为强大的思想与动力，然后思想转化成思维，思维再转化成行为，这个行动就是科学与技术的革命。

在人类历史上数百年或数千年以来，就是这样在思维与行动，科学、技术与产业中不断演化、进步与发展，不断满足人们的需求，这是一个永远不变的真理，并形成了范式。大约有以下几种。

首先，出现了实验思维与技术的范式。大约起源于16世纪的意大利文艺复兴时期，这也是第一次世界思想革命，那个时期的技术主要采用实验技术，然后用来描述事物现象而得出结论。

其次，到了17～18世纪，出现的第一次科技与产业革命，同时也是第二次思想革命，即启蒙运动时期，这个时期主要是归纳总结，利用假设推导结论，这个时间的人们热衷于对因果关系的研究，从而出现很多经典研究，这是一种传统而典型的验证、推导的思维范式。

接着，就是19世纪与20世纪中叶出现了第三次科技与产业革命，开始了大量的模拟与仿真，这就是在已知关系下通过各种约束完成模拟与仿真，然后给出结论，也称为第二范式。

最后，从20世纪中叶到现在，人们认为是第四次科技与产业革命时期，主要是量子力学的概率因果论或整体因果关系论的思维范式，数字化、全球化是这个时代的典型特征，被称为第三范式。

那么，下一个范式应该是什么呢？据科学家研究认为是万物互联的大数据相关关系，我们可以称它为新思维范式。

新思维范式是大数据方法论的思维，科学与技术达到了完美结合；数据与业务做到了完美协同；"信息"（数据）与工业做到深度融合，这种迹象已经出现，只是现在人们很难分清哪些属于科学，哪些属于技术，更重要的是出现了"全数据""全信息""全智慧"的科学技术需要。

新兴思维引起了超前的思考，超前的思考引导科学研究与技术创新，科学技术就会不断地进步。例如，当今人类对生命的追求是健康长寿，这是一种欲望，科学技术就会很快感受到，并为此努力而创新技术。为了实现健康长寿，于是，科学技术方面出现了精准医学的革命，如图10.2所示。

精准医学
Precision Medicine

生物样本库 Biobanking	精准肿瘤 Oncology	生殖与健康 Reproductive Health	精准用药 Pharmaco-genomics
质量控制 Quality Control 样本数字化 Sample Digitalization 分子分型 Genotyping	生物标志物 Biomarker Discovery 分子分型 Genotyping 靶向治疗 Target Therapy	产前筛查 NIPT/IPT 植入前遗传诊断或筛查 PGD/PGS 遗传病 Inherit Disease	药物指证 Drug Indication 药物禁忌 Contraindications 药物剂量 Drug Dose

生命组学: 基因组、转录组、蛋白质组、代谢组
Life Omics Platform: Genomics, Transcriptomics, Proteomics, Metabolomics

知识库/云平台/大数据
Knowledgebase/Cloud/Big Data

图10.2 未来科学技术中的精准医学
来源：张杰院士报告《未来已来，唯变不变——对新科技革命的思考与展望》
https://v. qq. com/x/page/m0900b87s1s. html [2020-9-21]

精准医学的本质是通过基因组、蛋白质组等组学技术和医学前沿技术，对于大样本人群与特定疾病类型进行生物标记物的分析与鉴定、验证与应用，从而精确寻找到疾病的原因和治疗的靶点，并对一种疾病的不同状态和过程进行精确分类，最终实现对疾病和特定患者进行个性化的精准治疗目的，提高疾病诊治与预防的效益。它是一种以个体人生优化、健康长寿愿望为核心目标的新型医学概念与医疗模式，未来科学技术将会做出重大突破，而其主体实现的办法就是精准医学。精准医学将构成一个完整的体系或形成一个完整的系统，如从人的出生前就开始做起，做到精准筛查，保证新生儿是优质的；当人生病了，就有精准样本数字化库和质量控制提前干预；当要用药时，都是精准配置和精准药量治疗；当身体出现肿瘤了，就会精准靶向治疗，等等。这就是一种系统化、立体化、全方位、数据化、全生命系的精准管理与精准治疗服务过程。

然而，人类还在不断地追求，这就是超能，需要利用最先进的思维和技术来实现，如图10.3所示。

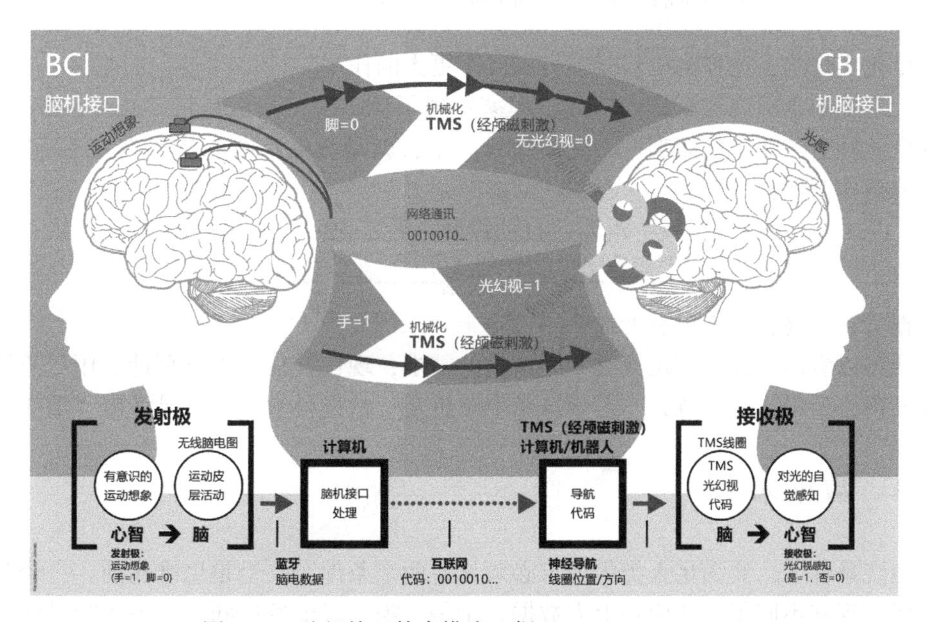

图10.3　脑机接口技术模式（据Grau *et al.*，2015）

脑机接口是在人或动物脑（或者脑细胞的培养物）与外部设备间建立的直接连接通路。

脑机接口实现的基本步骤大体分为四步：采集信号、解码处理、再编码、反馈控制。这是一种超越人类长期以来的操作模式的变革，即

手工—机械—电器—自动控制—数字化—智能化---智慧

注意，在智能化和智慧间我用一个虚线来连接，表示智慧操作还没有实现，不过人们的思维已经到来，就是可以利用脑机接口的方式将一个个体人的大脑与量子计算机链接，实现超能，如图10.4所示。

超能是将单人的智慧发挥到淋漓尽致的过程。我们现在依靠人的知识技能将业务数据软件产品化，将技能操作智能控制化。但是，人的智慧只发挥了很少的一部分，很多智慧

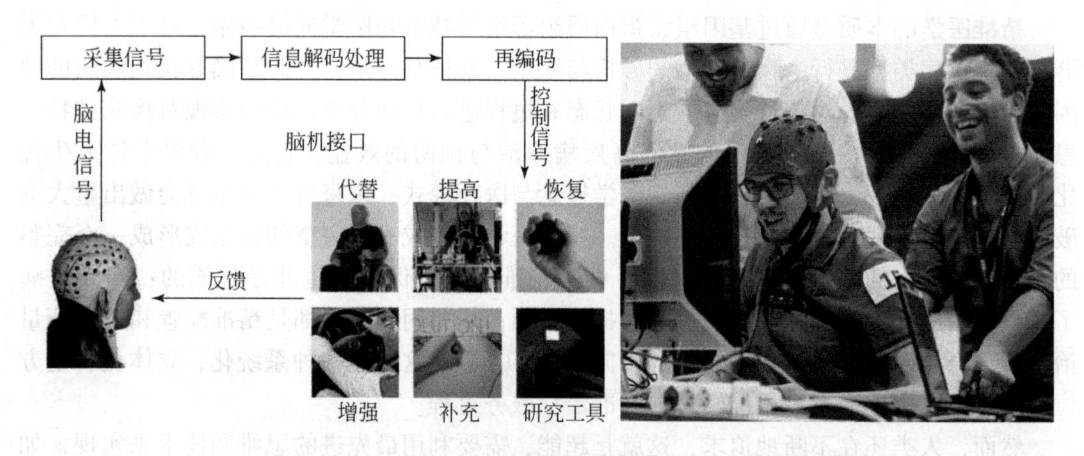

图 10.4 超能智慧脑技术

来源：https://www.jiemian.com/article/1424213.html,2020.9.21

是无法量化实现的，这种脑机对接就可以发挥更大的作用。

以上叙述的全部内容汇集到一起，大家发现了什么呢？当然是科学在变，技术在变，人类在变，社会在变，然而唯一不变的只有一个，就是数据，这就是“唯变不变”。以前面介绍的操作为例：

手工—机械—电器—自动控制—数字化—智能化---智慧

数据

数据贯穿始终，从来没有变过。

由此可以看出，为了满足人类不断增长的需求，现代科技便千方百计、用尽心思地去创新和发现，所以，思维范式与科学技术不断进步、数据科学不断发展将是“唯变不变”。

10.1.3 数据未来

在传统条件下，要满足人类的需求必须具备两个条件：一个是思维超前，一个是科技进步。但是现在不同了，还应加上大数据。于是，需要三个条件同时具备才能最终满足人类的各种追求与欲望。

数据自其诞生以来，始终为科学技术做贡献，任何一项科学技术都离不开数据的支持，直到今天也是如此，而且数据的作用将会越来越大。所以，数据是真正的“唯变不变”，不管数千年历史发展，不管科学技术历经多少变革，无论时代更迭多少次，数据始终还是数据，所不同的是数据变得更加巨量，作用更大，外延更广。例如，在产妇生孩子之前医生首先要做收集、处理和分析数据，怎么做？先要量测孕妇的骨盆，包括形状、大小、周长等，然后利用这些数据来制定最佳接生方案，实施安全与优生。

所以，走到今天人们一定会考虑数据的未来。我认为未来的数据将会在以下方面更加重要。

1） 数据思维范式

虽然我们在上面论述了三个思维范式，但是，归纳起来就是一个因果关系式，其具体模式是：

假设→实验→验证→计算（概率和量子概率）→得出结论

这种因果关系模式影响了过去几个世纪的科学技术，发挥了重要的作用，也在科学研究中取得了很多重要的成果，直至现在人们还在用，每当研究一个问题时总是会追根溯源地探索因果关系。

但是，随着大数据时代的到来，社会、科学都发生了很大的变化，整个社会是由数据流组成的社会，任何事物都可以通过“万物互联”的方式生产海量的数据。“全数据”分析很快就能知道结果，更多的是知道了前因后果，知道了事物与事物的关联，并非常精准。因此，这个社会由过去的因果关系变成了相关关系，这样一个变化使得科学研究的方式发生了很大的变革，人的思维方式也发生了大的变革，这就是相关关系方式的变革，即：

物质(事物)→数字化→相关关系→全数全息化→精准决策

这是一个重要的变化，人们的思维方式发生了根本性的改变，面对需要解决的问题也在变，就是这个问题一定是属于物质、事物的，关键就看怎么完成数字化。数字化后就实现了数据化，然后就可以进行“全数据”分析了。

相关关系是完成数据、业务（问题）与技术融合的一个过程，这个只有在数据时代才能完成和做到的事，在传统的过去由于数据量不足是无法这样考虑的。

“全数据”“全信息”思想，就是要采用大数据分析法，将海量的数据用足用全，不用加很多的假设、约束和插值来模拟仿真，“全数据”是指多元的数据，通过“全数据”分析获得的结果一定是“全信息”。“全信息”就是物质、事物的本质与本来的“全面貌”。所以，最后的结果就可以直接用以决策，而传统的做法只是产生一个结论，因此需要和其他研究综合后得出结论，实施决策，称作“辅助决策”。

实施完成“全数据”分析的具体做法是：

应采全采—应收尽收—应管尽管—应用全用

这样的数据思维就是一个全新的、超然的新的思维范式，会在数据的未来发挥巨大的作用。

2）数据爆发与持续增长

根据数据的第一个基础问题，数据如果不去采集，它就是0。根据数据的第三个基础问题，数据是无穷的，而今天的人们找到了数据采集的方法，这就是数字化，让数据极大地丰富，从而数据爆发现象会时有出现。目前人们预测数据量都是以指数级的速度在增长。

2003年的数字数据量仅有0.05ZB，到2013年增长到4.3ZB，10年中平均每年以0.43ZB的速度增长；从2013年的4.3ZB到2018年的33ZB，5年中平均每年以5.74ZB的速度增长。由互联网数据中心（Internet Date Center，IDC）发布、希捷公司赞助的白皮书《世界的数字化——从边缘到核心》显示，到2025年全球数据量有望将增至175ZB。这是一个可怕的数字，也是一个惊人的速度，但更是一件令人兴奋的好事。我们再来看看数据的生产基础。目前中国的基本数据生产是世界上任何一个国家无法比拟的，我们用世界上两个最大的经济体大国做一个简单的比较，如表10.1所示。

表 10.1　世界上最大两个经济体国家互联网等用户比较

国家	中国	美国
人口/亿人	13.95	3.27
网民/亿人	8.3	2.79
手机网民/亿人	8.17	2.29
移动互联网接入流量消费/亿 GB	711	
电子商务用户（网络购物）/亿人	6.1	2.59

数据来源：公开资料整理，如 http://www.xinhuanet.com/politics/2019-08/13/c_1124871915.htm [2020-9-21] 等。

表 10.1 是截止到 2018 年的数字，目前还在增长变化中。按照人口基数与数字化程度，到 2025 年中国的移动互联网还会有很大的增长，特别是当 5G 全覆盖之后，中国可能达到 5 亿以上的 5G 用户，显然我们是一个数据大国。

这里的数据生产基础是指社会数据生产的基础量，仅网民一项中两个国家就达 11.09 亿人，几乎每一个用户每一天都在生产数据和消费数据。而在未来的时代，数据爆发式地增长只会增强，不会停止。

3）关于数据强国

未来就是谁拥有数据谁就是王者，数据王者国家就是未来的强国，这是毫无疑问的。

一直以来，我们都说军事强国、科技强国、经济强国等，只要搭上强国二字，就在世界上具有话语权。“人类命运共同体”构建中的一个重要因素是大家都必须拥有巨量的数据，目前还是数据强国的初级阶段。

所以，当前条件下的国家可以按数据来划分，分为数据强国和数据弱国。

一个数据强国的重要标志，我想应该至少具备以下三点。

第一，数据产量。一个数据强国应具有强大的数据生产能力，才能拥有巨大的数据量。数据生产能力体现在数字化的能力，能对数字地球有着深刻的认识与贯彻，让自己国家拥有全面的数据生产能力，数据量才会巨大。

数据生产能力强，不一定是人口多能力就强，也不一定是科技能力先进数据生产能力就强，而是取决于能够动员一切行业、领域在数字地球思想指导下，实施全面的数字化建设。

当然，人口优势还是占比很大的，经济强大就具有投资保障，科学技术强大就一定会实施得更好，这是必然。但是，不管大国小国，只要努力做好全面的数字化建设，就一定可以做到数据强国。数字化技术已经非常成熟了，如果所有的国家能在数字地球上做出贡献，数据生产能力就会更强。

数据量体现的是数据生产量与能力，未来的数据强国会有巨大的数据量，这是一个数据生产的重要标志之一。

第二，数据应用能力。数据生产之后拥有了巨大的数据量，但还不够，未来的数据强国一定是数据应用的强国，更重要的是数据的流通量。

数据应用有几个重要指标，包括数据的技术与产品研发制造，特别是核心关键技术的拥有量；数据应用后的发现、发明与创造占比高；还有完全能够解决工农业生产运行的改变。当然，数据应用离不开数据人才和数据科学家，只有这些最基本的基础性建设强大了，数据的分析应用能力才会更强，这几个指标也是重要的标志。

这里有一个重要指标就是数据的流通量。当数据不流通时数据量为0，当数据流通时数据量为1，这样就会得出一个数据流通模型：

$$L_S = L \times X \times \frac{V}{h} \tag{10.1}$$

式中，L_S为数据流通量；L为数据量，表示批量；X为流通次数，表示批量被使用的批次；V为数据价格，表示这一批次数据价格水平；h为数据流通的时间，时间越短，价值量越大。一般希望数据具有“秒级”价值。

由此可见，数据流通可以倍增数据的应用能力。

第三，数据价值量。这里的数据价值量不是指数据资产的产值，而是数据被使用或应用后而产生的发现、发明与创造的成果价值量。发现、发明与创造的数据成果越多，其价值量就越大。由此得出：

$$\text{数据价值量} = \text{数据量} \times \text{数据流转批次} \times \text{数据价格} \tag{10.2}$$

其中数据价格是指在数据法建立，且数据确权后就会有。

事实上，很多高精尖的技术与产品往往并不在几个大国手里，一些人口不多、经济体量很小的国家却拥有非常强大的尖端技术。所以，数据强国未必是大国。

数据强国论是一个想法，但是，如果数字地球贯彻得比较好，数据强国就是它，这就是数据的未来。在中国，必须要做好数字化建设，让数据极大地丰富，利用数字化的过程带动和促进数字的技术发展与创新，实施数字化产业升级，再促进数字化建设，让数据产生价值，成为数据强国，而光有数据量没有价值还不算强。

10.2　数据科学未来

前面我们讨论了数据未来，接下来研究数据科学未来。数据科学未来主要在于研究很多深层次的问题，这里我们先探讨一下数据动力学的问题。

10.2.1　数据动力学概念

数据是否存在动力学？暂且先不说这个，先来说说动力学。

1）*动力学概念*

动力学是理论力学的一个重要分支，它的主要研究内容是作用于物体的力与物体运动的关系。其研究的对象是运动速度远小于光速的宏观物体。而如原子和亚原子粒子的动力学研究属于量子力学，可以比拟光速的高速运动的研究则属于相对论力学。

动力学是物理学和天文学的基础科学，也是许多工程学科的基础学科。由于计算难度大，许多数学家对其有着浓厚的兴趣，做过很多研究并取得了很多成就，为动力学做出很大的贡献。但是，由于动力学主要是工程技术应用多于理论研究，因此，大量的重要科技成果被从事专业工程设计人员拔得头筹，如在大型建筑工程领域，包括桥梁、场馆建设的工程应用，还有航天、深潜等设计，以及制造中的动力学创新。

动力学的应用非常广泛。例如，在2020年的COVID-19疫情刚刚暴发时，就有学者建立了疫情的传播动力学模型，速度非常之快令人兴奋，其模型为

$$R_0 = kbD \tag{10.3}$$

式中，R_0 为平均每个感染者可以传染的人数；k 为感染者平均每天接触的易感人群数量；b 为易感染人群被感染概率；D 为感染持续时间。

动力学的研究以牛顿运动定律为基础，牛顿运动定律的建立则以实验为依据。动力学的基本内容包括质点动力学、质点系动力学、刚体动力学、达朗伯原理等。以动力学为基础而发展出来的应用学科有天体力学、振动理论、运动稳定性理论、陀螺力学、外弹道学、变质量力学，以及正在发展中的多刚体系统动力学等。

动力学普遍定理是质点系动力学的基本定理，它包括动量定理、动量矩定理、动能定理，以及由这三个基本定理推导出来的其他一些定理。而动量、动量矩和动能是描述质点、质点系和刚体运动的基本物理量。作用于力学模型上的力或力矩与这些物理量之间的关系构成了动力学普遍定理，如二体问题和三体问题是质点系动力学中的经典问题等。

2）*数据动力学三要素*

现在我们要研究未来数据，便引入了数据动力学概念，称为“软动力”。数据动力学中的力不像工程动力那样直接可测量、可计算，如作用在钢结构上的力、力矩等，而是一种无形的牵引力、作用力与推动力，目前不可测量，也很难计算。但我们认为确实存在并具有力在做功。

数据动力学中三个最重要的作用力，分别是：

（1）数据驱动；

（2）数据赋能；

（3）数据价值。

数据动力是一个组合，我的设想与构想是

$$F_{\mathrm{d}} = f_1(QFV)^n f_2 \tag{10.4}$$

式中，F_{d} 为组合作用力，即数据与力作用的结果；f_1 是数据牵引力，这里主要是数据价值作用力；Q 为数据的质量；V 为数据的数量；F 为数据赋能所做的功；f_2 为数据的推动力，这里主要是指数据驱动力；n 为数据价值量的增量。Q 与 V，二者主要作用在于数据赋能，这是一种数据能动作用，它与数据的质量、数量总量有关，它们共同作用才能创新与发现。需要说明的是：

（1）这个模型还不具备计算，只是一个概念模型的表达。

（2）F 主要是数据价值效应作用，这是一种价值作用能力，起着强力牵引数据生产、数据科学研究、数据管理行为等作用。当数据具有了明确的价值，经济效益机理便会激发人们去生产数据、管理数据，流转数据动力十足，人们就有了积极性，这才让数据资源更有活力。

（3）n 为数据价值量的增量。这个增量是在数据价值之后不断产生的价值增值。21世纪以来人们发明的搜索引擎，能将互联网上的数据实现数据关联，互联网和引擎本身不生

产数据，但是，用算法汇聚数据并提供数据服务，如百度搜索，这种数据的服务价值，就是数据价值量的增量。

3）研究数据动力学的意义

研究数据动力学的意义，在于寻找未来数据在科学技术及社会发展中的动力学作用力；在于数据科学成为未来社会与科学技术中的一个重要科学；在于数据科学成为推动社会进步和科学技术进步的真正驱动力。这种驱动作用力可能是永久性地成为数据生产、数据应用和数据科学发现、发明和创造作用的牵引力和推动力，让数据发挥更好的价值效应作用。

这就是数据动力学的基本思想、概念与研究的意义。

10.2.2　数据驱动的动力学模型

前面已经讨论，数据动力学是一个组合，单一动力学机制和作用力相对来说比较小，也讨论了数据价值动力学，现在来研究一下数据驱动的动力学模型。

1）数据驱动的意义

在中国，国家政府十分重视数据驱动。2019年3月，中央全面深化改革委员会会议通过并颁发了《关于促进人工智能和实体经济深度融合的指导意见》，其中就提出了“数据驱动”的概念，如促进人工智能和实体经济深度融合，要把握新一代人工智能发展的特点，坚持以市场需求为导向，以产业应用为目标，深化改革创新，优化制度环境，激发企业创新活力和内生动力，结合不同行业、不同区域特点，探索创新成果应用转化的路径和方法，构建数据驱动、人机协同、跨界融合、共创分享的智能经济形态。这里的关于“数据驱动”的思想、理念、动力要素已经表述得非常清楚了。

那么，未来数据主要驱动力是什么？它应该主要包括数据生产过程的动力作用；数据生成信息的动力学作用；数据市场需求导向动力和数据经济利益动力学作用等。驱动就是推动、带动的意思，当然也有“引擎”的牵引力作用，但它与数据价值动力学的分工不同，主要还是利用推动作用发力。所以，数据驱动确实对数据的发展非常重要。

2）数据驱动的动力学模型建立

数据是怎样完成驱动的？我们希望能够找到它的驱动力或原理，因此需要建立一个模型。

数据驱动的动力学要素有很多，为了能够获得计算，我们将其简单化一下，主要考虑到一些变量可控，参数可行。于是，建立了一个简单的数据驱动模型。

（1）因变量。

设数据驱动力为D。

（2）自变量。

①设数据量为V。

设V的范围是（0，∞），数据量有多种统计方法，如条数、GB、条数×字段数。此处使用条数×字段。为了平衡不同行业的数据量差异，需要对其进行处理，不能使用绝对数字。例如，互联网、通信行业数据量超级大，而某些行业超级小；油气、矿产勘探数据量超级大，生产相对小。其处理方法是规定不同行业和领域的系数，如某行业和领域平均数据量很大，数据量系数 $V_i=10^6$，某行业和领域平均数据量很小，则 $V_i=10$，平衡后的最终相对数据量为 V/V_i。

②设数据质量为 Q。

设 Q 的范围是（1，10），为整数，从数据质量的多个维度进行评价，包括数据的完整性、一致性、准确性、及时性等（评价的办法以数据评测标准为依据）。

需要说明一下，由于数据质量目前还不可控，所以，这里提出了另一个概念，就是在10.2.4节讨论中给出的数据质量计算办法，可用于参考，主要是为了便于计算。

数据质量需要超过一定范围才能发挥作用，否则差的、错的数据会和没有数据一样起不到任何作用。所以，$Q-Q_0$，Q_0 为质量底数，如3或5。当 $Q<Q_0$ 时，$Q-Q_0$ 计为1。

③设数据与业务的相关度为 k。

同上，数据与业务目标的相关度 k 可用专家评判的方式得出，用来调节误差。

（3）关系模型。

$$D=(V/V_i)\times\ln(Q-Q_0)\times\ln(k-k_0) \tag{10.5}$$

其中，$Q<Q_0$ 或 $k<k_0$ 时，$D=0$。

如此，则：

①数据量 V 与数据驱动力 D 呈线性增长关系，数据体量增加10倍，则数据驱动力增强10倍。

②数据质量 Q 与数据驱动力 D 呈对数增长关系。但数据质量需要超过一定范围才能发挥作用，如果数据质量低于一定程度，则数据难以应用甚至无法应用，即便体量再大也难驱动，即 $Q<Q_0$ 时，$D=0$。

③同上，数据与业务的目标相关度 k 与数据驱动力 D 呈对数增长关系。

之所以是呈对数增长而不是呈指数增长，是因为数据质量和数据业务相关度越高则驱动力越高，但不是无限增高，如数据质量9分和10分的差距没有指数那么大，所以，采用对数为宜。

以上是给数据驱动动力学建立一个初步的模型，仔细看看，还是一个“小”模型，主要适用于一定单位范围内的计算，还不具有对一个大领域、国家数据驱动力计算的功能。不过可以参照该模型，建立更好的数据驱动模型，以满足未来数据科学计算的需要。

3）数据驱动模型的作用

我们研究数据科学的未来，主要设想未来数据科学研究一定是研究数据与数据科学深层次的问题，不是一些概念性和简单的问题。数据动力学一定就是其中的深层次问题之一。

关于数据驱动有很多的说法，每一个学者都是站在自己所从事的研究、工作的角度来解释，都有一定的道理，没有谁对谁错的评说。而我们在这里讨论数据驱动，主要有以下几个方面的考虑。

第一，从国家层面上说，必须树立数据驱动思想，在数据驱动下全力推动数据的生产、建设与应用。未来数据在科学技术与社会工作中将占据第一要务的地位，我们建立这样一个模型，有利于国家建立相关政策与战略，制定一些相关法律法规；有利于大力推动数据革命；有利于国家建设与发展，加速建成数据强国。

第二，数据驱动的重点在于解决思想认识问题，将数据真正确立为行业、领域的一种重要战略，成为驱动力，人人都重视，各个领域都关心，时时都应用，以至于不让数据闲置，令其发挥作用，一定要让数据发挥“秒级”价值作用。

数据越早应用，数据的价值效益就会越高。如果大家都认为数据很重要，将其作为自家的资产，不让数据发挥作用，产生价值，自己的负担就会越重，人员管理、耗能、扩容扩建投入量也会越大。

所以，数据的生产、应用与价值作用就是最大的数据动力学作用。

第三，要做数据强国。我们必须要从数据大国走向数据强国，因此，国家的“数字地球”与“透明地球”意志是最大的驱动力，我们一定要高度地重视，力争成为数据强国。未来数据强国可能要同军事强国、科技强国、经济强国并列为强国战略或计划，同时也是一个重要指标。如果其他方面都很强，数据却不强，那就不是一个强国，如军事战略数据不强，那军事也不强。

总体来说，我们对数据驱动的研究还不够，但是，数据驱动是一个战略性的数据动力学，这是肯定的。

10.2.3 数据赋能的动力学功能

关于赋能的提出、理念、原理等已讨论过了，在数据科学的未来，数据赋能作为数据动力学中的重要的要素之一，我们需要看看数据赋能在未来能发挥什么作用。

1）数据赋能的动力学意义

数据赋能的动力学意义，主要具有以下两层意思。

第一层，是数据的动能。从字面上看数据赋能是通过数据给予能力、能量和动能。但是，数据赋能操作刚好相反，就是如何让数据变能。所以，数据赋能的第一个含义是让数据变成动能，构成“发动机”。

第二层，是数据的功能。数据的功能主要体现在数据使用与应用过程的能量与能力作用。数据的功能主要体现在：

（1）数据的还原功能。利用数据表达与还原物质、事物的原貌是数据最大的功能之一，数据作为一种物质、事物的“语言”，就是对物质、事物的一种表达，这种表达就是一个重要的功能。

（2）数据的转化功能。“数据定义信息”就是通过转化使数据变成信息，这是数据最重要的一个功能。没有数据就没有信息，但是，有了数据还必须让数据变成信息，这个过程就是一个能动转化的过程，也是数据变能过程的动力学作用。

（3）数据的智能功能。数据的智能作用在于让数据变“聪明”，即智能的功能，也就是数据的发现、发明和创造的功能。这一功能现在发展得越来越重要，越来越快，也越来越成熟了。例如，人工智能机器人几乎无所不能，就是因为数据在承担着“动力”作用而使之变成“智能”。数据的智能作用，就是让这个事物最终实现智能化。还有大量的事物之谜被破解，科学技术在生产过程中的变革与突破等，都是采用大数据分析而获得的，这就是数据智能化的功能所在。

这就是数据赋能的动力学意义。

2）数据赋能的操作

（1）数据赋能的内涵，是在实现智能化的过程中起到动力学的推动作用，主要包含以下几点：

①赋能变能。数据赋能有两个基本条件，即数字化和数据极大地丰富，然后让数据变能。

②数据工作。人工操作如何让数据变智能。

③数据聪明。让数据聪明变智能。

（2）数据赋能操作。该操作有如下几种做法：

①数据人工智能法。在生产运行过程环节中，使数据最优化与反馈控制，数据作用结果变为功能、动能和能力。需要利用人工大数据分析给予数据能力，这个能力就是让数据具有学习、记忆、识别、判断、决策的能力，即让数据工作。

②生产过程数据法。它是指在数据能够被赋予能力的生产过程或环节中包括事物、业务工作等，给予数据功能，但需了解不是所有的地方都能智能化。

③数据优化反馈法。一般来说，智能化的过程就是一个最优化分析的过程，千万不要说它聪明得很。那是因为是人工赋予了它聪明。所以，要实现智能必须做好最优化分析、最优化调节、最优化控制。

反馈控制是指通过数据分析后，可以做到最优化调节，如某些参数、阈值的调节，这是一个数据分析的决策过程，然后利用软件、硬件完成操作，也可以远程操作。

④数据决策。数据决策是数据赋能中最重要的一个能力。这个决策是将对的事情做对的过程并给出正确的操作，它完全建立在数据分析、正确识别、正确判断和自我学习、自动纠错的基础上，才能获得正确的决策。

（3）数据赋能技巧就是“小型化，精准智能”+“微服务”。这里主要有这样几个关键点：

①小型化。小型化是指在业务过程或生产运行过程中的每一个环节上做智能化。大家需要注意的是做智能化千万不要贪图求大，一定要在一个一个小的环节上做，最后集成到一起形成一个集合。

②精准。精准是指利用多元大数据分析的方法，精准地预测这个过程或这个操作将会发生的事件。事前早知道，事发早告警，事中早处理，做到精准预测预警。

例如，疫情在开始爆发时一定是一个小点，一个人或几个人，如果预警机制不灵敏，不能立即控制，就会导致大范围的暴发。

③微服务。微服务是指将数据变成一种具有类似人一样，可以主动地智慧地替代人来进行远程自动操控的能力。反馈控制操作结果非常精准，不差毫厘。在软件开发上就是灵活地针对一件事做开发，它同中台技术合作是一个完美的服务方式。

由于现在的智能化建设或大数据分析都是大工程，这样就没法放在一个平台上。但是，有一种中台技术和微服务方式，是数据完成“小型化，精准智能”最好的办法。

3）数据赋能示例

我们以智能油田建设为例。

数据赋能引入油田之后，就是要面对瞬息万变的生产环节变化。在油田以油气生产过程为例，主要问题包括地下各种错综复杂的不可预测的变化、各种无法确定的设备的损坏、各种工艺技术和流体生产过程的协同、变化莫测的油气井中的状况、每一口井当天的产量，等等，综合起来要让业务、技术和管理要做到最优化，怎么办？

通过仔细梳理，要将业务过程、管理行为、工艺技术、生产操作达到最优化的协同生产，就是要将所有的要素、参数、技术、产品放在一个环境条件下构成一个无形的网，同时还要随时随地地随着领导的侧重点自如变换形态，这是一个很大的动态系统，一般是无法将这一张大网织得天衣无缝的，也就无法构成智能化。简单地说就是任务生产运行都是由点、线、面，人、财、物构成一个系统工程的“链”，链是由无数的“环”构成，智能化就是要让环减少，链变短。

所以，采用“小型化，精准智能”是最好的办法，即利用数据赋能将数据变能。以油田里一个非常小的事情为例。在抽油机悬绳器上安装的无线传感器是用来采集抽油机运动时的载荷数据。它是一个精密的仪器，当运行到一定程度的时候就要校准，否则采集精度就不够，数据也就不准确了。如果我们用大数据的方式对传感器健康状态提前进行诊断和预测，那么采用的这种办法就是数据赋能。

首先，它属于“小型化”。即完成一件独立的小事情是简单的，如我们要对这一个载荷传感器做健康诊断，目标就很简单，就是要保持数据采集精度。

其次，它也属于“精准化”。就是当它运行到采集精度极限之前报警。例如，它的极限值是 5000 次采集次数，那么它的阈值应该是 4995 次，当它采集到 4995 次时便进行报警，开始建议你开始校准。

最后，它完成的是一个“智能化”的工作。当它在采集运行过程出现问题时，就是出现“病态”并及时地报警，这就是一个精准过程，通过智能报警和预警完成智能化的过程，如图 10. 5 所示。

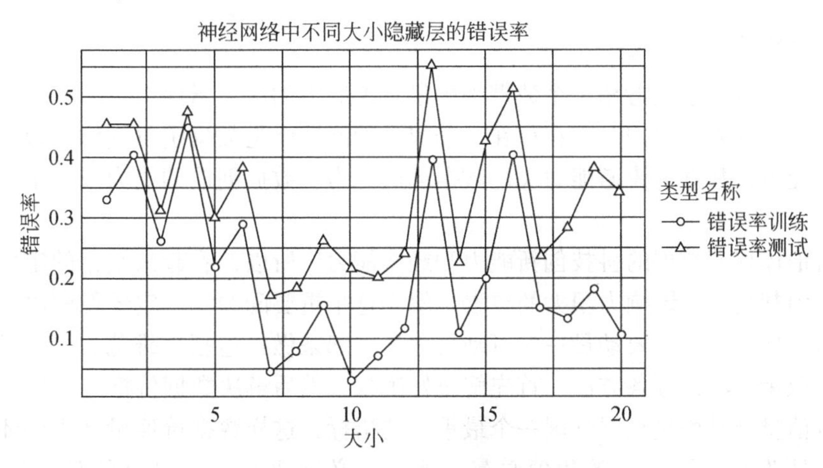

图 10. 5　传感器健康诊断大数据追踪曲线图

除了在油田数据赋能传感器健康管理诊断外，还可以在很多方面发挥作用，无论是设备、装备、生产运行环节都可以做，集成后就是一个完整的智能化。但是要做好并不容易，需要注意以下几点：

第一，树立大数据“全数据”思维，采用大数据分析方法对问题做趋势分析，曲线追踪。如传感器有很多参数，需要充分地利用，再就是采集次数的记录和追踪。然后利用人工智能的学习、记忆、判识能力做预警、预告决策。这就是大数据方法论与人工智能技巧的典范。

第二，数据治理。数据必须按照智能化建设的要求独立开展治理建设，因为智能分析就是要快速反应，面对复杂的事情，将传感器的所有参数如温度、压力、材料消耗量、用电量等全部要建立独立的数据库，最重要的是要建立知识库，包括功图库、抽油机维修记录等数据。只有这些数据还不够，还要建立传感器的“病症库”或故障库，就是本厂传感器最容易出现的问题，在什么情况下容易出现什么问题，全部要记录建库，有时我们也叫经验库。便于人工智能查询比对，做出正确的判断与决策。

第三，中台技术和微服务。智能化的数据赋能必须要用足智能的技术，包括算法（算法库，一定要建立一个强大的算法库，要快速找到最合适的算法）、算力（最先进的计算能力与方法，主要是分布式计算）、最优化与控制。智能化就是最优化，大数据分析过程是对所有数据即“全数据”作最好的利用，建立指标与模型，让数据变得十分强大。

这里需要强调说明的是，千万不要采用传统的“管理信息系统”模式建设，这种“十数九表”和“数据跟着代码走”的“百年不变”固化做法，已经走不下去了，这是一种 IT 思维与操作，是业务数据管理过程，不是数据分析最优化控制过程。所以，不可能给予数据赋能。必须做好大数据分析的软件平台，目前最好的办法就是中台技术与微服务模式，最好能做出集联优化的大平台。

以上举了一个十分简单的例子，主要为了说明数据赋能的操作过程。

10.2.4 数据价值的动力学计算

1）关于数据价值总量

数据价值总量应该是考核一个数据强国最具说服力的一个指标。

当然，考虑到未来数据，现在存在一个很大的问题就是数据定价问题。数据价格决定数据的流通能力，数据的流通能力决定数据创造能力，数据创造的能力又决定着数据的价值量。

数据价值体现着数据的科技创新能力和经济能力。所以，看起来数据的定价是很小的一个要素，但却是一个影响力很大的要素。解决这个重要问题，一定要像解决人类的需求和满足需求一样来对待，要动员一切可动员力量一起来做，包括思维范式、科学技术、国家领导力、政策、法律等各方面。首先解决好确权，然后解决数据价格定价与法律问题。

数据价值将会是衡量数据强国一个最重要的指标，这样数据价值量又主要体现在数据被应用后，所发现、所创造的价值总量。所以，必须要有一个良好的计算模型与计算办法。

2）数据价值量的要素

我们先来研究一下数据计算与哪些因素有关，大体上有：

（1）数据生产者投资；

（2）数据量；

（3）数据生产时间；

（4）数据存储与管理费用（时间、周期、用量次数、耗能）；

（5）数据社会必要劳动生产率；

（6）数据的社会或个人生产劳动时间；

（7）数据质量；

（8）数据转化后所创造的社会价值；

（9）数据转化后所创造的经济效益（商业价值）；

（10）数据使用价值，所发现、发明与创造的成果价值。

我想以上10个应该基本涵盖了数据价值需要的基本要素了，在研究或计算数据价值中似乎哪个也不能少。

3）数据价值总量的计算

如果要对数据价值做一些计算，大概有这样几个计算：

（1）当生产数据的社会必要劳动时间增加 $Y\%$ 时，现在数据的价值量应该是

$$\text{数据价值量}=X\times(1+Y\%) \quad (10.6)$$

式中，Y 为劳动时间量；X 为数据价值量。

（2）数据价值总额＝数据单位价值量×数据数量；

（3）数据单位价值量＝数据价值总额÷数据使用总量（数据总量）；

（4）数据价值总量＝数据使用价值总量－（数据生产总投资＋数据存储管理成本）×数据质量（数据转化价值）（数据使用量）；

（5）数据转化价值＝同数据多批次使用次数×成果最终价值量。

当然，数据价值计算应该是未来一个重要的数据研究大课题，这里只是抛砖引玉。否则，数据不可能进行流转，如果数据不能流转，数据就只有一次性的价值，没有再生价值。

数据价值应该是与数据生产时的投资有关系，数据生产投资包括社会的必要劳动时间、社会生产率、数据的单位价格、数据的使用价值、数据的使用价值量、数据生产的总量等。

总体来说，数据的价值总量是数据的价值量与数据的使用量的乘积，这可能是数据建设中最真实的表达。因为，数据的价值量一定与数据生产的投资成正比；现在看来社会数据与个人劳动及个人劳动时间无关，即我们每个人每一天都在生产数据，但是，目前无法计价。

还有一个重要概念，就是数据的使用价值与数据生产的劳动生产率成正比，与数据的质量及最终成果效用成正比。

最后一个难题就是数据的价格问题。数据价格可以按照“元/条”计价，也可以选择其他计价方式，只要双方在各自遵守法律与保密法的前提下协商解决就行，这样就可以产

生价值。

以上这些概念都是非常重要的概念，在这里也是仅做一种尝试性地探讨，不一定很正确，在此给大家一个基本思路，让更多的学者、科学家来研究、批判和修正。

所以，数据赋能是智能的技术组合应用，可以让数据变能。

以上是我们对数据动力学的一个初步研究，相信对数据动力学还需要更深入的研究，会发现更有意义的成果。

10.3 数据智慧未来

数据的未来就是让数据变得聪明，数据聪明了整个社会就智慧了。数据智慧的未来就是将数据聪明与人的大成智慧相互集成融合完成全智慧的过程。

10.3.1 关于智慧

智慧历来都被认为是一种“意识形态”。人们认为智慧是人类思想的最高境界；智慧是人类思维与哲学的最高境界。现在不同了，智慧是数字化时代由数字化、智能化到智慧逐级发展的最高境界，即可操作、可落地的智慧。

根据现在人类认识论的最高境界观念，无论是自然科学研究，还是社会科学研究，所有科学研究追求的终极目标就是达到智慧的境界，那是顶峰，是最好的结果。

1）关于智慧说

对智慧的研究有很多种，有哲学的智慧说，有心理学的智慧说，还有科学研究的智慧说等，这里属于数据科学的智慧说。

第一种智慧说：有学者研究认为，“智”以“知”为顶部，所以“知”是“智”的显著特征；而“慧”以“心”为底部，所以“心”是“慧”的深层内核。“智”是“智商”，它偏重理性，所以智的提升主要依托思考；“慧”是情商，它偏重感性，所以智慧的增长更大程度上来自体悟。“智”是解决问题的方法，所以它有助于形成系统的方案；“慧”是面对问题的心态，它有助于树立必胜的信念。对此这里就不做评价，读者可以自行评价。

第二种智慧说：根据心理学家的研究发现，人不仅仅是2个系统，即系统1和系统2，我认为还有系统3。

（1）系统1，快思考，是一种直觉的判断，如1+1=2。

（2）系统2，慢思考，是一种需要深思熟虑，需要作分析。

（3）系统3，智慧是一种高级别智商，存于内心。智慧在2个系统之上。根据心理学家的研究，系统1是系统2的基础，很多事都是由系统1引起的。当事情变得困难和复杂了，系统2就出手了。最典型的是系统2会将准备要说的话看到环境不对时咽回去。系统1只是判断，它不会像系统2那样做逻辑性的思考和统计。

但是，系统3作为智慧就是非常深沉和缜密了。当人们将智慧具体化后就变为了知识，这时可以提供给人们去学习，以增长智慧。当把知识转化为智慧时，就一直深藏在人的内心。智慧还会在一定的时刻暴发式出现，形成一种前所未有的高级别决策。

但是，智慧是无法量化的，因此也就不可能做出智慧的模型。

第三种智慧说：数据科学研究的结果。十几年前，我们在研究数字油田、智能油田和智慧油田时就认定智慧是数据作用的结果，是人类探索自然世界的最高境界。智慧是对宇宙、地球、物质、事物认识的产物，这个认识是从信号、数字、数据、信息、知识、实践、智能逐步达到最高顶峰的过程，如图10.6所示。

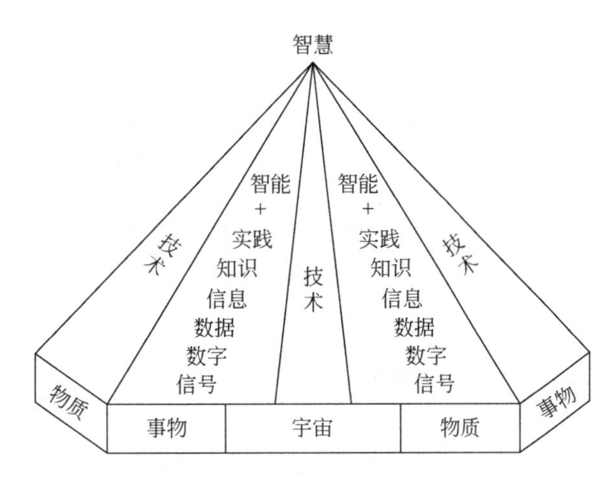

图10.6　智慧模型图

以上几种智慧说都有具体的意义，特别是人的思考与表现还是很形象的。但是，智慧是无法量化的，在这点上大家的认识是一致的。可是，只有数据科学研究的智慧是可以落地的，如智慧城市、智慧油田、智慧医疗等。

智慧的形成绝对不是天生的，先天的可以聪明，如很多人就是比别人聪明，这是一种天分，人们也无法解释其原因。但是，聪明不等于智慧。

但是，聪明一定有助于智慧增量。聪明的人往往记忆好，学得快，反应灵敏，再加上物质、事物提供的数据支持和具体实践经验，这时智慧就会比较强大。

2）智慧的内涵

我们研究智慧的主要出发点是让智慧如何可操作，所以，我们坚持智慧的形成是在物质、事物基础之上，通过对物质、事物信号的采集，将信号转换为数字，将数字转换为数据，将数据转换为信息，将信息转换为知识，再将知识与实践结合，从而可以转换成智能，最后升华到智慧。这种智慧是以数据科学为中心的智慧，如图10.7所示。

从图10.7可以看出，一个非常智慧的人——油田科学家，就是实现了“数据在我心中”的构想。数据处于中间，最底层是需要学习的各种知识、学科与课程；左侧是实践获得的知识积累，右侧是操作获得的经验和教训，最后形成“全数据”“全信息”的全景图谱，然后升华到大脑中储存形成智慧，当然再加上天资聪慧，这个人就是一个顶尖级的科学家。

3）智慧系统

在人的大脑中，智慧是一个大系统，复杂而巨大，其最大的特征是非常愿意接受外来

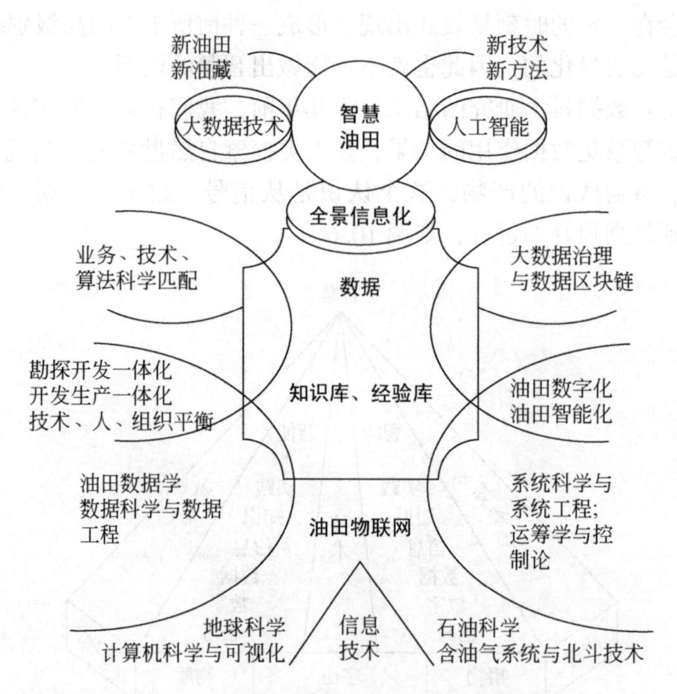

图 10.7　一个油田科学家的智慧形成过程模型

的所有“信息”，始终保持着随时同来自外界的“信息”进行交换，不断地丰富智慧，增长才干。所以，智慧是一个永远都在动态变化着的“迷宫”，有智慧的人在“迷宫”里存放着永远用不完的智慧。

总之，聪明不等于智慧，而聪明的人智慧一定有增量。但是，无论人多么聪明与智慧，始终都来源于对数据、信息与知识及实践的融会贯通。

10.3.2　数据智慧模型

数据的未来，就是要将数据的聪明变智慧。但是，将数据智慧化了还不够，还要将人的智慧同数据融合在一起完成智慧增量，其模型是

$$\text{设备聪明}+\text{数据聪明}+\text{人的聪明}=\text{智慧} \tag{10.7}$$

$$\text{数据赋能(聪明)智慧}+\text{人的智慧}=\text{大成智慧} \tag{10.8}$$

这样我们需要完成三件事：

(1) 将数据变聪明；

(2) 将所有专家、科学家的智慧数字化，变数据；

(3) 让数据发挥作用，即“人脑+电脑”。

这是一个世界性的难题，应该从来没有人做过，这里重点讨论一下式（10.8）。

1）智慧形成

据研究，一般一个人通过写书、写论文、操作实践等方式毫不保留地发挥，大约留给社会的可量化智慧也就50%~60%，还有40%~50%的智慧是无法被量化与记载的，它始

终在人的大脑中，伴随着人可以做很多聪明的事，却最终只能被人带着离开这个世界。这样的损失是无法估量的，即使现代社会采用脑机接口技术也很难让人的智慧全部量化发挥作用。因为，它需要根据一件具体的事，勾连、调动、联系随之生成很好的智慧。

另据科学家研究，人的大脑中有无数的细胞。这说明人的聪明、智慧与脑细胞有很大的关系，脑细胞有一个非常强大的功能，就是学习、记忆、判识、做出决定，如图 10. 8 所示。

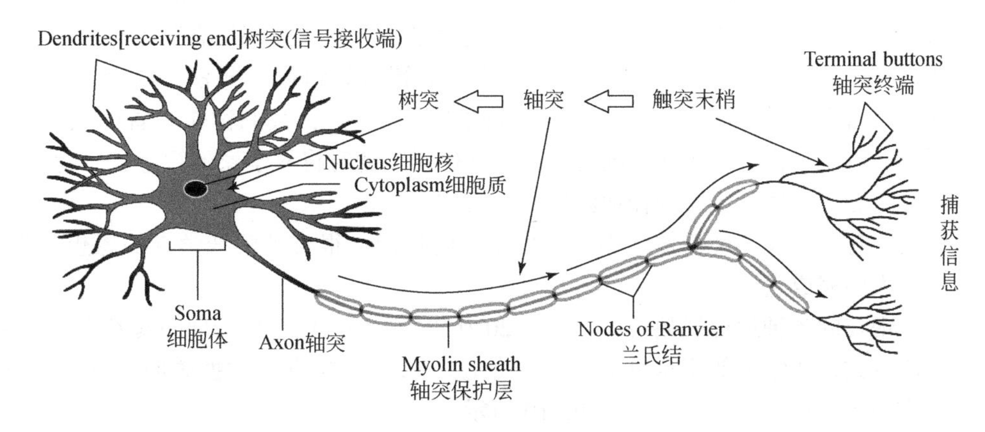

图 10. 8　大脑神经细胞示意图

来源：https://www.it610.com/article/3784341.htm [2020-9-21]

每一个细胞都有轴突（触突）末梢，它就是负责接收外来的各种信息，轴突负责传输信息，树突负责加工信息。一个人大脑中具有如此多的数据加工能力，就构成了一个智慧的加工厂，更重要的是它还能将这一个个单只的细胞集成，汇聚成思想与智慧。

2）智慧模仿

于是，人们就模仿强大的脑细胞制造出一种算法，叫人工神经网络，如图 10. 9 所示。

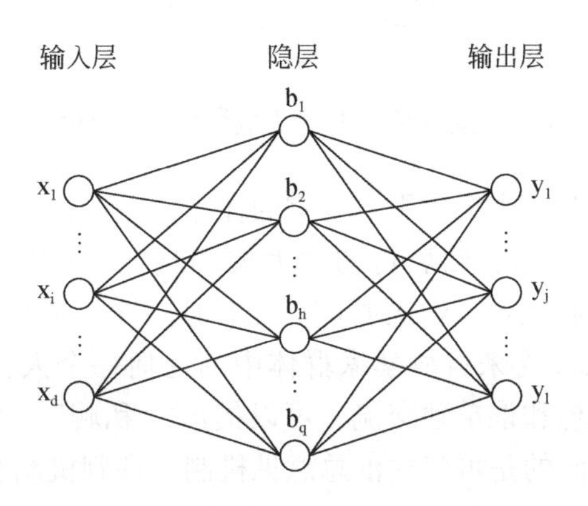

图 10. 9　人工神经网络算法模型（据周志华，2016）

这是一个强大的网络系统，输入数据相当于轴突末梢，网络相当于轴突与树突，计算完了以后将结果输出。目前人们可以构造到 150 层，达数万个参数计算，非常强大。由于它具有很强的“学习”能力，人们将它称为深度学习或机器学习。

但是，层数越多，训练越复杂，问题就越多，成本也很高。不过现在的计算能力非常强大，采用分布式计算可以完成。未来的量子计算机估计只有一个小型笔记本这样大，甚至只需小小的一个芯片，就可以快速地完成150层的构造与计算了。

3）智慧量化

根据这样的情况，科学家钱学森在晚年时提出了“大成智慧”说，就是将所有科学家的智慧叫“大成智慧”，即将具有巨大成就的科学家智慧集成起来。于是，形成“大成智慧”集成，让这些人的智慧不断地发挥作用。这就是将一种“意识形态”量化、数字化。

这要怎样来完成呢？于是就提出了一个“大成智慧研讨厅”想法，这个“研讨厅”利用互联网将所有科学家的大脑构建成一个科学家“脑网”，我们称作“智网”，让这些科学家可以随时发表自己的想法；随时参与各种研讨；随时将科学家的智慧数字化记录下来，就像一个会议大厅，不受到任何限制，畅所欲言。

可惜这个想法未能实现，钱学森就去世了。而我们又很难理解钱学森的思想，所以，至今也没有人能完成它。

不过，现在的各种远程视频会议，还有2020年的COVID-19疫情期间暴发式出现的各种远程会议方式，非常类似于这种方式。但是还不够，还要将“数据聪明”和“大成智慧”融合在一起，而这种方式，如图10.10所示。

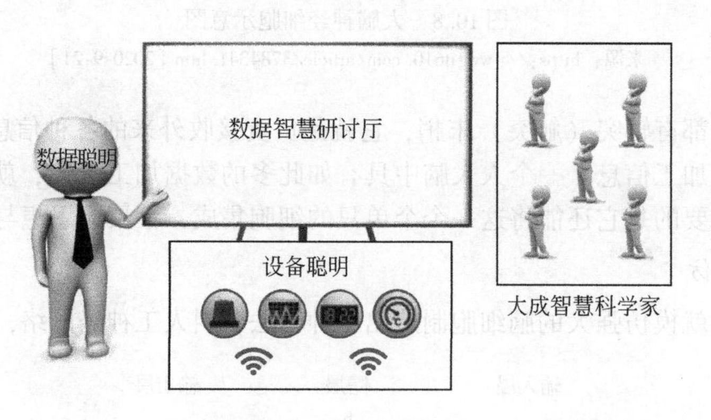

图10.10　“数据聪明”与“大成智慧集成研讨厅”模型

数据智慧研讨厅是一个综合集成平台，它的任务就是要将大数据分析与人工智能技术研究的结果放在这个研讨厅里，然后再加“大成智慧”，形成一个“大成智慧集成研讨厅”。我们可以将此命名为“云会议研讨厅”，可构成一个“智联网”。

这个“研讨厅”可以接受来自科学家群体中的任何一个人，任意时间都可以征求意见；用语音发表意见；他想和谁单独交流，可以提出“私聊”，“研讨厅”都会收集意见集成。当然，它与微信不同的是可建立汇总意见机制、评判机制和支付机制等。“研讨厅”具有以下几个重要功能：

（1）将来自“设备聪明”和“数据聪明”与业务需求平台的成果接收后，根据需要快速在科学家库中搜索出相对应的科学家或专家，然后将问题推送给他们。

（2）通知人工智能机器人与科学家交流，包括这个讨论问题以外的科学问题都可以聊，然后会全部记载，转化成数据保存。

(3) 具有科学统计、汇总、分析功能，就是将提交上来的所有科学家的评审意见自动汇总，同时记录科学家发表意见并形成评审价值评分机制。

(4) 具有一个反馈系统功能，可将科学家的评审意见汇总后再反馈给科学家征求意见，对所采纳的意见进行标注，并得出最终的意见与决策。

(5) 具有一个支付系统功能。当科学家提出需要酬劳时，会启动一个评价系统，评价后通过网上支付。

从以上论述看，似乎大量地描述了"大成智慧"，没有描述"数据聪明"，因为，"数据聪明"在大数据论中已经描述过了，这里主要是讨论如何发挥数据与智慧的融合作用，让数据与智慧结合，发挥更大的价值。

10.3.3　数据智慧建设

智慧一直以来被认为是一种意识形态，然而现在不一定了，智慧可操作了。怎么才能操作智慧呢？就是将数据与智慧融合在一起，构建一个最先进的智慧指挥调动平台。

数据智慧建设是未来整个国家、行业、领域都要实施的一个重大工程，尤其像智慧城市、智慧医疗等。当然一定要坚持实事求是，不要做样子，不要炒概念，踏踏实实地去做。

一个行业、领域或城市是不是智慧，遇到重大事件之后就知道了。对其考验和证明的有效手段就是军事战争、重大灾害和重大疫情的暴发。

1）军事数据智慧作战

人们现在也称"信息化战"或"信息战"，美国还有"星球大战计划"，还成立了太空军。美国太空军从2018年起就明确要筹备成立，太空军独立于空军，成为美国武装力量的第六军种。美国认为对地外空间的探索事关国家安全，在太空中仅有"存在感"是不够的，还要具有"统治力"，建立太空军对于维护美国的国家安全而言至关重要。但是到底怎么"打仗"并没有明确地表明，除了其是军事秘密以外，恐怕还真是不知道怎么打。

军事专家预言：21世纪的战争将是一场别开生面的信息战，是没有硝烟的战争。信息战也叫指挥控制战、决策控制战，旨在以信息为主要武器，打击敌方的认识系统和信息系统，影响制止或改变敌方决策者的决心，以及由此引发的敌对行为。单就军事意义讲，信息战是战争双方都企图通过控制信息和情报的流动来把握战场主动权，在情报的支援下，综合运用军事欺骗、作战保密、心理战、电子干扰和对敌方信息系统的实体摧毁、阻断敌方的信息流，并制造虚假的信息，影响和削弱敌方指挥控制能力。同时，确保自己的指挥控制系统免遭敌人类似的破坏。

军事家的想法实际上就是一个数据智慧战，信息是不可控的，信息无法进行作战。但是，数据是可控的，只要将数据掌握在自己手中就获得了智控权和信息，占领了"制高点"，然后要汇聚军事家们的指挥智慧，而且是各军种指挥将领集体的智慧，快速汇聚，大数据与大成智慧集成融合，快速反应，才能赢得战争的胜利。

当然，"信息战"是存在的，也就是"舆论大战"，但不应该是军事上的实地战争。关于舆论上的"信息战"后面略论。

所以，我还是比较认同军事数据链作战方式，加上智慧后两者结合，将会是未来世界大战或局部战争快速取胜的法宝。

2）重大灾害数据智慧预警

重大灾害包括天然地震、泥石流、重大爆炸、火灾与重大滑坡等灾害，这些灾害属于天灾，长期以来都是不可预测，一旦发生就会损失惨重。所以，只有一个办法就是群防、抢险。

未来人们特别关注的是预警预报，都不希望成为“事后诸葛亮”。目前，突发气象灾害预警主要针对台风、暴雨、暴雪、寒潮、沙尘暴等，预警信号级别分为四级：Ⅳ级（一般）、Ⅲ级（较重）、Ⅱ级（严重）、Ⅰ级（特别严重），依次用蓝色、黄色、橙色和红色表示，同时以中英文标识。

以地震预报为例。地震预报是在地震发生前对未来地震发生的震级、时间和地点进行预测预报。根据时间尺度的不同，可将地震预报分为5个阶段，即长期预报、中期预报、短期预报、临震预报和主震后余震预报。但是，人类的视线还无法穿透厚实的岩层直接观测地球内部发生的变化，因此，地震预报尤其是短期临震预报始终是困扰世界各国地震学家的一道世界性难题。未来希望能够改变思维，采用“相关关系”法研究地震，采用数据智慧模式预报地震，相信会有重大的突破。

对于泥石流与滑坡，要采用“天、地、空”数据智慧法。“天”为遥感卫星、北斗卫星数据；“空”为气象预报数据；地为滑坡体数据，三者及其他关联数据综合的大数据分析，加上岩土工程与自然灾害专家智慧的大脑，一定可以做到提前早知道、早预告，并及时公布于众，让预测受灾区的人们做好预防工作，以减少人员伤亡和财产损失。

3）重大疫情数据智慧建设

在所有的重大事件中，唯有疫情同军事战争可比，是一个“战事”。在2020年的COVID-19疫情中，中国政府做得非常漂亮，紧急“战疫”动员，迅速防疫举措，在很短时期内就控制住了局面和疫情蔓延。

疫情如“战事”，需要更加重要的作战指挥系统，迅速调动公共卫生系统进入“战事”状态；调动医院进入“战事”状态；调动城市交通系统进入“战事”状态；调动社会服务系统进入“战事”状态；调动所有系统进入“战事”状态，以应对疫情。这就意味着整个城市系统都要进入“战事”状态，如果有一个做得非常成功的数据智慧城市，就会在数小时之内将所有系统全部调动完备。

可是，我们的智慧城市建设了这么多年，为什么遇到战事状态就不起作用了呢？这是因为我们的智慧城市没有按照数据智慧法去建设。

一个建设优良的智慧城市，在战时应是作战指挥调动不打败仗的最优化、智能化的可控系统；在平时应是最优化、智能化为老百姓感知、预知主动办事的数据智慧城市，同时具有数据与各个部门专业人员智慧结合非常好的智能化的平台主动工作机制。

数据科学是在这一过程中最能发挥作用的科学，采用军事数据链模式，做到数据可控，不要让讯息到处散布蛊惑人心；数据快速分析发现疫情中心，圈定位置，封区而治；迅速圈定指定医院与配套医院配合接收病患；迅速布控使传染源不扩散，保障最小损失代价等。更重要的是医疗系统要做好疫情分级、识别、分治，这时候要快速启动全国专家智慧系统，即“智联网”，开始智慧接入，然后将数据与智慧融合，做到战时不乱，指挥到位。

如果有了这样一套科学而有效的数据智慧建设平台，外加优秀的国家体制与治理体系，就会战无不胜。

除了智慧城市具有强大的军事、疫情系统外，疫情舆情控制智慧系统也很重要。

以上我们只对几个重要方面做了简短论述，并没有展开。但是，可以预测数据智慧建设将会是未来最好的社会与城市管理办法之一。

10.4　结　　论

数据未来是考虑到未来社会发展100年内数据影响力与作用力的问题，无奈我们还是没有给出最优秀的答案或解决方案，相信未来会有更多的人来研究，以期取得更好的成果。

（1）数据未来就是“未来已来，唯变不变”。人们的追求和欲望已经发生了非常大的变化，科学技术、数据科学、思维范式将会成为未来满足人们发展中的欲望和需要的三大要素。就是在什么都变的情况下，唯有数据科学是不变的。

（2）数据科学的未来是把数据赋能、数据驱动、数据价值效应三者组合成为数据科学的动力学系统，它们与数据质量、数据数量、数据价值增量一并构建一个数据的未来世界动力学体系。

（3）数据智慧是人类社会发展最重要的建设。一个完备的、完整的、完美的数据智慧系统就是未来重大事件和战时最佳指挥作战平台，是最好的智慧城市建设体系，无论对哪个对国家都具有重要作用。

参考文献

陈新河. 2017. 赢在大数据:中国大数据发展蓝皮书. 北京:电子工业出版社.

大数据战略重点实验室. 2019. 块数据 4.0:人工智能时代的激活数据学. 北京:中信出版集团.

大卫·芬雷布. 2013. 大数据云图:如何在大数据时代寻找下一个大机遇. 盛杨燕译. 浙江:浙江人民出版社.

丹尼尔·卡尼曼. 2012. 思考,快与慢. 胡晓姣,李爱民,何梦莹译. 北京:中信出版社.

丹皮尔 W C. 2010. 科学史. 李珩译. 北京:中国人民大学出版社.

丁如敏,盛娟. 2016. 自动化测试实战. 北京:机械工业出版社.

东尼·博赞,巴利·博赞. 2016. 思维导图. 卜煜婷译. 北京:化学工业出版社.

范煜. 2017. 数据革命——大数据价值实现方法、技术与案例. 北京:清华大学出版社.

方匡南. 2018. 数据科学. 北京:电子工业出版社.

菲尔德·卡迪. 2019. 数据科学手册. 程国建,强新建,赵川源等译. 北京:机械工业出版社.

高志亮,高倩. 2015. 数字油田在中国——油田数据工程与科学. 北京:科学出版社.

高志亮,付国民. 2017. 数字油田在中国——油田数据学. 北京:科学出版社.

高志亮,李忠良. 2004. 系统工程方法论. 西安:西北工业大学出版社.

郭昕,孟晔. 2013. 大数据的力量. 北京:机械工业出版社.

杰夫·霍金斯,桑德拉·布莱克斯莉. 2014. 智能时代. 李蓝,刘知远,译. 北京:中国华侨出版社.

康耀红. 2006. 数据融合理论与应用. 西安:西安电子科技大学出版社.

李杰. 2015. 工业大数据——工业 4.0 时代的工业转型与价值创造. 邱伯华译. 北京:机械工业出版社.

李军. 2014. 大数据:从海量到精准. 北京:清华大学出版社.

李喜先. 2005. 21 世纪 100 个交叉科学难题. 北京:科学出版社.

李志才. 1995. 方法论全书(自然科学方法). 南京:南京大学出版社.

罗伯特·斯考伯,谢尔·伊斯雷尔. 2014. 即将到来的场景时代. 赵乾坤,周宝曜译. 北京:北京联合出版社.

纳西姆·尼古拉斯·塔勒布. 2019. 黑天鹅. 万丹译. 北京:中信出版社.

尼克·波斯特洛姆. 2015. 超级智能:路线图、危险性与应对策略. 张体伟,张玉青译. 北京:中信出版社.

欧高炎,朱占星,董彬等. 2017. 数据科学导引. 北京:高等教育出版社.

斯蒂芬·霍金. 2013. 图解时间简史. 王宇琨,董志道译. 北京:北京联合出版社.

滕吉文. 2001. 地球内部物质、能量交换与资源和灾害. 地学前缘,(3):1~8.

滕吉文,杨辉. 2013. 第二深度空间(5000~10000m)油、气形成与聚集的深层物理与动力学响应. 地球物理学报,56(12):4164~4188.

王汉生. 2019. 数据资产论. 北京:中国人民大学出版社.

王珊,萨师煊. 2014. 数据库系统概论. 北京:高等教育出版社.

肖恩·杜布拉瓦茨. 2015. 数字命运:新数据时代如何颠覆我们的工作、生活和沟通方式. 姜昊骞,李德坤,徐琳琪译. 北京:电子工业出版社.

许国志,顾基发,车宏安. 2000. 系统科学与工程研究. 上海:上海科技教育出版社.

杨旭,汤海京,丁刚毅. 2017. 数据科学导论. 北京:北京理工大学出版社.

叶夫根尼·莫罗佐夫. 2014. 技术至死:数字化生存的阴暗面. 张行舟,闾佳译. 北京:电子工业出版社.

叶修. 2018. 深度思维:透过复杂直抵本质的跨越式成长方法论. 成都:天地出版社.

尤瓦尔·赫拉利.2012.人类简史:从动物到上帝.林俊宏译.北京:中信出版社.

尤瓦尔·赫拉利.2017.未来简史:从智人到智.林俊宏译.北京:中信出版社.

尤瓦尔·赫拉利.2018.今日简史:人类命运大议题.林俊宏译.北京:中信出版社.

张杰.2019.未来已来,唯变不变——对新科技革命的思考与展望.苏州:中国管理百人峰会.

张抗.2009.从石油峰值论到石油枯竭论.石油学报,30(1):154 ~ 158.

周涛.2016.为数据而生:大数据创新实践.北京:北京联合出版社.

周志华 . 2016. 机器学习 . 北京:清华大学出版社.

朱迪亚·珀尔,达纳·麦肯齐.2019. 为什么:关于因果关系的新科学.江生等译.北京:中信出版集团

朱扬勇,熊赟.2009.数据学.上海:复旦大学出版社.

Abbott M L,Fisher M T.2016.架构即未来.陈斌译.北京:机械工业出版社.

Ayres I.2014.大数据思维与决策.宫相真译.北京:人民邮电出版社.

Cormen T H,Leiserson C E,Rivest R L,*et al*.2013.算法导论.殷建平,徐云,王刚等译.北京:机械工业出版社.

Ford M.2016.机器危机.七印部落译.湖北:华中科技大学出版社.

Grau C,Ginhoux R,Riera A,*et al*.2015.Conscious brain-to-brain communication in humans using non-invasive technologies.Brain Stimulation,8(2)323-323.

Kordon A K.2016.应用计算智能——如何创造价值.程国建,张峰,燕并男等译.北京:国防工业出版社.

Maisel L S,Cokins G.2014.大数据预测分析:决策优化与绩效提升.林清怡译.北京:人民邮电出版社.

Ojeda T,Murphy S P,Bengfort B.2016.数据科学实战手册(R+Python).郝智恒,王佳玮,谢时光等译.北京:人民邮电出版社.

R D.2019.产品经理数据修炼 30 问.北京:电子工业出版社.

Sonmez J Z.2016.软技能——代码之外的生存指南.王小刚译.北京:人们邮电出版社.

后 记

原来不打算写后记了。可是，在写作过程中，总是在内心里自己问自己，写这部书到底有什么用？说实在，我也不知道。但是，我想，数据还是很重要的，套用人们常说的一句话：数据，不是万能的，然而，没有数据是万万不能的。

与此同时，在完稿后我问自己，这部书将会给人们或社会留下什么？想一想，我也不知道能给人们留点什么，要说留给人们就是一个数据思想，用学术一点话说，叫作“数据思维”。

对于数据思维，我想交代几句：

第一，我们对数据的思考与认识，不要过度地认为数据不得了，就是说不要“神话”数据。有学者指出不要把数据“近乎宗教性地信仰”（见《为什么，关于因果关系性科学》，中信出版集团），这个观点我同意。数据，就是一种从物质、事物中来的“数据物质”，它很重要，但不要神话它。

第二，我们对数据的思考与认识，不要“神话”它，但也不能过低地看待它，在大数据时代还是很重要的。世界上多少未知，都是通过数据发现的。因此，要高度地重视对数据的研究与开发。数据确权后将来一定会产业化，数据经济很有可能大发展。

第三，我们对数据的思考与认识，确实需要一种正确的数据观，就是树立起正确的数据思想，即做任何一件事都要首先想到“数据从哪来”；其次，要建立完整的“采、传、存、管、用、智”数据链思想，只有这样才能算作具备了基本的数据思维。

除此以外，数据研究中还有很多难题。我就不多论了，很多都在书中叙述提及，只是其难度太大，我并没有展开讨论，如以下几点：

1）关于数据的 DNA。数据到底存在不存在 DNA？这是数据研究中的一个深层次课题，留给后人们来研究吧，我只是提出并作为一个猜想。

现在人们除了研究生物 DNA，也开始探索材料 DNA 等。那么，我想物质也应该都存在着 DNA 吧？这样数据的 DNA 恐怕就是信号，或是比信号更好的，但现在还未发现“DNA”新序列。

如果我们能够在这样一个方面研究突破，估计会将数据的研究与使用提升很大的一个“序级”，至少数字这个环节，人们就可以略过，免去了很多的耗能与耗资。

2）关于信息融合。信息融合，实在太难了。信息的不确定性与歧义的变化性，让信息融合难上加难。这里讲一个大家非常熟知的寓言故事，这就是牛是怎样死的？

有一天，牛耕地回来，躺在牛栏里，狗来看望它。牛喘着气疲惫不堪地对狗说，我实在太累了，明天我想对主人说，歇一天。狗看见了猫，对猫说，我刚看到牛了，这位大哥说它太累了，它想歇一天，这主人给它的活也太重了。猫看见了猪，对猪说，牛不打算给主人干活了，它抱怨活太苦、太重了。猪对主人的家人说，牛最近思想有问题，它不愿意给主人干活了，准备到其他主人那里去。主人的家人给主人说，牛可能要离开这里了。于是，第二天主人就把牛给宰了。

这个故事流传很广，从线索上看，就一头牛和它的主人，从头到尾都没有变；从事件看，就是干活太累。可是，经几番传话到了最后，这个事就完全走样了。这说明什么？这说明“信息”会走样，当我们融合走样的信息来决策一件大事时，那后果不堪设想，就是牛的下场。

3）关于数据与数据知识的图谱，这也是数据研究中一个大课题，本书没有提及，关键是还没有想好怎么写。目前知识图谱都在做，但数据与数据知识的图谱基本还没有概念。所以，需要后来人将其作为一个重大的问题来研究，它非常有利于未来大数据与人工智能的应用。

总之，我们研究数据，就是要将物质（事物）、数据与信息放在一个环境中去揭示其内涵。如果人类能够找到信息源头的“真”信息，从源头上直接融合，那时候数据的研究“量级”就可以大大地减小，包括信号、数字，甚至数据这些阶段也都不要了，直接从DNA那里获得信息，那时我们人类将会大大地前进一步。

当然，还有很多难题，如未来人们都要同非线性共舞，要求人们告别将非线性用线性方法来研究问题的数据方式，直接找到非线性的“全数据”“全信息”的技术与方法，那就是一次数据革命性的变革，等等。这里我就不再一一赘述，在书里全部都能找到。我相信这本书会给人们带来很多的思考，留下数据思维的启迪，也许这部书的作用与贡献就在这里。

最后，我还是要感谢所有帮助过我的人们，特别感谢我在撰写过程中所用到的所有参考与文献的作者们，感谢本书在出版发行过程中的所有人们，谢谢您。

2020年10月18日